Alles im Überblick

Als Führungskraft stehen Sie fortlaufend vor Fragen wie z.B.: „Wie tue ich was am besten?" „Wie gehe ich vor?" und „Wie kann ich Fehler in meinem Handeln vermeiden und meine persönlichen Kompetenzen optimieren?"

Dieses Buch ist anhand der FAQs, der regelmäßig gestellten Fragen einer Führungskraft aufgebaut. Zu jedem Thema finden Sie zu den wichtigsten Fragen pragmatische Antworten, Checklisten, Arbeitsmittel und Präsentationen. Dieses gezielte Nachlesen ermöglicht Ihnen einen effizienten Informationsgewinn in kürzester Zeit und ermöglicht Ihnen, Ihre Führungsaufgaben situationsgerecht und kompetent wahrzunehmen.

Teil 1 Kommunikative Fähigkeiten

Von Gesprächsführung über Teamleitung und Motivation bis zum Konfliktmanagement – hier finden Sie Antworten und Anleitungen für Ihre tägliche Führungsarbeit.

Teil 2 Personalarbeit

Personalauswahl, -entwicklung, Zielvereinbarungen und Trennungsgespräche – oft entscheidet sich in der Personalpolitik, wie sich ein Unternehmen entwickelt. Auch Ihre Leistung als Führungskraft wird nicht zuletzt an Ihrem Erfolg, das Team richtig zu führen, gemessen.

Teil 3 Führungstechniken

Besprechungen kreativ und doch ergebnisorientiert zu führen, Entscheidungen sicher und nachvollziehbar zu fällen, Ergebnisse wirksam zu präsentieren, das wird von einer Führungskraft erwartet. Hier finden Sie Arbeitshilfen und Tools, die sofort einsetzbar sind.

+ CD Checklisten, Präsentationen und Arbeitsmittel

Die Arbeitshilfen aus dem Buch finden Sie auf der CD-ROM wieder, zur Übernahme in Ihre Textverarbeitungs- oder Präsentationssoftware. Das Wichtigste aus dem Buch haben wir noch in den „Führungskompass" im Westenraschenformat gepackt: So haben Sie auch auf Reisen Ihr Führungswissen griffbereit.

Inhaltsverzeichnis

Teil 1 Kommunikative Fähigkeiten

Vorwort der Autoren

Wie bringt man Menschen dazu zu folgen?

Das ist die wesentliche Frage, die dieses Buch beantwortet. Führungskraft sein heißt, eine Ebene erreicht zu haben, auf der man die Verantwortung für das eigene Tun und Unterlassen nicht mehr irgendwohin delegieren kann. Dieses Buch enthält die Essenzen unseres Wissens und unserer Erfahrung und keine modischen Trends und Spielarten, die sich schnell wieder überleben. Es ist keine theoretische Abhandlung, sondern eine praktische Anleitung. Ein Nachschlagewerk und eine Hilfestellung für Führungskräfte aller Ebenen und solche, die es werden wollen.

Unsere Erfahrung haben wir in 15 Jahren Führungsverantwortung gesammelt, aufgeschrieben und reflektiert. Einen großen Teil der Höhen und Tiefen des Führungsalltags haben wir dabei selbst erlebt, genossen und erlitten. Wir haben erfahren, dass wir auf allen Ebenen zum Führungsthema weiterlernen konnten und mussten – als Berater, als Personalentwickler, als Bereichsleiter, Geschäftsführer und auch heute als Unternehmer ist kein Ende in Sicht.

Unser Dank gilt den langjährigen Kollegen und früheren Vorgesetzten, von denen wir viel über Strategie, Taktik und auch viel über die Gefahren der Unterlassung, Manipulation und intellektueller Verblendung erfahren haben.

Danke sagen wir auch den vielen Mitarbeitern der Gegenwart und der zurückliegenden Jahre, an denen wir viel lernen und manches probieren durften und mussten und die uns dadurch die Gelegenheit gaben, unsere Führungsfähigkeiten zu verändern und letztendlich zu verbessern.

Ilona Lepperhoff, Saskia Rickmeier, Juliane Winterhagen, Thekla Seidler, Nicole Schlünß, Henry Langer, Anke Niehaus und Dörte Schott danken wir für das Schreiben, das Erstellen von Grafiken, Charts und Abbildungen, um aus Bändern und Skizzen ein lesbares Buch zu formen.

Wir freuen uns auf Ihre Gedanken, Anregungen, Bemerkungen, kritische Kommentare und Ergänzungen. Sie erreichen uns unter info@grow-up.de.

Gummersbach, im Herbst 2003

Ihr Michael Lorenz | Ihre Uta Rohrschneider

Teil 1 Kommunikative Fähigkeiten

Erfolgreiche Gesprächsführung und Kommunikation

Gespräche gehören für Herrn Berg zum täglichen „Doing“. In der Art der Gesprächsführung sieht er einen wesentlichen Erfolgsfaktor seiner Führungsarbeit. Aus diesem Grund möchte er seine Kompetenzen in diesem Bereich mit der Hilfe von Herrn Weigert optimieren.

Wie bereite ich mich am besten auf ein Gespräch vor?

Das Gespräch als zentrales Kommunikationsinstrument

Das Gespräch ist das zentrale Kommunikationsinstrument. Es dient dazu, Gedanken auszutauschen, Gefühle und Erwartungen mitzuteilen und Informationen zu vermitteln. Wichtiges Merkmal des Gesprächs ist das Prinzip der Partnerschaftlichkeit. Alle Beteiligten müssen sich gegenseitig ernst nehmen und akzeptieren. Neben der gesprochenen Sprache spielen dabei auch Mimik, Gestik und Körperhaltung eine große Rolle.

Zu Beginn organisatorische Fragen klären

Wenn Sie wissen, dass Sie ein Gespräch oder eine Besprechung vor sich haben, sollten Sie sich gut vorbereiten. Es heißt nicht ohne Grund: „Eine gute Vorbereitung macht schon 50 % des Erfolgs aus.“

Klären Sie zu Beginn organisatorische Fragen, stellen Sie sich auf die Person ein, überlegen Sie sich, was Sie erreichen wollen.

Anfangen sollten Sie bei der Auswahl eines ruhigen und freien Raumes, wo Sie nicht gestört werden, sowie mit dem Abstimmen des Termins mit Ihrem Gesprächspartner. Machen Sie sich Gedanken über die Person, mit der Sie sich unterhalten werden, und machen Sie sich Ihre Einstellung, Haltung und Meinung ihr gegenüber klar. Nur so können Sie vermeiden, durch eine unterbewusste Abneigung gegen diese Person das Gespräch zu gefährden oder durch starke Sympathie zu wohlwollend zu sein, womit Sie das Ergebnis ebenso gefährden würden.

Ziele bestimmen

Wichtig ist, dass Sie Ihre Ziele für das Gespräch bestimmen. Bevor Sie in ein Gespräch gehen, sollten Sie sich immer die folgenden Fragen beantworten können:

- Was genau will ich in diesem Gespräch erreichen?
- Was genau will ich in Erfahrung bringen, lernen und herausfinden?
- Was genau will ich bewirken?

Nur wenn Sie sich über diese Fragen im Klaren sind, können Sie in einem Gespräch zielgerichtet handeln.

Inhaltlich können Sie sich natürlich auch vorbereiten, in dem Sie im Vorfeld etwas über das Thema des Gesprächs lesen und sich über die wichtigen Fakten und Daten informieren.

Strategie überlegen

Außerdem gehört es zu einer guten Vorbereitung, sich eine nützliche Gesprächsstrategie zu überlegen. Hierfür können Sie sich auf der Basis Ihres Gesprächsziels genau überlegen, was passieren könnte und wie Sie jeweils reagieren könnten.

Eine solche Planung ermöglicht es Ihnen, im Gespräch flexibler zu sein. Im Folgenden sind die oben genannten Punkte und noch weitere wichtige Vorbereitungsschritte in einer Checkliste zusammengestellt.

CD-ROM

Checkliste 1: Gesprächsvorbereitung

Frage	Antwort
Zu welchem Thema führen wir das Gespräch?	
Welche Ziele habe ich?	
Welche Interessen verfolge ich?	
Was muss/was kann erreicht werden (Minimal-/Maximal-Lösung)?	
Welche sind meine wichtigsten Argumente?	
Welche Informationen fehlen mir? Woher bekomme ich sie?	
Was soll der Gesprächspartner aus dem Gespräch mitnehmen?	
Wer ist mein Gesprächspartner?	
Welche Ziele, Wünsche hat er? Wie stehe ich zu diesen?	
Welche Fragen müssen wir klären?	
Mit welchen Fragen, Widerständen, Gegenargumenten, Ängsten muss ich rechnen?	
Wie viel Zeit muss ich einplanen?	
Ist der Raum/die Ausstattung organisiert?	
Sind alle nötigen Unterlagen vorhanden/im Vorfeld verteilt worden?	
Welche Störungen können auftreten? Wie können wir sie vermeiden?	

Was sollte ich bei der Gesprächsdurchführung beachten?

Um ein Gespräch zielorientiert zu führen, ist es hilfreich, sich im ersten Schritt mit den einzelnen Gesprächsphasen vertraut zu machen.

Phasen des Gesprächs

1. Gegenseitige Begrüßung, Vorstellen aller Beteiligten und Schaffen einer angenehmen Atmosphäre.
2. Motivieren Sie Ihren Gesprächspartner durch die Hervorhebung der Ziele.
3. Prüfen Sie den Informationsstand der Beteiligten und die Benennung des zu besprechenden Themas beim Gesprächspartner. (Sprechen wir über dasselbe?)
4. Klären Sie den Gesprächsverlauf: Geben Sie Informationen zum Gespräch und benennen Sie das Ziel. Welche Themen sind zu besprechen? Schlagen Sie eine Gesprächsstruktur vor.
5. Klären Sie, ob der Gesprächspartner Fragen hat.
6. Der Gesprächsbeginn beinhaltet die Informationsphase. Stellen Sie daher an dieser Stelle offene Fragen (siehe Seite 18).
7. Es folgt die Diskussion oder auch die Argumentation, es wird nachgefragt und man prüft das gegenseitige Verständnis.
8. Schließlich fassen Sie die Themengebiete zusammen, nehmen also eine Auswertung vor und diskutieren die Ergebnisse. Dann leiten Sie darauf aufbauende Maßnahmen ab: Wer tut was bis wann?
9. Sie vereinbaren das weitere Vorgehen.
10. Sie danken für das Gespräch.

Mit dem Wissen über die einzelnen Phasen eines Gesprächs können Sie sich auch besser darauf vorbereiten, da Sie wissen, was Sie erwartet.

Um dem Gespräche einen „guten Start" zu geben, ist es oft angebracht nicht gleich mit der Tür ins Haus zu fallen. Einige Tipps, die Sie schon bei der Begrüßung beachten sollten, sind hier hilfreich:

Tipps für die Begrüßung

EXPERTE

- Nachdem Sie den Gesprächspartner begrüßt haben, knüpfen Sie mit einem Smalltalk an, das ermöglicht eine erste Annäherung.
- Fangen Sie ein Gespräch positiv an. Loben Sie, das rückt Sie in ein positives Licht!
- Gestalten Sie das Gespräch aktiv; sprechen Sie das eigentliche Thema an.
- Knüpfen Sie Kontakt, sprechen Sie Ihren Gesprächspartner mit Namen an. Fragen Sie direkt nach, wenn Sie den Namen Ihres Gesprächspartners nicht verstanden haben.
- Klären Sie Bedenken und Fragen vorab.

Wichtig ist hierbei aber auch, dass Sie dafür sorgen, dass Sie während des Gesprächs nicht gestört werden, denn der Gesprächspartner soll nicht das Gefühl bekommen, dass das Gespräch mit ihm unwichtig für Sie sei.

Ziele im Auge behalten

Um zu vermeiden, dass das Gespräch an Struktur und Zielorientierung verliert, ist es hilfreich, die Ziele, die Sie sich vorher gesetzt haben, während des gesamten Gesprächs im Auge zu behalten.

Klare Ziele ermöglichen frühzeitiges Eingreifen, falls sich die Situation im Sinne Ihrer Ziele ungünstig entwickelt. Deswegen sollten Sie sich immer wieder mal fragen, was Sie eigentlich erreichen wollten und ob Sie sich mit dem, was Sie tun, Ihren Zielen nähern oder sich vielleicht eher davon wegbewegen.

Regeln vereinbaren

Zu Beginn eines Gesprächs ist es gut, wenn Sie ggf. gemeinsam gewisse Regeln vereinbaren.

1. Legen Sie den Zeitrahmen fest.
2. Dokumentieren Sie Teillösungen und fertigen Sie eine Enddokumentation an. Legen Sie fest, wer ein Protokoll schreibt und wer eine Kopie davon erhält.
3. Begrenzen Sie die Redezeit und legen Sie Regeln für den Umgang miteinander fest.
4. Legen Sie die Prioritäten und Reihenfolge der zu besprechenden Themen fest.

Wie kann ich Gespräche für mich optimal nachbereiten?

Nachbereitung wichtig für den Lernerfolg

Ganz gleich, welches Gespräch Sie führen, Sie sollten nicht darauf verzichten, diese Situationen für sich selbst als immer wiederkehrende Lernchance zu nutzen. Folgende Fragen werden Ihnen dabei helfen:

- Wie ist das Gespräch verlaufen, habe ich meine Ziele erreicht?
- Wie schätze ich selbst mein Gesprächsverhalten ein? Was war gut, was sollte ich ändern?
- Habe ich es versäumt, bestimmte Punkte anzusprechen?
- Gab es überraschende Momente im Gespräch? Warum haben sie mich überrascht?
- Habe ich nur Maßnahmen vereinbart, für die ich meine Unterstützung und Kontrolle zusichern kann?
- Was will ich für die nächsten Gespräche hinsichtlich Vorbereitung, Durchführung und Nachbereitung ändern?“

Checkliste 2: Gesprächserfolg

Erfolgskontrolle des Gesprächs
War ich richtig vorbereitet?
Wenn nicht, was hätte ich besser vorbereiten können?
Konnte ich mein Ziel erreichen?
Wenn nein, warum nicht?
Waren meine Argumente durchdacht? War meine Argumentation richtig?
Wenn nicht, warum nicht?
Habe ich meinen Gesprächspartner überzeugen können?
Welches waren die entscheidenden Argumente?

Konnte ich die Vor- und Nachteile deutlich machen?
Gab es Widerstände? Wenn ja, welche?
Gab es Überraschungen für mich im Gespräch, unsichere Situationen?
War das Gespräch wirklich partnerschaftlich?
War mein Auftreten und Verhalten richtig?
Wenn nicht, was möchte ich daran ändern?

Manchmal weiß ich nicht, wie ich mit meinem Gesprächspartner reden soll. Wie finde ich das heraus?

Grundeinstellung gegenüber dem Gesprächspartner

In solchen Situationen sollten Sie sich die Frage stellen, wie Sie Ihren Gesprächspartner sehen. Sehen Sie Ihn eher als Gegner oder gar als Ihren Feind? Sehen Sie Ihn vielleicht als Menschen, dem Sie haushoch überlegen sind, oder fühlen Sie sich ihm unterlegen? Es lohnt sich, sich einmal klarzumachen, mit welcher Grundeinstellung Sie einem Gesprächspartner gegenübertreten, da Ihre Einstellung immer auch die Art und Weise Ihrer Kommunikation beeinflusst.

Ihr Gesprächspartner bemerkt Ihre Einstellung sowieso, ganz unabhängig davon, wie Sie ihn nun sehen oder sich ihm gegenüber fühlen, er oder sie wird es merken! Sie senden körpersprachliche Signale, die von anderen Menschen verstanden werden, auch wenn das beiden Gesprächspartnern nicht bewusst ist. Zudem werden auch Ihre Wortwahl und Ihr Tonfall von Ihrer inneren Einstellung dem Gesprächspartner gegenüber beeinflusst.

Möglichst gleichberechtigt

Für die eigene Einstellung dem Gesprächspartner gegenüber gibt es einen Königsweg: Es gilt, sich weder überlegen noch unterlegen zu fühlen, weder feindlich noch zu vertrauensselig zu sein. Versuchen Sie, ihn als gleichberechtigten Partner zu sehen, der genauso viel wert ist wie Sie, der genauso ein Recht auf seine eigene Meinung hat und der genau wie Sie seine Stärken und Schwächen hat. Das ist natürlich nicht immer leicht, aber das Bewusstsein darüber ist oft der erste Schritt, etwas zu ändern.

TIPP: „ERST VERSTEHEN, DANN VERSTANDEN WERDEN.“

Wenn Sie wirklich einen Quantensprung in Ihrem gesamten Kommunikationsverhalten machen wollen, dann beherzigen Sie diesen Tipp: Versuchen Sie immer erst Ihren Gesprächspartner zu verstehen, bevor Sie versuchen, selbst verstanden zu werden.

Gehen Sie auf Ihren Gesprächspartner ein, versuchen Sie zunächst, Ihren Gesprächspartner wirklich zu verstehen. Dabei werden Ihnen Fragetechniken und aktives Zuhören helfen.

Versuchen Sie herauszufinden, was der andere wirklich meint und was hinter den Worten Ihres Gesprächspartners steckt. Versuchen Sie herauszufinden, was ihn wirklich bewegt und was er mit dem, was er sagt, erreichen will. Erst wenn Sie das verstanden haben, erklären Sie Ihrem Gegenüber Ihren eigenen Standpunkt.

Wie verwende ich das Kommunikationsmittel „Frage“ in Gesprächen?

Zunächst: Es gibt keine dummen Fragen außer denen, die nicht gestellt werden!

Interesse am Gesprächspartner

Fragen sind der einzige Weg, gezielt Informationen zu gewinnen, das eigene Wissen zu erweitern, Ziele, Meinungen sowie Wünsche des Gesprächspartners zu erfahren und Gesagtes oder Gehörtes verifizieren zu können. Zudem wecken Fragen Sympathie, denn kaum besser als mit ehrlichen Fragen können Sie signalisieren, dass Sie an der Meinung Ihres Gesprächspartners interessiert sind.

Sind Sie in einer Situation, in der es für Sie besonders wichtig ist, möglichst viele Informationen von Ihrem Gesprächspartner zu bekommen und sie sukzessive zu konkretisieren, sollten Sie die verschiedenen Frageformen gezielt zu einem „Fragetrichter" kombinieren.

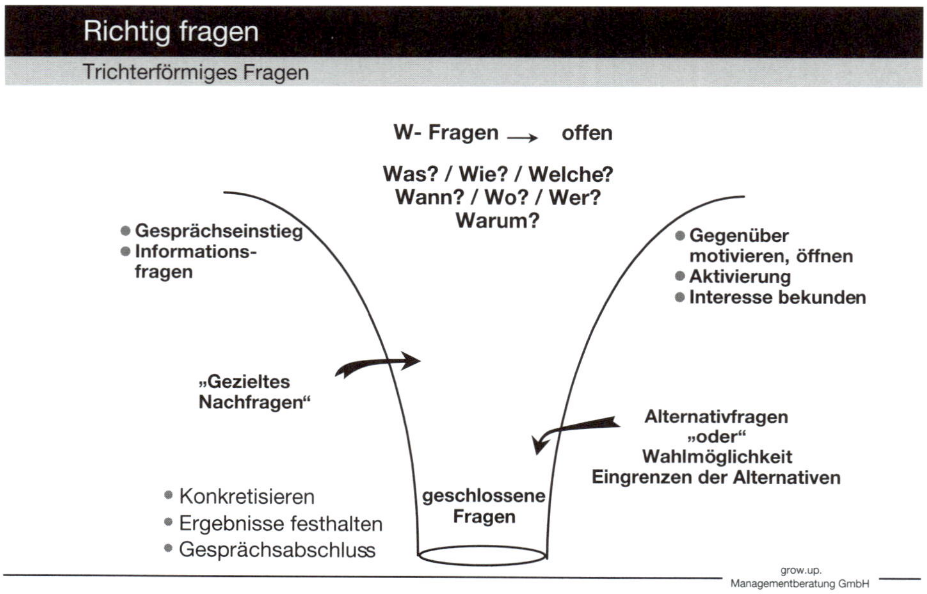

Fragen ist nicht gleich fragen!

Achten Sie bei den Fragen, die Sie stellen, besonders darauf, dass Sie

- sie einfach formulieren,
- keine Mehrfachfragen stellen,
- konkrete Fragen stellen,
- offene Fragen (W-Fragen) stellen,
- genau zuhören,
- gezielt nachfragen,
- Suggestivfragen vermeiden,
- Begrifflichkeiten und Bilder des Sprechers aufgreifen und, wo nötig, klärend hinterfragen,
- den Gesprächspartner nicht ausfragen.

Diese Fragen sollten Sie vermeiden

Auch wenn Fragen der Königsweg der Kommunikation sind, können Sie einen Gesprächspartner mit Fragen auch verärgern. Vermeiden Sie deshalb

- Fragen, die blamieren,
- Fragen, die einen Vorwurf enthalten,

- Fragen, die eine Drohung enthalten,
- Fragen, die verunsichern,
- zu viele direkte Fragen ,
- Warum-Fragen,
- Fragen, die manipulieren oder Verantwortung abwälzen,
- Fragen, die zur falschen Zeit gestellt werden.

Welche Fragearten gibt es?

Unterschiedliche Fragen erfüllen einen unterschiedlichen Zweck. Das reicht von Informationsverarbeitung bis hin zu gezielter Manipulation. Mit Fragen können Sie viele Ziele erreichen. Die nachfolgende Tabelle bietet Ihnen einen Überblick.

Checkliste 3: Frageformen – Wann frage ich wie?

Frageformen	Beispiele	Anwendungsgebiet
Offene Frage	„Welche Maßnahmen halten Sie für geeignet?“	► Gesprächsbeginn ► Informationsgewinn ► Fast immer einsetzbar
Motivierende Frage (offene Frage)	„Was sagen Sie als Spezialist zu diesem Vorschlag?”	► Atmosphäre schaffen
Informationsfrage (offene Frage)	„Welche Weiterbildungen haben Sie bereits gemacht?”	► Informationssammlung zur Person/Sache etc.
Geschlossene Frage	„Können Sie mir die Unterlagen kopieren?”	► Steuerung desThemas ► Gewünschte klare Positionierung und kurze Antwort ► Gesprächsabschluss
Kontrollfrage	„Stimmen Sie meiner Überlegung zu?”	► Verständniskontrolle ► auch Gesprächsende
Alternativfrage	„Sehen Sie die Möglichkeit ..., oder gibt es ...?“	► Entscheidungsfrage
Direkte Frage	„Haben Sie das Projekt vorbereitet?”	► Beschleunigung ► Informationen
Rhetorische Frage	„Sie haben sich doch über den Anbieter informiert?”	► Indirekte Erwartungshaltung
Angriffsfrage	„Wollen oder können Sie keine fehlerfreie Arbeit abliefern?“	► Diskussion anregen, aus der Reserve locken (vorsichtig verwenden)

Die offene Frage

W-Fragen: nicht nur Ja oder Nein

Immer wenn es darum geht, ein gutes und zielgerichtetes Gespräch zu führen, ist die „offene Frage“ der Königsweg. Offene Fragen sind solche, bei denen der Gesprächspartner nicht nur mit Ja oder Nein antworten kann, sondern eine ausführliche Antwort geben muss.

Offene Fragen sind in jeder Phase eines Gesprächs nützlich. Nutzen Sie sie immer dann, wenn Sie Informationen gewinnen, vertiefen oder jemanden besser verstehen wollen. Offene Fragen sind W-Fragen, also Was?, Wie?, Warum?, Wer? und Wann?. Sie bringen Resultate und Fortschritte, sie regen zum Nachdenken und zur Auseinandersetzung an und schaffen eine offene Atmosphäre. Außerdem eröffnen sie den Weg zu Gedanken, Wünschen und Vorstellungen des Gesprächspartners. Offene Fragen haben eine motivierende Funktion und sind deutlich zielführender als geschlossene Fragen (Fragen, die man nur mit Ja oder Nein beantworten kann). Mit ein bisschen Selbstaufmerksamkeit und Training werden Sie schnell dazu in der Lage sein, geschlossene Fragen in offene umzuformulieren. Dann können Sie damit beginnen, Ihren Gesprächspartner gezielt in die von Ihnen gewählte Richtung zu führen, und Lösungen erarbeiten, von denen der andere in weiten Teilen überzeugt ist, sie selbst entwickelt zu haben. Die Akzeptanz dieser Lösungen ist – wie Sie sich leicht vorstellen können – ungleich höher, als wenn Sie versuchen, Ihr Gegenüber mit Argumenten von Ihren Lösungen zu überzeugen.“

Geschlossene Fragen

Am Ende des Gesprächs

Geschlossene Fragen sind Fragen, die nur mit Ja oder Nein beantwortet werden müssen, z. B.: „Haben Sie die Akte schon gelesen?“ Mit dieser Frageform können Sie gezielte, kurze Informationen über Meinungen, Sachen und Personen einholen. Sie sollten diese Frage jedoch nur einsetzen, wenn Sie auch wirklich eine gezielte Information brauchen, oder zur Absicherung, z. B. von Verständnis oder bisherigen Absprachen oder Gesprächsergebnissen.

Wenn Sie sich eine Bestätigung über das richtige Verständnis einholen wollen, könnten Sie fragen: „Habe ich Sie richtig verstanden, es geht Ihnen um ...?“ Mit der Bestätigungsfrage halten Sie Gemeinsamkeiten fest.

Mit der Frage: „Haben Sie nicht auch Interesse daran, Ihren Kundenservice zu verbessern“? beeinflussen Sie die Person stärker und übertragen Ihre Meinung. Solche suggestiven Fragen können den Partner auch bedrängen und sollten nur sehr vorsichtig genutzt werden. Geschlossene Fragen sind immer dann hilfreich, wenn Sie knappe Informationen wünschen, Zeit sparen wollen, eine Person in die richtige Richtung lenken oder zum Thema zurückführen wollen. Mit der geschlossenen Frage besiegeln Sie Absprachen und Vereinbarungen.

GESCHLOSSENE FRAGEN IN OFFENE UMWANDELN

Man kann eine geschlossene Frage ganz leicht in eine offene Frage verwandeln, meistens reicht schon das Hinzufügen von einem oder wenigen Wörtern. Die Wörter „Was“, „Wie“ und „können“ leisten Ihnen dabei gute Arbeitshilfe.

TO DO

Ein Beispiel für eine geschlossene Frage kann z. B. lauten: „Reisen Sie gerne?“. Offen formuliert könnte die gleiche Frage lauten: „Was halten Sie vom Reisen?“

Ein anderes Beispiel: „Kann die Leistung verbessert werden?“ Offen gestellt hieße die Frage: „Wie kann die Leistung verbessert werden?“

Wie nutze ich Fragen für meine Gesprächsstrategie?

Fragen sind wichtige Elemente Ihrer Gesprächsstrategie. In den meisten Situationen machen sie Ihrem Gegenüber Argumente deutlicher.

Der erste Schritt: Bereiten Sie sich vor

Was bezwecke ich mit dem Gespräch?

Um die richtigen Fragen stellen zu können, ist es wichtig, sich zunächst darüber im Klaren zu sein, was Sie mit dem Gespräch eigentlich bezwecken wollen. Um das herauszufinden, helfen folgende Fragen:

- Was wollen Sie mit dem Gespräch erreichen? Geht es Ihnen um Zusammenarbeit, Hilfe, Information etc.?
- Wer verfügt über welche Informationen oder wen müssen Sie fragen? Ihren Vorgesetzten, einen Kollegen, Mitarbeiter etc.?
- Versetzen Sie sich in die Lage des anderen. Was sind seine Ziele? Was will er erreichen?
- Welche Fragen führen Sie zu Ihrem Ziel?
- Wie können Sie Ihre Fragen formulieren, damit sie für alle Beteiligten zu den gewünschten Ergebnissen führen?

Der zweite Schritt: Stellen Sie Ihre Frage

Wie frage ich?

Wenn Sie fragen, braucht Ihr Gesprächspartner Zeit, seine Gedanken zu ordnen, ehe er antwortet. Zeigen Sie eine positive Einstellung, wenn Sie an einem Austausch wirklich interessiert sind. Ablehnende oder kritische Untertöne in der Stimme machen auch eine Frage zum Angriff. Lassen Sie Ihren Gesprächspartner merken, dass Sie eine Antwort von ihm erwarten.

Suchen Sie den Blickkontakt und zeigen Sie ihm durch Ihre Stimme und durch Ihr ganzes Verhalten, dass Sie an seiner Einstellung und an seiner Antwort wirklich interessiert sind.

Der dritte Schritt: Hören Sie Ihrem Gesprächspartner zu

Zuhören, um die Richtung weiter zu bestimmen

Die beste Frage nützt gar nichts, wenn Sie die Antwort auf die Frage nicht aufmerksam anhören. Gut zuhören erfordert Mühe und Konzentration. Menschen denken siebenmal schneller, als sie sprechen. Während wir zuhören, ist unser Geist unseren Ohren also häufig schon weit voraus. Das hat zur Folge, dass wir oft unwillkürlich unsere eigenen Ideen, Assoziationen und Werturteile in die Worte des anderen hineinprojizieren. Dabei könnten wir die Zeit viel sinnvoller nutzen, indem wir dem Gesprächspartner besser zuhören und uns aufgrund und nach seiner Aussage überlegen, welche Richtung wir dem weiteren Gesprächsverlauf geben wollen.

OHNE ZUHÖREN GIBT ES KEINE KOMMUNIKATION

Wussten Sie, dass Führungskräfte 45 % ihrer Zeit mit Zuhören verbringen, in Gesprächen unter vier Augen, in Konferenzen und am Telefon?

Sind Sie ein guter Zuhörer?

Beantworten Sie für sich die folgenden Fragen und finden Sie heraus, ob Sie ein guter Zuhörer sind:

- Sind sie lernbegierig?
- Haben Sie den Wunsch, etwas über andere Menschen, Orte und Dinge zu erfahren?
- Möchten Sie wissen, wie Mitarbeiter Ihre Fähigkeit zum Zuhören einschätzen?
- Versuchen Sie, sich aus dem, was Sie hören, die wesentlichen Punkte herauszusuchen?
- Achten Sie darauf, Ihren Gesprächspartner nicht zu unterbrechen?
- Können Sie der Versuchung widerstehen, die Sätze Ihres Gesprächspartners zu Ende zu führen?
- Öffnen Sie sich nicht nur den Worten, sondern auch den Gefühlen Ihres Gegenübers?
- Versuchen Sie, über Ihren eigenen Standpunkt hinauszublicken, wenn Sie sich ein Urteil über etwas bilden?

Wenn Sie alle oder die meisten Fragen mit Nein beantwortet haben, lässt sich Ihre Fähigkeit auf diesem Gebiet noch deutlich verbessern. Der Philosoph Epiktet, der ein guter Beobachter war, drückte es so aus: „Gott hat uns zwei Ohren gegeben, aber nur einen Mund, damit wir doppelt so viel hören wie sprechen."

Der vierte Schritt: Werten Sie die Antworten auf Ihre Fragen aus

Noch während Sie zuhören, müssen Sie die Antwort verarbeiten und auswerten. Es kann sein, dass Sie noch weitere Fragen stellen müssen, um die Informationen zu erhalten, die Sie benötigen. Vielleicht brauchen Sie noch einige ergänzende Einzelheiten oder Sie müssen eine tiefer greifende Frage stellen, um einer Sache auf den Grund zu gehen.

Reicht mir die Antwort oder brauche ich mehr Informationen?

Bleiben Sie also am Ball. Wenn Sie nach der ersten Frage aufgeben, ist das Gespräch vermutlich zu Ende. Hören Sie zu, machen Sie sich Gedanken über die Antwort und fragen Sie weiter, wenn nötig.

Fünfter Schritt: Reagieren Sie

Kluge Fragen sind ohne kluge Handlungen sinnlos

Fragen machen sich dann bezahlt, wenn Sie aufgrund der Informationen, die Sie erhalten haben, auch handeln. Wenn Sie um Vorschläge bitten, diese dann aber im Weiteren nicht beachten, werden Sie irgendwann keine Ideen und Lösungen mehr von anderen bekommen. Das gilt für Kunden ebenso wie für Kollegen und Mitarbeiter. Wenn Sie Ihre Mitarbeiter zur Mitwirkung auffordern und deren Anregungen dann nicht beachten, war Ihre ganze Vorbereitung umsonst.

Handeln kann heißen, eine Sache weiterzuverfolgen, die gewonnene Information für eine spätere Verwendung zu speichern (am besten schriftlich) oder konkrete Schritte einzuleiten.

Wer fragt, ...

Generell können Sie sich für jedes Gespräch merken: Wer fragt,

- führt und steuert ein Gespräch,
- kommt schneller an den Bedarf, die Wünsche und die Probleme seiner Gesprächspartner,
- lernt seine Gesprächspartner besser kennen,
- kann sich auf seine Gespächspartner besser einstellen,
- kann auf Einwände besser und überzeugender reagieren,
- kommt schneller an die gewünschten Informationen,
- beweist sein Interesse,
- erweckt Sympathie,
- gewinnt Zeit.

Wenn Sie fragen, dann ...

Wenn Sie fragen, dann

- in einem ruhigen und deutlichen Ton,
- als klare Frage formuliert, nicht versteckt in breiten Ausführungen,
- denken Sie mit Ihrem Gesprächspartner weiter,
- nehmen Sie die Antworten wirklich auf.

Was bedeutet aktiv zuhören?

Aktiv zuhören bedeutet, dass Sie, wenn Sie in einem Gespräch Fragen stellen, auch deutlich machen müssen, dass Sie eine Antwort erwarten und sehr daran interessiert sind.

Stellen Sie sich vor, Sie sind in einem Gespräch und Ihr Gesprächpartner schaut nebenher einen Stapel Unterlagen durch. Würden Sie sich ernst genommen fühlen und hätten Sie das Gefühl, Ihr Gesprächspartner höre Ihnen zu? Wahrscheinlich nicht, oder? Die Folge daraus ist, dass Sie sich nicht öffnen und kein Interesse an der Vertiefung des Gesprächs haben werden.

Nehmen Sie sich Zeit

Genauso ergeht es Ihren Mitarbeitern, wenn Sie sich keine Zeit für sie nehmen und ihnen nicht richtig zuhören, sondern in Gedanken schon oder immer noch mit anderen Dingen beschäftigt sind. Mit diesem Verhalten gehen Sie das Risiko ein, das Vertrauen und die Achtung Ihrer Mitarbeiter zu verlieren. Versuchen Sie einmal durch Selbstbeobachtung herauszufinden, wann Sie in einem Gespräch richtig zuhören und wann Sie mit Ihren Gedanken woanders sind. Die in der folgenden Abbildung aufgeführten Merkmale helfen Ihnen dabei, Ihr „Zuhörverhalten“ zu reflektieren.

CD-ROM

Zuhören

Was heißt aktives Zuhören

1. Störungen fernhalten
2. Positive Atmosphäre schaffen
3. Volle Aufmerksamkeit zeigen
4. Partner aussprechen lassen, eigene Zurückhaltung
5. Schweigen und Pausen zulassen
6. Verständnis signalisieren: Lautmalereien einstreuen
7. Verstärkende Äußerungen verwenden, ermutigen
8. Inhalte indirekt aufgreifen
9. Vorsichtige Interpretation
10. Echo-Antworten geben
11. Unvollständige Sätze anbieten
12. Gefühle ansprechen,wahrgenommene Emotionen spiegeln
13. Wiederholen, Fragen, Nachfragen
14. Verstandenes überprüfen (Spiegeln)
15. Kritische Überprüfung der eigenen Wahrnehmung
16. Ich-Botschaften
17. Eigene Befindlichkeiten mitteilen
18. Notizen machen
19. Zusammenfassen
20. Kritisches auch mal bewusst überhören

grow.up. Managementberatung GmbH

DIE 10 GEBOTE DES GUTEN ZUHÖRENS

1. Nicht sprechen - man kann nicht zuhören, wenn man spricht.
2. Den Gesprächspartner entspannen. Zeigen Sie ihm, dass er frei sprechen kann. Schaffen Sie eine erlaubende Umgebung.
3. Zeigen Sie, dass Sie zuhören wollen. Zeigen Sie Interesse. Lesen sie z. B. während des Gesprächs keine Post. Zuhören dient dem Verstehen.
4. Stellen Sie sich auf den Partner ein. Versuchen Sie sich in seine Situation hineinzuversetzen, damit Sie seinen Standpunkt verstehen.
5. Zeigen Sie Geduld und nehmen Sie sich Zeit. Unterbrechen Sie Ihren Gesprächspartner nicht - seien Sie nicht „auf dem Sprung".
6. Beachten Sie Ihre eigenen Emotionen - wenn Sie sich ärgern, interpretieren Sie die Worte Ihres Gegenübers eventuell falsch.
7. Lassen Sie sich durch Vorwürfe und Kritik nicht aus dem Gleichgewicht bringen. Erst zuhören, ggf. fragen und dann erst argumentieren.
8. Nehmen Sie keine Ergänzungen vor.
9. Die inneren Zusammenhänge ggf. durch Nachfragen erfassen.
10. Nicht sprechen! Dieses ist das erste und letzte Gebot, weil alle anderen Gebote davon abhängen.

Aktives Zuhören ist das Einfühlen, Aufnehmen und Widerspiegeln der gehörten Informationen durch den Zuhörer. Wenn Sie unaufmerksam sind, fühlt sich der Gesprächspartner nicht verstanden und öffnet sich nicht.

Genauso wenig ist Ihr Gesprächspartner bereit, Gründe und Zusammenhänge zu suchen oder zu nennen.

Aufmerksamkeit zeigen

Aufmerksamkeit zeigen heißt:

- ruhiger, offener, bedrohungsfreier Blickkontakt,
- offene, zugewandte, entspannte Körperhaltung,
- ruhige, bedrohungsfreie, „echte" Stimmführung,
- nicht schon die Gegenrede im Kopf vorbereiten,
- vermitteln, dass man verstehen will und konzentriert ist.

Den Gesprächspartner ermutigen

Ermutigen können Sie Ihren Gesprächspartner, indem Sie:

- freundliche Gesten (Kopfnicken o. Ä.) verwenden,
- „Türöffner" verwenden („hmm", „ja", „aha", „verstehe", „interessant", „so"),
- Pausen zulassen ,
- gegebenenfalls nachfragen,
- Schlüsselbegriffe suchen und erneut aufgreifen.
- Beachten Sie auch nichtverbale Äußerungen. Sprechen Sie sie an, wenn die Situation es zulässt.

Wie kann ich richtig argumentieren?

Argumentieren ist einfacher, wenn Sie mehr wissen. Wenn Sie Ihren Gesprächspartner wirklich verstehen, haben Sie viel bessere Möglichkeiten zum Argumentieren, denn Sie können seine Gedanken in Ihre eigenen Aussagen einflechten. Wenn Sie Ihren Gesprächspartner genau verstanden haben, fangen Sie an, Ihre Argumente darzulegen. Jetzt sind Sie dran. Und wer das letzte Wort hat, entscheidet eine Situation oft für sich.

Voraussetzung guter Argumentation: den Gesprächspartner verstehen

Gute Argumentation heißt, das Gespräch so zu führen, dass sich der Gesprächspartner selbst überzeugen kann. Beim Argumentieren können Sie folgende Reihenfolge beachten:

- Zuerst fragen Sie und sammeln Informationen.
- Dann drücken Sie Verständnis für die Position des Gesprächspartners aus.
- Nehmen Sie eine Überleitung vor.
- Jetzt argumentieren Sie.
- Überprüfen Sie die Wirkung Ihrer Argumente.

CD-ROM

Argumentation mit Strategie

Das Kiss-Prinzip

Prinzip:

Verwendung von Beispielen	**K**	**Keep**	Emotionen des Gesprächspartners ansprechen
	I	**it**	
Aufnahmefähigkeit des Gesprächspartners nicht überfordern	**S**	**simple and**	Persönliche Erlebnisse anführen – sie können nicht widerlegt werden
	S	**stupid**	

grow.up. Managementberatung GmbH

Jeder Mensch möchte das Gefühl haben, wirklich verstanden zu werden. Wenn Sie Ihrem Gesprächspartner dieses Gefühl geben – und das tun Sie, wenn Sie fragen, wirklich zuhören und die Argumente des anderen aufgreifen – ist die Wahrscheinlichkeit sehr groß, dass auch Sie gehört werden. Viele Streitigkeiten entstehen nur, weil wir uns weigern, den anderen zu verstehen und von vornherein auf unserer Meinung beharren, ohne wirklich hinzuhören, was der andere zu sagen hat. Wenn Sie Ihrem Gegenüber genug

Raum geben, wird es vielleicht zu keinem Streit mehr kommen. Und denken Sie daran: Jemanden zu verstehen heißt nicht unbedingt auch, dass Sie die Ansichten teilen oder damit einverstanden sein müssen.

Wie gehe ich wirkungsvoll mit Vielrednern um?

Lassen Sie sich nicht „zuschütten". Wenn Sie versuchen, andere wirklich zu verstehen, kann das schnell dazu führen, dass Sie nur noch zuhören und selbst gar nicht mehr zu Wort kommen. Das ist allerdings nicht der Sinn der Sache.

Es gibt „Vielredner", die nur reden, um zu reden. Sie halten minutenlange und oft vollkommen unnötige Monologe, die oft ganz schnell langweilig und nervenzehrend werden. Es ist Ihre Zeit und es sind Ihre Nerven und Sie haben es wirklich nicht verdient, das zu ertragen. Stoppen Sie diese Personen!

Um Vielredner zu stoppen, gibt es Rezepte:

Rezept 1: Unterbrechen

Rezept 1: Unterbrechen Sie einfach. Sie haben wahrscheinlich gelernt, dass es unhöflich ist, jemanden zu unterbrechen. Aber es auch unhöflich, Sie durch einen minutenlangen Monolog zu langweilen.

Wie überall gilt auch beim Unterbrechen: Der Ton macht die Musik. Sie sollten Ihrem Gesprächspartner lieber nicht sagen: „STOP! Jetzt haben Sie genug geredet! Jetzt bin ich dran ...". Es gibt eine bessere und höflichere Methode. Sagen Sie doch einfach in freundlichem Ton:

- „Warten Sie mal kurz! Ehe ich es vergesse ..."
- „Dazu fällt mir Folgendes ein ..."

Oder Sagen Sie einfach zwischendrin:

- „Ja. Das ist ja genauso wie bei ..."
- „Dabei müssen wir auch beachten, ..."

Wichtig hierbei: Sie müssen das mit ein bisschen Schwung sagen, sodass Ihr Gegenüber ein wenig erschrocken ist und erst einmal zu reden aufhört. Wenn Sie Ihrer Unterbrechung nicht genug Nachdruck verleihen, redet Ihr Gesprächspartner vielleicht einfach weiter.

Rezept 2: Langeweile demonstrieren

Rezept 2: Langweilen Sie sich deutlich. Auch hier denken Sie vielleicht, das wäre unhöflich, aber wie schon gesagt: Jemanden totzureden ist auch kein höfliches Verhalten. Schauen Sie aus dem Fenster. Kritzeln Sie auf einem Stück Papier herum. Spielen Sie gelangweilt mit einem Stift. Setzen Sie ein gelangweiltes Gesicht auf und schauen Sie Ihrem Gesprächspartner nicht in die Augen, denn das zeigt Interesse.

Was kann ich tun, wenn mein Gesprächspartner mich unterbricht?

Schützen Sie sich vor Unterbrechungen

Eine ganz einfache Antwort hierauf lautet: Lassen Sie sich nicht unterbrechen.

Sie gehören sicherlich nicht zu den Vielrednern. (Wenn doch, dann sehen Sie sich den vorherigen Abschnitt etwas genauer an.) Deswegen haben Sie es auch nicht verdient, beim Reden unterbrochen zu werden. Viele Menschen haben aber die Angewohnheit, andere ständig zu unterbrechen, auch wenn diese gerade erst ein oder zwei Sätze geredet haben. Dagegen gibt es ein einfaches Rezept: Sagen Sie freundlich, aber laut und deutlich:

- „Warten Sie bitte ... Lassen Sie mich das kurz noch zu Ende bringen ..."
- „Warten Sie bitte ... Einen Satz noch ..."

Viele Menschen merken gar nicht, dass sie andere Menschen unterbrechen, und dann ist es oft unangenehm, sie darauf aufmerksam zu machen, weil Sie damit ja den Menschen direkt kritisieren. Durch die oben gezeigte Art und Weise holen Sie sich das Wort zurück, ohne den anderen anzugreifen.

Manchmal habe ich das Gefühl, ich spreche zu lang. Wie kann ich das ändern?

Botschaften knapp und schnell

Nach ca. 50 Sekunden hört Ihnen keiner mehr zu. Es macht also wenig Sinn, zu reden und zu reden und zu reden und andere Menschen nicht zu Wort kommen zu lassen. Die meisten Menschen schalten nach ca. 50 Sekunden Monolog ab und wenden sich ihren eigenen Gedanken zu oder fangen an, sich zu langweilen. Bemühen Sie sich, sich kurz zu fassen, und versuchen Sie, Ihre Botschaften so knapp und prägnant wie möglich zu präsentieren. Lassen Sie Ihren Gesprächspartner zu Wort kommen. Nur so kommt ein wirkliches „Gespräch" - ein Dialog - zustande.

Im Dialog reden immer zwei

Machen Sie sich klar, dass in einem Dialog beide Gesprächspartner reden. Die Situation entscheidet: Wollen Sie ein Gespräch führen oder eine Rede halten? Viel interessanter, als selbst zu reden, ist es doch zu hören, was der andere sagen will. Was Sie sagen wollen, wissen Sie ja schon. Aber aus den Gedanken des anderen können Sie etwas lernen.

Außerdem gilt hier das Sprichwort „Zeit ist Geld". Zeit ist ein wertvolles Gut und gerade im Geschäftsumfeld wird Ihnen jeder dafür dankbar sein, wenn Sie diese Ressource schonend behandeln. Also fassen Sie sich so kurz wie möglich, damit ein gewinnender Dialog zustande kommt, in den sich beide zu gleichen Teilen einbringen können.

Was mache ich, wenn ich die Person nicht sofort verstehe und Probleme habe, ihr zu folgen?

Nachfragen hilft

Wenn Sie etwas nicht verstehen, fragen Sie nach. Viele Menschen haben ein Problem damit nachzufragen. Sie glauben, dass es ein Eingeständnis der eigenen Unwissenheit oder vielleicht sogar der eigenen Inkompetenz sei.

Wenn Sie etwas nicht verstehen, kann das daran liegen, dass Sie noch nicht genug wissen. Oder vielleicht hat sich Ihr Gesprächspartner auch nicht klar genug ausgedrückt oder bestimmte Begrifflichkeiten nicht erklärt. In allen Fällen sollten Sie nachfragen, sonst gehen Ihnen im weiteren Verlauf ggf. wichtige Informationen verloren. Nachfragen ist ein Zeichen von Interesse und einer wachen Persönlichkeit.

Sagen Sie einfach: „Eines habe ich dabei noch nicht so ganz verstanden ...“

Betrachten wir diesen Satz etwas genauer: Das „noch“ im Satz sagt aus, dass Sie es zwar noch nicht verstanden haben, aber dass Sie es bald verstehen werden. Die Wörter „eines“ und „ganz“ stehen dafür, dass Sie schon eine Menge verstanden haben und dass Ihnen nur noch ein kleiner Rest zum vollständigen Verständnis fehlt. Sie sehen, welch große Wirkung kleine Wörter haben können.

Sie können auch fragen:

- „Was bedeutet xy für Sie?“
- „Wie meinen Sie ...“
- „Wie verstehen Sie ...“

Nicht von rhetorischen Tricks beeinflussen lassen

Viele Menschen spielen auch ein rhetorisches Spiel. Sie untermauern ihre Aussagen z. B. mit Sätzen wie:

- „Wie jeder weiß, ...“
- „..., aber das wissen Sie ja bestimmt!“
- „Da erzähle ich Ihnen ja nichts Neues.“

Lassen Sie sich nicht von solchen rhetorischen Tricks beeindrucken. Wer so etwas sagt, versucht Sie davon abzuhalten nachzufragen, oder noch schlimmer: Er versucht, Widerspruch im Keim zu ersticken. Hier sollten Sie erst recht nachfragen. Machen Sie es sich zu einer goldenen Regel, immer nachzufragen, wenn Sie etwas nicht verstanden haben.

TO DO

„FRAGEN, FRAGEN, FRAGEN"

Stellen Sie während eines Gesprächs viele Fragen. Je mehr, desto besser. Fragen Sie z. B.:

- „Wie geht das genau?"
- „Was darf ich mir darunter genau vorstellen?"
- „Wie soll das genau funktionieren?"
- „Warum ist das so?"
- „Warum geht das nicht?"

Das Thema „Fragen" ist bereits näher erläutert worden. Doch ist es im Zusammenhang mit dem Gespräch wichtig, noch einmal darauf hinzuweisen. Wie heißt es so schön: Wer fragt, der führt.

Eine Möglichkeit ist es, nach dem Warum zu fragen. Besonders wenn Ihr Gesprächspartner eine Aussage macht und diese als allgemein gültig hinstellt. Ein Beispiel dazu:

Ihr Gesprächspartner sagt: „Über eines sind wir uns doch einig, wir können unseren Marketingetat nicht erhöhen." Viele werden nun wegen des kleinen rhetorischen Tricks „Über eines sind wir uns doch einig ..." nicht mehr nachfragen, aber hier ist eine Warum-Frage absolut angebracht. Sie können auch fragen: „Was würde denn passieren, wenn wir den Marketingetat erhöhen würden?"

Wie kann ich erreichen, dass andere mich leichter verstehen?

Metaphern und Beispiele verdeutlichen Inhalte

Viele Menschen reden in so abstrakten Wörtern und Begriffen, dass man sich sehr anstrengen muss, um sie zu verstehen. Wenn Sie wollen, dass andere Sie verstehen, dann reden Sie in Bildern, geben Sie viele Beispiele und reden Sie in Metaphern. Beispiele und Metaphern transportieren eine Nachricht viel besser als eine abstrakte Erklärung. Achten Sie auch darauf, kurze Sätze zu formulieren und klar und deutlich zu sagen, was Sie sagen wollen. Das erleichtert das Verständnis.

Abschließend sind noch einmal die Punkte zusammengefasst, auf die Sie achten sollten, um ein positives Gespräch zu führen.

Checkliste 4: Erfolgreiche Gesprächsführung

CD-ROM

Merkmal	
Organisieren Sie einen ruhigen Raum.	☐
Stimmen Sie den Termin mit Ihrem Gesprächspartner ab.	☐
Stellen Sie sich auf Ihren Gesprächspartner ein.	☐
Bestimmen Sie Ihre Ziele für das Gespräch.	☐
Vergegenwärtigen Sie sich noch einmal die einzelnen Gesprächsphasen.	☐
Legen Sie Gesprächsregeln fest.	☐
Hören Sie aktiv zu und fragen Sie, wenn Sie etwas nicht verstehen.	☐
Führen Sie einen Dialog mit gleich verteilter Beteiligung.	☐
Schützen Sie sich vor Monologen und Unterbrechungen.	☐
Beziehen Sie Ihr Feedback nur auf Leistungen, arbeitsbezogenens Verhalten und auf das Arbeitsumfeld. Vermeiden Sie, die Persönlichkeit des anderen anzugreifen.	☐
Argumentieren Sie so, dass Ihr Gesprächspartner sich selbst überzeugen kann.	☐
Drücken Sie Wertschätzung und Anerkennung für den anderen aus.	☐
Nehmen Sie Denkanstöße, Wünsche und Vorschläge des anderen ernst.	☐
Sprechen Sie kritische Punkte klar und deutlich an und suchen Sie gemeinsam nach Lösungen.	☐
Sprechen Sie keine Vorwürfe und Schuldzuweisungen aus.	☐
Formulieren Sie, was Sie sich für die Zukunft wünschen.	☐
Gestehen Sie eigene Fehler und Versäumnisse ein.	☐
Fassen Sie gemeinsam besprochene Ergebnisse zusammen und dokumentieren Sie diese.	☐
Reflektieren Sie das gesamte Gespräch und bereiten Sie es nach.	☐

Wenn Sie sich an alle Tipps und Ratschläge halten, dürfte bei Ihren zukünftigen Gesprächen nichts mehr schief gehen.

Wie kommuniziere ich so, dass meine Mitarbeiter mich richtig verstehen?

Optimieren Sie ihr wichtigstes Führungsinstrument

Ihre Führungsarbeit erfolgt in der Mehrzahl der Situationen im direkten kommunikativen Austausch zwischen Ihren Mitarbeitern und Ihnen als Führungskraft. Sie geben Informationen weiter, verteilen Aufgaben und Arbeiten und klären Fragen und Probleme.

Vielleicht haben Sie dabei auch schon die Erfahrung gemacht, dass selbst nach einem Gespräch noch wichtige Fragen offen geblieben sind und Ihr Gesprächspartner Dinge ganz anders verstanden hat, als Sie sie eigentlich gemeint haben? Im beruflichen Alltag werden Sie es immer wieder erleben, dass die scheinbar so selbstverständliche und alltägliche Kommunikation im Grunde genommen sehr schwer ist und Ihnen Missverständnisse wahrscheinlich häufiger begegnen werden als gegenseitiges „richtiges" Verstehen. Sätze wie: „Das habe ich nicht so gemeint", „Das habe ich nicht so gesagt" oder: „Sie haben nicht richtig zugehört" sind nicht unbekannt. Damit Sie diese Sätze in Zukunft nicht mehr zu Ohren bekommen, sollten Sie als Führungskraft ständig darauf bedacht sein, Ihr wichtigstes Führungsinstrument, nämlich Ihr Kommunikationsverhalten, zu optimieren. Sie werden Ihre kommunikativen Kompetenzen in jeder Gesprächssituation mit einem Ihrer Mitarbeiter benötigen.

In einem Gespräch tragen Sie immer die doppelte Verantwortung. Zum einen müssen Sie sicherstellen, dass Sie Ihre Gesprächspartner richtig verstehen, und zum anderen müssen Sie sich sicher sein, dass Ihr Gegenüber Ihnen zuhört und Sie richtig verstanden werden. Dabei können Ihnen folgende Hinweise helfen:

1. Verwenden Sie eine deutliche Sprache! Setzen Sie niemals etwas als selbstverständlich voraus!

Reden Sie deutlich, klar und präzise

- Vermeiden Sie Füllwörter wie eigentlich, ich denke, sagen wir mal etc. Sie sind nur unnütze Satzveränderer, die die Verständlichkeit und Eingängigkeit Ihrer Aussage reduzieren.
- Vermeiden Sie den Gebrauch von Konjunktiven (ich würde, ich hätte). Entweder tun Sie etwas oder Sie lassen es. Sagen Sie nur Dinge, die Sie auch wirklich vertreten können!
- Wählen Sie immer kurze und präzise Formulierungen.
- Verwenden Sie einfache Formulierungen.
- Seien Sie zurückhaltend in der Verwendung von Fachbegriffen, Fremdwörtern und Abkürzungen.
- Achten Sie auch auf Ihr Sprechtempo – Pausen bei Punkt und Komma helfen ungemein.

2. Wählen Sie ansprechende Formulierungen!

Sprechen Sie lebendig und positiv

- Versuchen Sie immer, lebendig zu sprechen. Verwenden Sie Metaphern, Beispiele und Bilder.
- Visualisieren Sie komplexe Sachverhalte, um deren Nachvollziehbarkeit zu erhöhen.

- Wählen Sie positive Formulierungen. Menschen verstehen sie leichter als negative Formulierungen.
- Versuchen Sie, während des Sprechens die Lautstärke zu variieren, um immer wieder die Aufmerksamkeit Ihres Gegenübers zu erzeugen.

3. Überzeugen Sie mithilfe von Formulierungen!

Kernbotschaften und Vorteile herausstellen

- Stellen Sie Ihre Kernbotschaften deutlich heraus. Aber beschränken Sie sich hierbei auf ca. drei Aussagen.
- Zeigen Sie deutlich den Nutzen und die Vorteile Ihrer Ausführungen auf.
- Bringen Sie immer nur ein Argument pro Aussage an. Zum einen gehen die anderen verloren, zum anderen verschießen Sie sonst Ihre ganze Munition.

4. Erreichen Sie ein nachhaltiges Verstehen!

Wichtiges zusammenfassen

- Fassen Sie nach wichtigen Punkten das Gesagte kurz zusammen, das erhöht das Verstehen bei allen Beteiligten. Auf diese Weise kann jeder feststellen, inwieweit das gegenseitige Verständnis gegeben und das weitere Handeln eindeutig ist. Mit der Zusammenfassung können Sie auch überprüfen, ob alle bisherigen Absprachen stimmig sind.

Wie erreiche ich eine gezielte Betonung meiner Aussagen?

Betonung und Verständlichkeit erreichen Sie u. a. über verschiedene sprachliche Stilmittel:

Sprachliche Stilmittel

- Pause, Sprechtempo, Punkt und Komma,
- Betonung einzelner Wörter oder Sätze,
- Sprechlautstärke.

Ein wesentlicher Schritt, um Betonung zu erreichen, ist die „Deutlichmachung“ von Punkten und Kommas beim Sprechen. Punkte und Kommas stehen für Pausen, die Ihre Aussagen unterstreichen und Ihrem Gegenüber Zeit geben, Ihren Ausführungen zu folgen und Sie zu verstehen. Kennen Sie die Aussage: „ohne Punkt und Komma“? Diese Art des Sprechens erschwert das Zuhören und Verstehen.

Pausen (Punkt und Komma) sind ein wichtiges Steuerungs- und Stilmittel beim Sprechen. Die Ziele gekonnter Pausentechnik sind,

Ziele gekonnter Pausentechnik

- Spannung aufzubauen;
- sich zu vergewissern, dass das Gesagte auch „sitzt“. Sie erlauben dem Zuhörer damit, an wichtigen Stellen das Gesagte sich „setzen“ zu lassen;

- die inhaltliche Gliederung deutlich zu machen;
- den Zuhörer neugierig zu machen;
- selbst Möglichkeiten zum Innehalten und Weiterdenken zu haben;
- selbst erneut Luft zu holen und sich zu konzentrieren;
- Inhalte auf den Punkt zu bringen;
- Inhalte verständlich zu kommunizieren.

PAUSEN SETZEN

- Setzen Sie eine halbe Sekunde Pause ein, wo im Text ein Komma stehen würde,
- ca. eine Sekunde Pause, wo ein Punkt hingehört, und
- ca. 2-3 Sekunden Pause, wo ein Gedanke aufhört, ein Absatz steht.

Den hörbaren Punkt setzen Sie mit einem deutlichen Absenken der Stimme mit anschließender Pause. Als leicht verständlicher Redner setzen Sie Punkte überwiegend am Ende einer Sinnaussage.

„Punkte" entstehen beim Sprechen dort und nur dort, wo Sie diese bewusst setzen.

Sprechtempo kontrollieren

Punkt und Komma sind gleichzeitig Stilmittel, mit denen Sie Ihr Sprechtempo kontrollieren können. Bei einem zu schnellen Sprechtempo meinen nur Sie als Sprecher, Sie hätten viele Informationen rübergebracht. Der Zuhörer hatte jedoch kaum Zeit zum Verstehen. Zu schnelles Sprechen führt leicht zu Missverständnissen und mitunter fühlt sich der Gesprächspartner „an die Wand" geredet.

Bei zu langsamem Sprechen ist das Gegenteil der Fall. Ihr Zuhörer wird unaufmerksam und leicht gelangweilt. Engagement und Überzeugung fehlen.

TIPP: TEMPO DEM PARTNER ANPASSEN

Grundsätzlich sollten Sie Ihr Sprechtempo Ihrem Gesprächspartner anpassen. Spricht dieser sehr zögerlich, sprechen Sie langsamer, redet er sehr schnell, erhöhen auch Sie Ihr Sprechtempo.

Hierfür ist es hilfreich, den raschen Wechsel zwischen schnell und langsam zu trainieren. Kombinieren Sie den Tempowechsel je nach inhaltlicher Aussage – also mal mehr, mal weniger Dynamik –, können Sie bezüglich Ihrer Überzeugungskraft eine optimale Wirkung erreichen.

FAUSTREGEL

Zwölf durchschnittliche Maschinenschreibzeilen (ca. 55 Anschläge) entsprechen einer Sprechminute. Das ist das Tempo, mit dem die meisten Zuhörer mitkommen. Dieses Tempo können Sie mit einer Stoppuhr üben.

Durch Betonung überzeugen

Ein weiteres wichtiges Mittel, um die Überzeugungskraft zu stärken, ist die Betonung. Betonung meint, ein Wort so zu sprechen, als wenn es „fett“ gedruckt wäre. Das Wort bekommt Bedeutung und Bewertung. Betonung macht Ihrem Zuhörer klar, was Ihnen wichtig ist. Überlegen Sie sich gut, welche Wörter Ihnen wichtig sind, denn mit zu viel Betonung verlieren sie wieder an Bedeutung.

Die richtige Lautstärke

Dauerhaftes zu lautes Sprechen ist für den Zuhörer unangenehm. Es kann zu Spannungen, Abwehr und auch zu Aggression kommen. Wer im Extremfall schreit, drückt damit eigentlich nur aus, dass ihm die Argumente ausgegangen sind.

Sprechen Sie dauerhaft zu leise, wirken Sie auf andere evtl. schüchtern oder unsicher. Zudem erfordert zu leises Sprechen von Ihrem Gesprächspartner eine übermäßige Konzentration. Zur Stärkung Ihrer Überzeugungskraft ist ein Wechsel zwischen lauter und leiser ideal. „Lauter“ macht die Zuhörer wach und signalisiert Bedeutung. „Leiser“ kann ebenfalls heißen: Jetzt besonders gut aufgepasst, das ist wichtig.

Das Mitarbeitergespräch

Warum wird das Führen von Mitarbeitergesprächen immer wieder so betont?

Mitarbeitergespräch: das erste und zentralste Führungsinstrument

Gewöhnen Sie sich an, regelmäßig mit Ihren Mitarbeitern zu sprechen und vor allem ausführliche Gespräche zu führen. Zumindest zweimal pro Jahr sollten Sie aber mit jedem Mitarbeiter ein intensives Gespräch führen, das eine bestimmte Zielsetzung verfolgt, geplant ist und zu handfesten Ergebnissen führt.

Vergessen Sie dabei nie: Das Mitarbeitergespräch ist das erste und zentralste Führungsinstrument. Es gibt dem Mitarbeiter und der Führungskraft Zeit und Raum, sich über verschiedene relevante Themen auszutauschen.

GRUNDREGELN DES MITARBEITERGESPRÄCHS

1. Mitarbeiter haben ein Recht darauf, mindestens zweimal im Jahr für ca. 1 bis 1½ Stunden Ihre volle Aufmerksamkeit zu bekommen.
2. Dabei geht es nicht um operative Tagesthemen, sondern um den Mitarbeiter selbst.
3. Das Grobschema (Rückblick, Ist-Stand, Ausblick) reicht als erste Basisstruktur für dieses Gespräch völlig aus.
4. Wenn das Instrument in Ihrem Unternehmen eingeführt ist – gut! Wenn nicht: Machen Sie es selbst und nehmen Sie es ernst. Es geht nur und ausschließlich um Ihren Erfolg.

Was sind die Ziele von Mitarbeitergesprächen?

Mitarbeitergespräche als grundlegendes Führungsinstrument haben sehr unterschiedliche Zielsetzungen.

ZIELE

- Ziele und Arbeitsergebnisse durchsprechen und gemeinsame Schlüsse daraus ziehen
- Anerkennung persönlicher Leistungen
- Kontinuierliche Optimierung der Leistung und Zusammenarbeit
- Gegenseitiges Feedback zu Themen der Führung und Zusammenarbeit
- Verbesserung der Kommunikation und Information untereinander
- Handlungs- und Entscheidungsspielräume definieren
- Unterstützung zum eigenverantwortlichen Handeln der Mitarbeiter
- Beziehungspflege zwischen Führungskraft und Mitarbeiter
- Gezielte und planmäßige Förderung und Beratung des Mitarbeiters
- Vereinbarung von Aufgaben

Gedankliche Tabus

Die Ziele von Mitarbeitergesprächen verdeutlichen auch deren Notwendigkeit im Rahmen der Mitarbeiterführung. Folgende Gedanken haben vor diesem Hintergrund keine Berechtigung:

1. „Dafür habe ich keine Zeit!"
   Diese Aussage darf so nicht stehen bleiben, denn genau für diese Gespräche müssen Sie sich die Zeit nehmen. Sie sind Führungskraft und die Führung Ihrer Mitarbeiter ist Ihre Hauptaufgabe. Bedenken Sie, dass Sie bei zehn Mitarbeitern und zwei jeweils einstündigen Gesprächen pro Jahr und Mitarbeiter ca. 20 Stunden für diese Gespräche aufwenden. Ist das viel in Vergleich zu Ihrer Gesamtarbeitszeit? Sollten Sie tatsächlich keine Zeit für Mitarbeitergespräche haben, weil Sie Dinge hauptsächlich selbst bearbeiten, dann sollten Sie noch einmal darüber nachdenken, ob Sie Führungskraft oder Sachbearbeiter sind!
2. „Wir sehen uns doch täglich!"
   Das stimmt, doch sprechen Sie in dieser Zeit mit Ihren Mitarbeitern auch über übergeordnete Themen, die besonders für die Mitarbeiter relevant sind? Oder ist es eher so, dass diese Themen aus Zeitmangel oder im Rahmen der operativen Hektik unter den Tisch fallen?
3. „Das macht hier keiner!"
   Zugegeben, gegen den Strom zu schwimmen ist schwierig, aber es ist nicht unmöglich. Sie werden schnell sehen, dass Ihre Mitarbeiter erkennen, welchen Nutzen Mitarbeitergespräche für beide Seiten haben. Ihre Mitarbeiter erfahren, wo sie stehen, und Sie gewinnen einen besseren Eindruck über die Motive, Hemmnisse, Aufgaben und Potenziale Ihrer Mitarbeiter.

Was sind die zentralen Themen von Mitarbeitergesprächen?

In der Zusammenarbeit zwischen Ihnen und Ihren Mitarbeitern ergeben sich stets neue Themen (positive wie negative), die Sie zum Anlass eines Gesprächs nehmen können. Nachfolgend möchte ich Ihnen als kleine Hilfe jedoch die wichtigsten Inhalte, die Sie unbedingt mit Ihren Mitarbeitern besprechen sollten, aufführen.

Inhalte des Mitarbeitergesprächs

1. Die Entwicklung des Mitarbeiters: Welche Fortschritte wurden erzielt, welche Hemmnisse wurden überwunden oder sind noch zu überwinden und welche weiteren Entwicklungsthemen stehen an?
2. Die Zufriedenheit des Mitarbeiters: Wie steht es um seine Zufriedenheit mit dem Team, mit sich selbst und mit Ihnen als Führungskraft?
3. Die Aufgaben des Mitarbeiters: Gibt es Veränderungen des Aufgabenfeldes, zukünftige Herausforderungen, Über- und Unterforderung?

4. Die Perspektiven des Mitarbeiters: Stehen Verantwortungsübernahmen, Veränderungen der Zuständigkeiten oder Karrierethemen in Aussicht?

Gibt es wichtige Grundregeln, die ich beachten sollte?

Neben den bereits genannten Dingen kommen aber auch Kommunikationskompetenzen (Überzeugungskraft, Zuhören, Verstehen, Verständlichkeit etc.) zum tragen. Und hierzu sollten Sie sich folgende Regeln besonders zu Herzen nehmen:

TO DO

KOMMUNIKATIONSREGELN FÜR MITARBEITERGESPÄCHE

1. Vorbereitung:

   Gehen Sie nie unvorbereitet in ein Mitarbeitergespräch. Wenn Sie erfolgreich sein wollen, nehmen Sie sich die Zeit, sich zu Ihren Gesprächszielen, zur Gesprächsstruktur und dem Mitarbeiter, mit dem Sie sprechen werden, Gedanken zu machen. Eine Checkliste zur Vorbereitung Ihrer Mitarbeitergespräche finden Sie am Ende dieses Abschnitts. Diese Chance zur Vorbereitung sollten Sie auch Ihren Mitarbeitern geben, indem Sie sie rechtzeitig über das Gespräch, den Termin, den Umfang und die Zielsetzung informieren. Bitten Sie sie darum, sich sorgfältig vorzubereiten und die Themen, über die sie mit Ihnen sprechen wollen, festzuhalten.

2. Ruhe:

   Sie brauchen einen ruhigen, abgeschotteten Raum, der für die Dauer der Mitarbeitergespräche Störungsfreiheit gewährleistet. Nichts ist schlimmer, als alle zehn Minuten durch ein Telefonat oder Fragen eines anderen Mitarbeiters aus dem Gesprächsfluss herausgezogen zu werden. Störungen signalisieren dem Mitarbeiter auch, dass er wohl nicht wichtig genug ist, als dass Sie sich mal eine Stunde wirklich nur auf ihn konzentrieren. Warum soll der Mitarbeiter für Sie etwas leisten, wenn Sie ihm keine Wertschätzung entgegenbringen?

3. Zeit:

   Gönnen Sie sich die notwendige Zeit, planen Sie sie langfristig vorher ein. Es ist immer der falsche Zeitpunkt. Was Sie hier tätigen, ist ein betriebliches Investment in die Erfolgspotenziale Ihres eigenen Teams, Ihrer Gruppe oder Abteilung. Sie begehen keine Zeitverschwendung, sondern wollen einen Nutzen damit erzielen – die Zeit ist gut investiert! Sie leisten Führungsarbeit.

4. Seien Sie still:

   Die wichtigste Regel in Mitarbeitergesprächen: Hören Sie erst einmal zu! Halten Sie sich mit Statements, Gedanken und Aussagen so weit wie möglich zurück. Lassen Sie den Mitarbeiter reden, um zu erkennen, wo er steht, was ihn bewegt und welche Themen ihn bedrücken.

5. Keine Rechtfertigungen:

   Setzen Sie das Mitarbeitergespräch zukunftsorientiert auf. Die Vergangenheit ist gelaufen. Das Einzige, wozu sie noch nützlich ist, ist aus ihr für die Zukunft zu lernen. Bringen Sie den Mitarbeiter nicht in Rechtfertigungssituationen, sondern erarbeiten Sie mit ihm Ansätze und Lösungsmöglichkeiten für das zukünftige Handeln: „Wie können wir Gleiches oder Ähnliches zukünftig verhindern? Was können und müssen wir anders bzw. besser machen?" Gleiches gilt für Ihr Führungsverhalten, wenn Wünsche der Mitarbeiter an Sie geäußert werden. Seien Sie dankbar für jedes Feedback - es ist Ihre einzige Chance, sich und Ihr Führungsverhalten weiterzuentwickeln und zu optimieren.

6. Schriftlich festhalten:

   Dokumentieren Sie die Gesprächsergebnisse und halten Sie Vereinbarungen schriftlich fest. Nur so können Sie kontinuierlich Entwicklungsfortschritte erkennen und überprüfen, ob die Absprachen wie vereinbart von beiden Seiten umgesetzt werden. So schaffen Sie für sich und Ihre Mitarbeiter die verbindliche und überprüfbare Grundlage für alle Folgemaßnahmen. Darüber hinaus ist die Dokumentation - Mitarbeiter und Führungskraft unterschreiben diese und jeder erhält ein Exemplar - die Ausgangsbasis für das nächste Gespräch. Sie sparen Zeit bei der nächsten Gesprächsvorbereitung und - noch wichtiger - auf den erreichten Fortschritten müssen Sie jetzt aufbauen. Wurden Vereinbarungen nicht erfüllt, gilt es gemeinsam zu prüfen, was die Hindernisse waren und wie sie beseitigt werden können. Eventuell stellen Sie aber auch fest, dass die falschen Dinge vereinbart wurden und die wirklichen Problemursachen nicht erkannt wurden. Jetzt haben Sie eine neue Chance, die Weichen richtig zu stellen.

Was hilft mir, ein Mitarbeitergespräch erfolgreich zu führen?

Es gibt ein paar nützliche Tipps, die Ihnen helfen, Mitarbeitergespräche erfolgreich zu führen. Hilfreich ist auch die Nutzung von Checklisten zur Vorbereitung und Leitfäden zum Ablauf von Mitarbeitergesprächen.

TO DO

MITARBEITERGESPRÄCHE ERFOLGREICH FÜHREN

- Überlegen Sie sich, welche Beziehung Sie zu Ihrem Gesprächspartner haben und wie diese Ihre letzten Gespräche beeinflusst hat.
- Gehen Sie mit einer positiven Einstellung in das Gespräch bzw. mit dem Vorsatz, dem Gespräch eine positive Richtung/Wendung zu geben.
- Sprechen Sie über die positiven Aspekte Ihrer Zusammenarbeit und die Stärken des Mitarbeiters.
- Betonen Sie die Gemeinsamkeiten in Ihren Interessen.
- Stellen Sie Fragen! Aber tun Sie dies nur, wenn Sie echtes Interesse glaubhaft machen können. Überlegen Sie vorher, was Sie von Ihrem Mitarbeiter wissen wollen.
- Erzeugen Sie eine positive Atmosphäre. Beginnen und enden Sie mit positiven Themen.
- Seien Sie bereit, Missverständnisse und Fehleinschätzungen zuzugestehen.
- Überlegen Sie sich vorher, was Sie tun können, um einer schwierigen Gesprächssituation mit diesem Mitarbeiter die richtige Wendung zu geben.

CD-ROM

Checkliste 5: Vorbereitung eines Mitarbeitergesprächs

Was	ja	nein
Bin ich auf dem neuesten Wissensstand bezüglich der Leistung und dem Verhalten meines Mitarbeiters?	☐	☐
Habe ich mir Eigenarten des Mitarbeiters und frühere Gesprächsverläufe vergegenwärtigt?	☐	☐
Habe ich mir eine Grobgliederung des Gesprächs überlegt?	☐	☐
Habe ich mein Gesprächsziel sowie Teil- und Alternativziele formuliert?	☐	☐
Habe ich meine Argumente festgehalten?	☐	☐
Habe ich mögliche Reaktionen des Mitarbeiters und meine Antwort darauf im Voraus bedacht?	☐	☐
Habe ich mir Handlungsalternativen für schwierige Situationen zurechtgelegt?	☐	☐

Welche Struktur ist für Mitarbeitergespräche empfehlenswert?

Schließlich möchte ich Ihnen noch einen Leitfaden mitgeben, den Sie gut als Hilfsmittel in der Durchführung Ihrer Mitarbeitergespräche verwenden können.

LEITFADEN ZUR DURCHFÜHRUNG VON MITARBEITERGESPRÄCHEN

1. Stellen Sie zunächst eine angenehme Gesprächsatmosphäre her.
2. Treffen Sie mit Ihrem Mitarbeiter Vereinbarungen über die Gesprächsziele, die Vorgehensweise und den Zeitrahmen.
3. Lassen Sie Ihren Mitarbeiter sprechen: Rückmeldung zu Entwicklung, Zufriedenheit, Aufgaben, Perspektiven des Mitarbeiters, Führung und Zusammenarbeit etc.
4. Legen Sie nun Ihre Sicht der Situation dar.
5. Erarbeiten Sie zusammen mit dem Mitarbeiter Veränderungsmaßnahmen und neuen Entwicklungsziele.
6. Zusätzlich sollten Sie - wenn nötig - unterstützende Maßnahmen erarbeiten und vereinbaren.
7. Fassen Sie die Ergebnisse des Gesprächs zusammen und halten Sie diese schriftlich fest.
8. Vereinbaren Sie Termine und Kontrollmaßnahmen für Zwischenbilanzen.

Führen Sie Ihr Team zu Höchstleistungen

Herr Berg hat einen Projektauftrag bekommen. Es handelt sich um ein umfassendes und langfristiges Projekt, für das er ein eigenes Team bilden soll. Dazu hat er einige Fragen an seinen Mentor Herrn Weigert.

Warum soll ich ein Team bilden?

Sich ergänzende Kompetenzen für komplexe Aufgabenstellungen

Viele Aufgaben sind heute so komplex, dass sie von Einzelnen nicht mehr bewältigt werden können. Bestimmte Aufgaben stellen Anforderungen an die Geschwindigkeit, die Qualität und die Struktur der Leistungen, die ein oder mehrere Mitarbeiter einzeln nicht mehr erfüllen können. In Teams können unterschiedliche Kompetenzen kombiniert werden. Durch die Kombination von Fach- und Sozialkompetenz können komplexe Aufgaben optimal bewältigt werden. Ein „echtes Team" besteht aus einer überschaubaren Anzahl von Personen, deren Kompetenzen sich sowohl in fachlicher als auch in sozialer Hinsicht ergänzen.

Welche Aufgaben sind geeignet, um von einem Team bearbeitet zu werden?

Es gibt Aufgaben, die nur von einem Team erfüllt werden können, und es gibt Aufgaben, bei denen Sie von einer Bearbeitung durch ein Team absehen sollten. Ich habe folgende Erfahrungen gesammelt:

Nicht jede Aufgabe ist dazu geeignet, von einem Team bearbeitet zu werden

- In Entscheidungssituationen, in denen es an Zeit mangelt, ist der Aufwand für die Planung, Koordinierung und Dokumentation eines Teams unter Umständen zu hoch.
- Aufgaben, die eine hochgradige Expertise und eine ausgeprägte Detailorientierung verlangen, sind nicht dazu geeignet, von einem Team erledigt zu werden. Sie sollten besser in die Hände eines Spezialisten gegeben werden.
- Teams sollten keine Aufgaben übernehmen, die höchste Verantwortung in wichtigen Entscheidungen verlangen.
- Es ist wenig sinnvoll, Aufgaben in die Hände eines Teams zu geben, die einen so geringen Komplexitätsgrad besitzen, dass sie besser von Einzelpersonen bewältigt werden können.

Für Teamarbeit geeignet sind Aufgaben, die einen relativ hohen Komplexitätsgrad besitzen, viele unterschiedliche Kompetenzen und Flexibilität im Handeln erfordern.

Bevor Sie ein Team bilden, sollten Sie sich also zunächst fragen, ob ein Team der anstehenden Aufgabe gerecht werden kann. Folgende Fragen werden Ihnen dabei helfen:

KANN EIN TEAM DER AUFGABE GERECHT WERDEN?

- Ist die Aufgabe fachübergreifend?
- Erfordert die Aufgabe Innovation, Kreativität und die Koordination unterschiedlicher Kompetenzen?
- Sind die organisatorischen Voraussetzungen (Raum, Zeit, Material etc.) für Teamarbeit gegeben?
- Welche Kompetenzen sind vorhanden? Besteht die Bereitschaft, sie in einem Team einzusetzen?
- Lässt die Unternehmenskultur die Übernahme von Verantwortung durch ein Team zu?

Was unterscheidet ein Team von einer Arbeitsgruppe?

Eine Gruppe von Mitarbeitern in derselben Abteilung oder in demselben Projekt macht noch lange kein Team aus. Wenn Sie ein erfolgreiches Team bilden wollen, sollten Sie drei Hauptfaktoren berücksichtigen:

Drei Hauptfaktoren

- die Aufgabe,
- das Team und
- die einzelnen Individuen.

Wechselverhältnis

Diese drei Aspekte der Teambildung stehen in einem Wechselverhältnis zueinander. Wenn Sie einen der Aspekte vernachlässigen, kann sich das auf die beiden anderen auswirken. Rücken Sie das Team und seine einzelnen Mitglieder in den Mittelpunkt, erzielen Sie höchstwahrscheinlich ein angenehmes, aber nicht automatisch produktives Arbeitsklima. Wenn Sie lediglich die Aufgabe und diejenigen, die an ihr arbeiten, fokussieren, laufen Sie Gefahr, das Team als Ganzes aus den Augen zu verlieren und somit unter Umständen auch die gemeinsame Richtung. Wenn Sie sich jedoch auf das Team und seine Aufgabe konzentrieren und dabei den Beitrag jedes einzelnen Teammitglieds vernachlässigen, kann es zur Unzufriedenheit der Mitarbeiter aufgrund mangelnder Beachtung kommen.

Dieses Wechselverhältnis unterscheidet eine Arbeitsgruppe von einem Team. Mit wachsender Kommunikationsintensität und steigendem individuellen Arbeitseinsatz entwickelt sich aus einer Arbeitsgruppe ein „echtes Team“. Die Mitglieder eines Teams haben ein gemeinsames Ziel, das in dem Schnittfeld von Individuum, Team und Aufgabe liegt. Der Erfolg des Teams zeigt sich in der Bewältigung der Projekte und Aufgaben, im Team als Ganzem und in der individuellen Entwicklung des Einzelnen.

CD-ROM

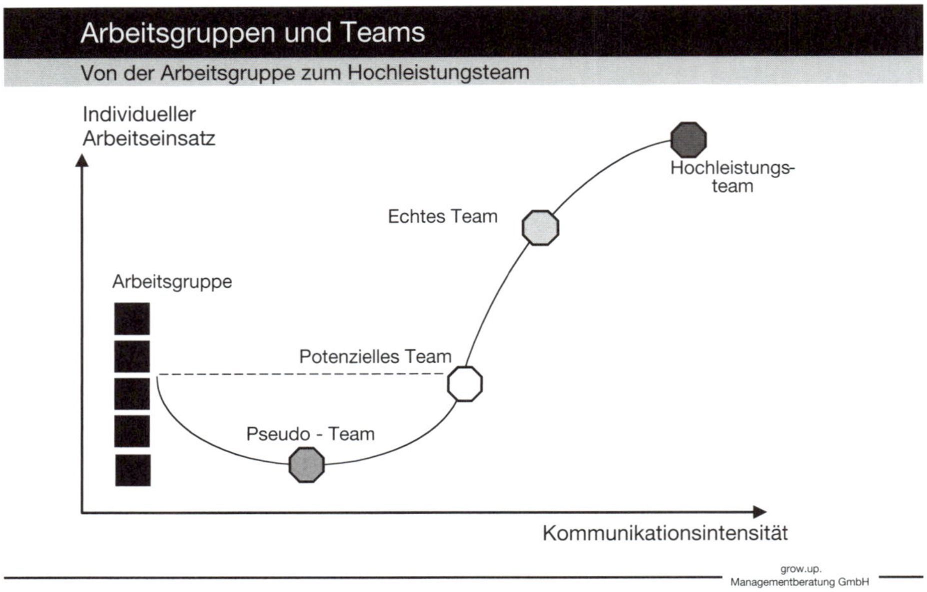

Worauf sollte ich achten, wenn ich ein Team zusammenstelle?

Verschiedene Persönlichkeitstypen

Menschen sind in ihrer Persönlichkeit verschieden. Entsprechend unserer Persönlichkeit engagieren wir uns für verschiedene Dinge: die rein fachliche Aufgabe, eine gute Zusammenarbeit, eine hohe Qualität oder den Kontakt zu anderen. All diese Funktionen benötigen Sie in einem gut funktionierenden Team. Wenn Sie sehr ähnliche Persönlichkeitstypen in Ihrem Team haben, können manche Aufgaben einfach auf der Strecke bleiben, weil sie niemanden interessieren oder niemandem Spaß machen. Bei der Teamzusammensetzung geht es also nicht nur um die fachliche Auswahl, sondern ebenso um die gesunde Mischung von Persönlichkeitstypen. Nur so können Sie gewährleisten, dass jede der vielfältigen zu erledigenden Aufgaben auch von einem Teammitglied übernommen wird.

Aufgaben und Verantwortung entsprechend der Persönlichkeit

Wenn es Ihnen gelingt, jedem Teammitglied die Aufgaben und Verantwortungen zu übertragen, die seiner Persönlichkeit und seinen Fähigkeiten am besten entsprechen, haben Sie die Basis für ein erfolgreiches Team geschaffen. Es wird seltener zu Konflikten innerhalb des Teams kommen, da die einzelnen Aufgabenbereiche und Zuständigkeiten klar definiert sind und die Mitglieder nicht miteinander konkurrieren müssen. Diese Bedingungen leisten einen wesentlichen Beitrag zur Förderung von Motivation und Teamgeist.

Ein Menschenmodell

Es gibt die verschiedensten Persönlichkeitsmodelle, um Teams optimal zusammenzusetzen. Im Alltag bewähren sich die einfachsten Modelle am besten. Das nachfolgende Modell können Sie nutzen, um die Mitarbeiter einschätzen zu können, die Sie für Ihr neues Team auswählen. Wenn Sie mit diesem Modell arbeiten, bedenken Sie bitte, dass es ein Modell ist, also eine stark vereinfachte Abbildung der Wirklichkeit. Es soll Ihnen als Anleitung dienen, in die richtige Richtung zu denken, Erklärungen zu finden und Handlungen einzuleiten."

Ein Menschenmodell

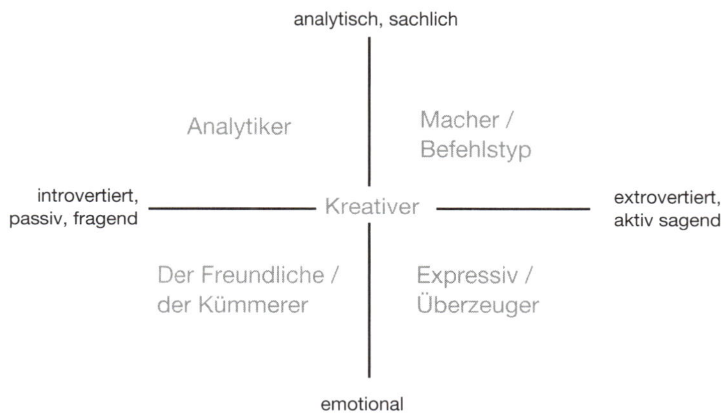

grow.up. Managementberatung GmbH

Zwei Dimensionen helfen uns, Menschen in ihrer Persönlichkeit zu beschreiben:

- sachlich versus emotional und
- introvertiert versus extrovertiert.

Die beiden Dimensionen führen zu den folgenden vier Persönlichkeitstypen:

Vier Persönlichkeitstypen

1. **Der Analytiker/Denker**
   ist sachlich, analytisch und zeigt großes Interesse an der Aufgabe. Sein Arbeitsstil zeichnet sich durch Präzision und Klarheit aus. Er kann sehr ausdauernd und kontinuierlich an einer Aufgabe arbeiten. Veränderungen empfindet er eher als störend. Er spricht ungern über persönliche Dinge und legt keinen großen Wert auf Geselligkeit.
   Von seiner Führungskraft wünscht sich der Analytiker klare Anweisungen und Instruktionen und die Zeit, ihm auch differenzierte Fragen ausführlich zu beantworten.
2. **Der Macher/Umsetzer**
   besitzt ein hohes Selbstvertrauen und liebt die Herausforderung und Veränderung. Aufgrund seiner hohen Handlungsbereitschaft und -orientierung

investiert er viel Zeit in seine Arbeit. Er sagt gerne, was zu tun ist, und will am liebsten jede Minute produktiv nutzen. Sein Motto lautet: „Nicht reden, handeln!“. Er kann andere zum Handeln antreiben und etwas bewegen. Der Macher wünscht sich von seiner Führungskraft direkte Ansprache ohne Umschweife und eine Unterweisung, die sich auf das Wesentliche konzentriert und nicht auf Einzelheiten. Er beansprucht einen gewissen Gestaltungs- und Entscheidungsraum für sich.

3. **Der Expressive/Überzeuger**
   arbeitet gerne mit anderen Menschen zusammen und will diese überzeugen und für seine Ideen gewinnen. Er legt großen Wert darauf, akzeptiert zu werden und bei seinen Kollegen beliebt zu sein. In Gesellschaft fühlt er sich wohl und braucht sie auch. Der Expressive strahlt Optimismus aus und hat die Fähigkeit, andere zu motivieren und zu begeistern. Er probiert gerne neue und unkonventionelle Methoden aus. Beständigkeit, Ausdauer und Konzentration gehören nicht so sehr zu seinen Stärken.
   Von seiner Führungskraft wünscht sich dieser Typ direkte Ansprache, die sein Interesse an Menschen berücksichtigt (nicht nur Was, sondern auch Wer). Es ist wichtig, seine Energie und sein Engagement zu kanalisieren, zu strukturieren und auf das Ziel auszurichten. Dem Expressiven können gut Aufgaben zugewiesen werden, die eine hohe Kontaktorientierung und Verhandlungsgeschick erfordern.

4. **Der Kümmerer/Teamplayer**
   ist nachdenklich, handelt besonnen und überlegt. Persönliche Beziehungen sind ihm wichtig. Er ist gerne Teil eines Teams und setzt sich für ein „gemeinsames Erreichen“ und für die gute Stimmung im Team ein. Er ist sensibel und nimmt viel Rücksicht auf die Bedürfnisse anderer. Dieser Typ bevorzugt eine ruhige und entspannte Arbeitsatmosphäre und legt mehr Wert auf die Verbesserung von Bestehendem als auf die Einführung von Neuem.
   Von seiner Führungskraft wünscht sich der Kümmerer die Berücksichtigung seines Interesses an Menschen und eine harmonische Arbeitsatmosphäre. Die Zeit für An- und Aussprache ist ein wichtiges Element seiner Arbeit. Sie brauchen diesen Typ in Ihrem Team, da er wesentlich für ein konfliktfreies Arbeitsklima sorgt.

Zusätzlich: der Kreative

Nun soll noch ein Typ ergänzt werden, den das Modell nicht so einfach erkennbar widerspiegelt: der **Kreative**.

Er ist ideen- und konzeptorientiert und besitzt eine hohe Einsatzbereitschaft. Jedoch agiert er dabei weniger nach Richtlinien. Seine unkonventionellen Umgangsformen können auf sein Gegenüber leicht grob wirken. Er denkt gerne abstrakt, verliert sich hierbei jedoch zum Teil in Tagträumen. Stabilität, Konstanz und die Umsetzung seiner Ideen gehören nicht zu seinen

Stärken. Das überlässt er lieber anderen und sucht selbst schnell wieder nach neuen spannenden Möglichkeiten.

Dieser Typ wünscht sich von seiner Führungskraft einen gewissen Freiraum, um seine Kreativität ausleben zu können. Anregend sind für ihn Fragen, die den Prozess und die Kreativität (Was und Wie) in den Mittelpunkt stellen.

Wichtig: die richtige Mischung

Wenn Sie ein Team zusammensetzen, sollten Sie auf eine gute Mischung der verschiedenen Typen achten. Für den Erfolg Ihres Teams brauchen Sie:

- einen Macher, der Dinge vorantreibt und nach dem Machbaren sucht;
- einen Expressiven, der Kontakt nach außen aufnimmt und Teamlösungen „verkauft" bzw. Neues ins Team bringt;
- einen Kümmerer, der sich sensibel um die gute Stimmung im Team kümmert und bei Spannungen vermittelt;
- einen Analytiker, der Dinge durchdringt, Lösungen produziert, Konstanz zeigt und auf Qualität achtet.
- Ein ausgesprochen kreatives Teammitglied brauchen Sie nur, wenn es die Aufgabe erfordert.

FOLGENDE FRAGEN WERDEN IHNEN BEI DER ZUSAMMENSETZUNG EINES TEAMS HELFEN:

- Was ist die Aufgabe?
- Was ist das Ziel?
- Welche Phasen (Teilprojekte) gibt es?
- Welche Fachkompetenz brauche ich?
- Welche Rollenkompetenz brauche ich?
- Wie viel Kapazität brauche ich?

Wie erfolgt der Teamentwicklungsprozess?

Sie können nicht von Anfang an eine konstruktive und erfolgreiche Zusammenarbeit von Ihrem Team erwarten. Ihr Team muss sich erst entwickeln, indem es mehrere Phasen durchläuft:

Die Phasen der Teamentwicklung

1. Die Testphase

In der ersten Phase der Teamentwicklung versucht zunächst jedes einzelne Mitglied, seine Position in der Gruppe zu finden. Es besteht eine hohe Sensibilität für verbale und nonverbale Signale, um sich die Fragen beantworten zu können: „Mit wem habe ich es hier zu tun?", „In welcher Beziehung stehe ich zu der Gruppe?". Die Testphase endet dann, wenn jedes Mitglied eine Aussage darüber treffen kann, wie es seine Rolle im Team sieht. Die Beziehungen untereinander bleiben noch relativ oberflächlich.

2. Die Nahkampfphase

In der zweiten Phase im Prozess der Teamentwicklung bauen die Mitglieder Beziehungen zueinander auf. Im Vordergrund steht die Frage: „Wer hat hier welche Macht und welchen Einfluss?“. In dieser Phase wird das Verhalten des Teamleiters, also Ihr Verhalten, kritisch beobachtet und bewertet. Sie müssen Ihre Führungsrolle jetzt durchsetzen. Gelingt Ihnen das nicht, findet das Team Mittel und Wege, Sie zu unterlaufen, und es etabliert sich ein informeller Führer, nach dem sich das Team ausrichtet.

In dieser Phase muss die Gruppe entscheiden, wie sie zusammenarbeiten möchte. Folgende Fragen müssen geklärt werden:

- Wer übt die Kontrollfunktion aus?
- Wie werden Kontrollfunktionen ausgeübt?
- Was geschieht, wenn jemand gegen die Gruppenregeln verstößt?

Es ist wichtig, dass die Gruppe bezüglich der Frage der Kontrolle zu einer befriedigenden und von allen Mitgliedern akzeptierten Antwort findet. Wird die Machtfrage nicht geklärt, herrscht Konkurrenz im Team. Dies kann die weitere Entwicklung des Teams behindern oder sogar verhindern.

3. Die Organisationsphase

In der Phase der Teamarbeit, der Organisationsphase, wollen die Mitglieder miteinander arbeiten. Sie sind daran interessiert, die Gruppe funktionsfähig zu machen und Leistung zu erzielen. Die Qualität der Gruppe wird an der Exaktheit der Arbeit gemessen und bewertet. Die Leistungen des Einzelnen werden diskutiert. Des Weiteren hören sich die Mitglieder besser zu und fangen an, die Leistung untereinander zu honorieren. Es entwickelt sich eine Ökonomie bei der Planung und Ausführung der Arbeit.

In dieser Phase muss die Gruppe lernen, mit Problemen kreativ, flexibel und effektiv umzugehen. Das Verständnis zwischen den Mitgliedern muss wachsen und sie müssen Lösungsstrategien für schwierige Situationen und nicht vorhersehbare Probleme erarbeiten.

4. Die Verschmelzungsphase

In der vierten und letzten Phase der Teamentwicklung zeigt sich die zu einem Team gereifte Gruppe als geschlossene Einheit. Die Mitglieder pflegen engen Kontakt zueinander und setzen sich füreinander ein. Diese Verschmelzungsphase ist durch den zwanglosen und vertrauten Umgang miteinander gekennzeichnet. Die Funktionen und Rollen der einzelnen Gruppenmitglieder sind klar festgelegt. Das Team ist in der Lage, sich mit seiner Aufgabe und Positionierung innerhalb der Gesamtorganisation auseinander zu setzen. Der Kontakt und Austausch mit anderen Teams im Unternehmen wird gesucht und gepflegt.

Phasen der Teamentwicklung

Die Teamentwicklungsuhr

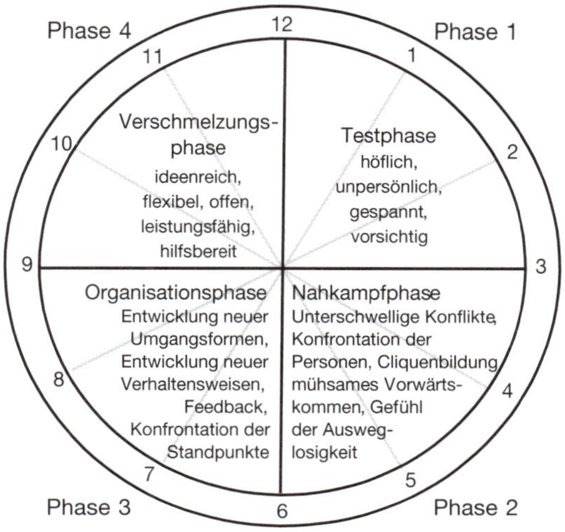

grow.up. Managementberatung GmbH

Wie kann ich den Teamentwicklungsprozess steuern, unterstützen und fördern?

Nachdem Sie nun die einzelnen Phasen der Teamentwicklung kennen, können Sie den Entwicklungsprozess besser steuern und unterstützen. Sie können die Entwicklung Ihres Teams aktiv durch Ihr Führungsverhalten und Ihren Führungsstil unterstützen.

Die zentrale Frage ist, wie viel unterstützendes, helfendes und einbeziehendes Verhalten bzw. wie viel anspornendes, steuerndes und ausrichtendes Führungsverhalten in welcher Phase der Teamentwicklung von Ihrer Seite aus erforderlich ist. Der Umfang, in dem Sie Ihre Mitarbeiter in den einzelnen Entwicklungsphasen unterstützen und steuern müssen, bestimmt Ihren Führungsstil.

Teamphasen und Führungsstile

Testphase: Lenken

In der Testphase müssen Sie das Team erst einmal lenken. Sie geben als Führungskraft genaue Anweisungen (was, wie, bis wann) und kontrollieren in kurzen Abständen die Arbeitsergebnisse der einzelnen Mitarbeiter und des gesamten Teams.

Agieren Sie stark strukturierend, kontrollierend und supervisierend, um jedem Einzelnen zu helfen, Beziehungen, Rollen, Aufgaben usw. zu finden. Damit geben Sie den Teammitgliedern die erforderliche Sicherheit und Orientie-

CD-ROM

Führungsstile nach Hersey & Blanchard

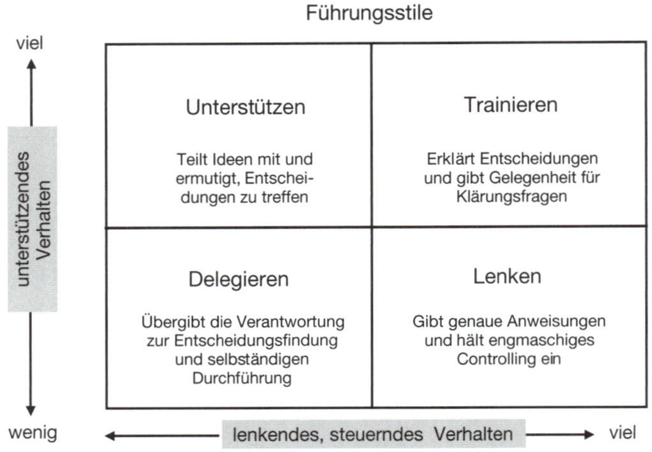

grow.up. Managementberatung GmbH

rung. Arbeitsbereiche, Aufgaben und Erwartungen an Arbeitsergebnisse sollten in dieser Phase eindeutig definiert und klar zugeteilt sein.

Nahkampfphase: Trainieren

Trainieren heißt, dass Sie Ihre Mitarbeiter qualifizieren, gleichzeitig aber einen klaren Rahmen und klare Ziele vorgeben. Sie sollten Entscheidungen stärker erklären als in der ersten Phase und auch anfangen, das Team in die Klärung bestimmter Fragen einzubeziehen. Trainieren Sie die Teammitglieder in der Entscheidungsfindung, aber greifen Sie noch dirigierend in den Entscheidungsprozess ein, um den Kampf um Macht, Einfluss und Kompetenz kontrollieren zu können. Achten Sie darauf, gerecht, aber sehr klar zu agieren – in dieser Phase geht es auch um Ihre Positionierung als Führungskraft.

Organisationsphase: Unterstützen

In der dritten Phase ist das Team leistungsbereit und muss die eigenen Kompetenzen weiterentwickeln und lernen, die vorhandenen Stärken optimal einzusetzen. Teilen Sie Ihre Ideen und Vorstellungen mit und ermutigen Sie die Mitarbeiter dazu, selbst Entscheidungen zu treffen.

Wichtig ist es jetzt, das Engagement des Teams anzuerkennen, ihm als Ganzem zuzuhören und ihm Raum für eigenständiges Handeln zu geben. Fördern Sie das Bemühen um Wachstum im Team.

Verschmelzungsphase: Delegieren

In der vierten Phase schließlich ist das Team dazu qualifiziert, die Verantwortung für Entscheidungen und deren Durchführung zu übernehmen. Die Aufgabe der Führungskraft ist hier also Loslassen, Verantwortung übertragen und selbstständig arbeiten lassen.

EXPERTE

TEAMENTWICKLUNGSTRAINING

Den Teamentwicklungsprozess können Sie mit entsprechenden Trainings unterstützen. Denkbar ist ein solches Training z. B. auf einem Segelboot. Das Segelboot schafft den Rahmen, in dem die Gruppe gefordert ist, intensiv Hand in Hand zu arbeiten und Abstimmungen schnell und effektiv zu treffen sowie Regeln für das Zusammensein auf begrenztem Raum an Bord zu finden. Diese gut in den realen Arbeitsalltag übertragbaren Aspekte unterstützen das inhaltliche Arbeiten. Wenn das Team mehrere Tage auf dem Segelboot verbringt, können unterschwellige Unstimmigkeiten oder Konflikte offen gelegt und geklärt werden. Das Erreichen eines gemeinsamen Ziels (z. B. Erreichen des Zielhafens) bietet einen hohen Motivationswert und das Gefühl, eine nicht alltägliche Aufgabe bewältigt zu haben.
Unterstützend ist auch die Durchführung eines Trainings mit Outdoor-Übungen. Die Outdoor-Aktivitäten können von Orientierungswanderungen bis zur Realisierung eines gemeinsamen Projekts, z. B. Bau eines Floßes, reichen. Ein solches Training verdeutlicht die Notwendigkeit einer offenen Kommunikation und gegenseitigen Unterstützung im Team. Kommunikation, Zieldefinition und -erreichung sowie Zusammenarbeit werden aktiv trainiert.

Wie kann ich eine konstruktive Zusammenarbeit im Team erreichen?

Wenn Sie positive Arbeitsbedingungen schaffen und den Erfolg Ihres Teams fördern wollen, sollten Sie die Faktoren kennen, die Einfluss auf die Motivation und Leistung Ihres Teams haben können. Nachfolgend sind zwölf dieser Faktoren aufgeführt, die Sie als Voraussetzungen für effiziente Teamarbeit betrachten können.

Zwölf Einflussfaktoren

1. Führung:
   Arbeiten Sie als Teamleiter immer eng mit Ihrem Team zusammen und nehmen Sie sich Zeit für die Entwicklung des Teams im Sinne von Steuern und Unterstützen.
2. Qualifikation:
   Die Aufgabenverteilung orientiert sich an der fachlichen und persönlichen Qualifikation der Mitglieder. Jedes Teammitglied sollte entsprechend seinen fachlichen und zwischenmenschlichen Stärken eingesetzt werden. Die einzelnen Teammitglieder sollten ihre eigenen Stärken, aber auch die der anderen kennen, damit Aufgaben entsprechend verteilt werden können. Nur wer seine eigenen Potenziale und die der anderen kennt, kann Gemeinsamkeiten und Synergien nutzen, die ein erfolgreiches Arbeiten im Team ermöglichen.

3. Engagement:
   Nur wenn die Teammitglieder sich mit den Teamaufgaben und -zielen identifizieren können, fühlen sie sich miteinander verbunden und sind dazu bereit, ihre Kräfte zu investieren und sich gegenseitig zu unterstützen. Voraussetzungen für das Engagement der Teammitglieder sind also allgemein bekannte, akzeptierte und als erreichbar geltende Ziele. Der gegenseitige Respekt und die Möglichkeit, ehrliches und somit konstruktives Feedback aussprechen zu können, stärken das Engagement. Vereinbaren Sie klare Ziele und fördern Sie den offenen Austausch durch Ihre Vorbildfunktion.

4. Klima:
   „Wir" statt „Du" und „miteinander" anstatt „gegeneinander" – das sollte Ihre vorgelebte Devise sein. Das Klima im Team definiert sich über Traditionen, Gewohnheiten, Handlungsweisen, Regeln, Einstellungen, Werte und Glaubenssätze Einzelner, des Teams und des Unternehmens. In einem erfolgsfördernden Klima fühlen sich die Teammitglieder wohl und können offen und direkt kommunizieren. Sie vertrauen einander und sind dazu bereit, sich auf Risiken einzulassen.

5. Leistungsniveau:
   Leistungsbereitschaft ergibt sich unter anderem aus Teamzielen, die für erstrebenswert gehalten werden und durch gemeinsame Anstrengung erreichbar sind. Klare Kriterien der Leistungsbeurteilung sowie Feedback fördern das Leistungsniveau Ihres Teams. Achten Sie darauf, dass sowohl Erfolge als auch Misserfolge innerhalb der Gruppe beurteilt und fair belohnt werden.

6. Rolle in der Organisation:
   Das Team muss wissen, was sein Beitrag zum Ganzen (zum System) ist und wie es organisatorisch eingeordnet ist. Sorgen Sie dafür, dass das Team seine Funktion und Rolle innerhalb der Gesamtorganisation kennt.

7. Arbeitsmethoden:
   Ihr Team arbeitet effizienter, wenn die Teammitglieder über ein angemessenes Repertoire an Methoden zur Aufgaben- und Problembewältigung, Entscheidungsfindung usw. verfügen. Gemeinsame Regeln für die Kommunikation und Zusammenarbeit sollten frühzeitig vereinbart werden.

8. Struktur/Organisation:
   Die Rollen der einzelnen Teammitglieder im Team sollten klar definiert sein: Wer tut was? Wer trägt für was die Verantwortung?

9. Kritik:
   Qualifizieren Sie Ihr Team zu konstruktiver Kritik. Kritik innerhalb des Teams darf nicht zu persönlichen Attacken werden. Sie muss konstruktiv sein, damit Fehler als Lernchance gesehen werden können.

10. Persönliche Weiterentwicklung:

Gerade in Projektteams sollten Sie darauf achten, dass die Mitglieder ihre persönlichen Fähigkeiten und Stärken im Team ausbauen können. Das Team und die Aufgabe sollten jedem Einzelnen Möglichkeiten bieten, sich persönlich und fachlich weiterzuentwickeln. Denken Sie frühzeitig daran, dass sich gut qualifizierte Mitarbeiter am Ende eines Projekts leichter in das nächste Projekt oder wieder in die Linie integrieren lassen.

11. Kreativität:

Das Team kennt und nutzt Kreativitätstechniken (Brainstorming, Mind-Maps etc.). Durch das Zusammenspiel der Mitglieder hat das Team die Fähigkeit, neue Ideen zu kreieren, aber auch Ideen von außen aufzunehmen und umzusetzen.

12. Beziehung zu anderen Gruppen:

Achten Sie darauf, dass Ihr Team keine einsame Insel wird. Um über den Tellerrand zu schauen, sind Kontakte zu anderen Gruppen wichtig und sollten systematisch aufgebaut werden.

Wie kann ich die Kommunikation und Zusammenarbeit in meinem Team erfolgreich gestalten und beeinflussen?

Sie können die Teammitglieder in ihrem Kommunikationsverhalten unterstützen, indem Sie gewünschte Verhaltensweisen konsequent vorleben und als positiv ansprechen (Feedback). Sprechen Sie nicht erwünschtes Verhalten ebenfalls an und sanktionieren Sie es, wenn notwendig. Die Kommunikation im Team wird dann effektiv und förderlich sein, wenn folgende Voraussetzungen erfüllt sind:

VORAUSSETZUNGEN FÜR EINE ERFOLGREICHE KOMMUNIKATION IM TEAM

- zeitnahe und umfassende Weitergabe von Informationen,
- Verständnis und Akzeptanz für unterschiedliche Wertvorstellungen,
- Sensibilität für die unterschiedlichen Persönlichkeiten,
- aktives Zuhören,
- Interesse am anderen,
- Einhaltung gemeinsam vereinbarter Regeln,
- gegenseitiges Vertrauen.

Anhand der nachfolgenden Checkliste können Sie überprüfen, wie weit das Kommunikationsverhalten Ihres Teams entwickelt ist und wo sich noch Ansatzpunkte für Verbesserungen zeigen.

Checkliste 6: Kommunikationsverhalten im Team

Verhalten	ja	nein
Andere werden nicht andauernd unterbrochen.	☐	☐
„Verstehen“ und das Bemühen darum steht im Vordergrund, nicht die eigene Meinung.	☐	☐
Es wird nachgefragt, um den anderen richtig zu verstehen.	☐	☐
Informationen und Erklärungen werden für alle verständlich formuliert.	☐	☐
Meinungen werden in Ich-Botschaften ausgetauscht.	☐	☐
Die konstruktive Diskussion und das Ringen um die beste Lösung stehen im Vordergrund.	☐	☐
Es wird nach Chancen gesucht, nicht nach Problemen.	☐	☐
Lösungen, nicht Schuld steht im Vordergrund.	☐	☐
Es werden Beispiele, Bilder, persönliche Erlebnisse benutzt, um Inhalte zu erklären.	☐	☐
Verbale und nonverbale Kommunikation sind stimmig.	☐	☐
Die Aufnahmefähigkeit des Gesprächspartners wird nicht durch Monologe überfordert.	☐	☐
Meinungen werden durch Argumente veranschaulicht.	☐	☐
Es wird nachgefragt, wenn etwas nicht verstanden worden ist.	☐	☐
Ein roter Faden wird eingehalten.	☐	☐
Wichtige Punkte werden nochmals zusammengefasst.	☐	☐
Bei Fehlern wird nach Möglichkeiten der Verbesserung und der zukünftigen Fehlervermeidung gesucht.	☐	☐
Bei guter und schlechter Leistung geben sich die Teammitglieder gegenseitig konstruktives Feedback.	☐	☐
Konflikte werden angesprochen und gelöst.	☐	☐

Wenn Sie die Mehrzahl der Aussagen mit Ja beantwortet haben, können Sie davon ausgehen, dass in Ihrem Team gute Bedingungen für eine leistungsfördernde Kommunikation bestehen.

Für die Punkte, die Sie nicht mit Ja beantworten konnten, können Sie z. B. in einem Team-Workshop gemeinsam mit Ihrem Team erarbeiten, was mögliche Gründe dafür sein und wie diese beseitigt werden könnten.

Wie kann ich die Motivation in meinem Team stärken?

Bedürfnisse befriedigen

Ein Team zu motivieren bedeutet, die Mitglieder hinsichtlich ihrer individuellen Bedürfnisse und hinsichtlich der generellen Bedürfnisse des Teams zu motivieren:

- Stärken Sie das Zusammengehörigkeitsgefühl in Ihrem Team und ermutigen Sie Ihre Mitarbeiter zu gegenseitiger Unterstützung. Gemeinsame Events und Weiterbildungen können Ihnen dabei helfen.
- Behandeln Sie Ihre Mitarbeiter fair. Beziehen Sie alle Mitarbeiter in wichtige Entscheidungen ein. Achten Sie auf angemessene Anerkennung und Kritik für alle.
- Fördern und stärken Sie die Kommunikation in Ihrem Team.
- Seien Sie erreichbar und ansprechbar für Fragen und Probleme Ihrer Mitarbeiter.
- Vermeiden Sie Reibungspunkte. Mitarbeiter, die sich nicht verstehen, sollten auch nicht zusammenarbeiten müssen.
- Setzen und kommunizieren Sie Teamziele und rücken Sie die Ziele in den Mittelpunkt. Leiten Sie die Ziele des Einzelnen aus den Teamzielen ab, wobei die Abhängigkeit und Verbindung klar erkennbar sein muss.
- Ermöglichen Sie Ihren Mitarbeitern persönliches Wachstum und Weiterentwicklung.
- Schaffen Sie ein positives Arbeitsumfeld (Räumlichkeiten, Technik, kleine Extras etc.).

Was kennzeichnet erfolgreiche Teams?

Merkmale erfolgreicher Teams

Erfolgreiche Teams sind durch folgende Merkmale gekennzeichnet:

- sehr gutes Arbeitsklima,
- starkes Wir-Gefühl,
- Identifikation als Team,
- gegenseitige Unterstützung,
- gegenseitiges Interesse und Wertschätzung,
- Kenntnis der Stärken und Leistungsfähigkeit des Einzelnen,
- Aufgaben- und Rollenverteilung passend zu Qualifikation und Persönlichkeit der Mitglieder,
- Übernahme von Verantwortung,
- hohe Motivation,
- hohes Engagement,

- klare Zielsetzung,
- Identifikation mit Zielen,
- Integration in die Gesamtorganisation,
- konstruktives Konfliktmanagement,
- Nutzung von Methoden zur Zeit- und Projektplanung,
- offene, transparente und vertrauensvolle Kommunikation,
- sorgfältige Beurteilung der Leistung (Feedback- und Fehlerkultur),
- klare Regeln der Zusammenarbeit.

Brauchen Teams Regeln?

Am Anfang die Weichen richtig stellen

Spielregeln der Zusammenarbeit und Kommunikation erleichtern die gemeinsame Leistungserbringung. Sie beschreiben, wie die Leistung erbracht wird, welches Verhalten für das Team als gut und richtig gilt und welches Verhalten nicht erwünscht ist bzw. sanktioniert wird. Sie beinhalten Werte, Rechte, Freiheiten, aber auch Grenzen. Spielregeln beschreiben das, worauf sich Ihr ganzes Team verständigen kann.

Beginnen Sie die Zusammenarbeit in einem neuen Team mit einem Kick-off-Workshop. Nehmen Sie sich ein bis zwei Tage Zeit, um mit dem Team die Spielregeln der künftigen Zusammenarbeit zu definieren und verbindlich zu vereinbaren.

Spielregeln für die Zusammenarbeit

Wenn Sie schon länger mit Ihrem Team zusammenarbeiten, mit den Leistungen oder der Zusammenarbeit aber nicht zufrieden sind, dann gönnen Sie sich und dem Team eine „Aus-Zeit", um einmal Bilanz zu ziehen, Probleme zu klären und Spielregeln für die weitere Zusammenarbeit zu vereinbaren.

TO DO

DAMIT SPIELREGELN DIE GEWÜNSCHTE WIRKUNG ERZIELEN, SOLLTEN SIE

- wenige und
- einfache Regeln
- gemeinsam vereinbaren, die
- von allen eingehalten werden.

Beispiel: Teamworkshop

Im Rahmen eines Teamworkshops können Sie z. B. folgende Fragen erarbeiten. Die Antworten beschreiben die Regeln der Zusammenarbeit und Kommunikation in Ihrem Team und können von allen Teammitgliedern eingeklagt werden. Jedes Teammitglied trägt die Mitverantwortung für die reibungslose und erfolgreiche Zusammenarbeit im Team.

- Welche Ziele leiten unsere Zusammenarbeit?
- Nach welchen Maßstäben wollen wir unseren Erfolg, unsere Leistung bewerten?
- Welche Interessen müssen wir beachten (innen/außen)?
- Über welche Qualifikationen/Fähigkeiten verfügen wir?
- Welche Qualifikationen/Fähigkeiten fehlen uns?
- Welche Qualifikationen/Fähigkeiten können wir wie erwerben?
- Wie verteilen wir Aufgaben, Rollen, Verantwortung und Kontrolle im Team?
- Wie kommunizieren wir miteinander?
- Wer braucht wann welche Informationen? In welcher Art und in welchem Umfang?
- Wie garantieren wir den Informationsfluss?
- Wie gestalten wir den Kontakt zu anderen Gruppen?“

Motivation als Führungsaufgabe

Herr Berg hat in den letzten Wochen festgestellt, dass seine Mitarbeiter zwar pünktlich zur Arbeit kommen und ihre Aufgaben erledigen, dennoch hat er das Gefühl, dass sie nicht wirklich motiviert sind. Da Herr Berg aber weiß, dass nur motivierte Mitarbeiter Spitzenleistungen bringen, möchte er an dieser Situation gerne etwas ändern und wendet sich mit folgenden Fragen an seinen Mentor Herrn Weigert:

Was muss ich grundsätzlich wissen, um meine Mitarbeiter erfolgreich und nachhaltig motivieren zu können?

Wichtig: Bedürfnisbefriedigung

Ganz allgemein kann ich auf diese Frage erst einmal nur antworten, dass die Dinge, für die wir uns engagieren, eine individuelle Bedeutung für uns haben und unsere persönlichen Bedürfnisse befriedigen müssen. Es ist also der Grad der Bedürfnisbefriedigung, den wir mit einer Aufgabe erreichen, der darüber entscheidet, wie ausdauernd und energisch wir uns bei der Zielverfolgung verhalten.

Drei zentrale Motivationen

Ich kenne ein praktikables Modell, das mir immer gut dabei geholfen hat, die unterschiedlichen Motivationen meiner Mitarbeiter zu erkennen und zu verstehen. Es bietet die Orientierung an drei zentralen Motivationen, die nach meiner Erfahrung im beruflichen Alltag eine wichtige Rolle spielen:

- Anschluss,
- Leistung und
- Macht.

Woran erkenne ich, ob meine Mitarbeiter anschlussmotiviert sind?

Anschlussmotivation

Das ist eine Frage, die Sie sich selbst mithilfe einer Checkliste, die ich Ihnen zur Verfügung stelle, beantworten können. Gibt es einen Mitarbeiter in Ihrem Team, der Ihnen schon einmal dadurch aufgefallen ist, dass er sich den anderen gegenüber besonders fürsorglich und verständnisvoll benimmt?

– Ja, da muss ich sofort an Frau Möller denken. Sie ist sozusagen der gute Geist des Teams. –

Sehr gut, stellen Sie sich Frau Möller ganz konkret vor und versuchen Sie, das von ihr gezeigte Verhalten mithilfe der folgenden Checkliste genauer zu beschreiben.

Checkliste 7: Ist Ihr Mitarbeiter anschlussmotiviert?

Verhalten	ja	nein
Sie/Er bezieht andere ein.	☐	☐
Sie/Er kümmert sich um andere.	☐	☐
Sie/Er übernimmt zwischenmenschliche Organisationsaufgaben (z. B. Planung der nächsten Weihnachtsfeier).	☐	☐
Sie/Er beklagt sich gelegentlich darüber, „immer für alle da sein zu müssen".	☐	☐
Sie/Er engagiert sich für andere.	☐	☐
Sie/Er kommuniziert offen.	☐	☐
Sie/Er verpflichtet sich zwischenmenschlich.	☐	☐
Sie/Er ist empathisch und uneigennützig.	☐	☐
Sie/Er ist sicherheitsbedürftig.	☐	☐
Sie/Er agiert hilfsbereit und unterstützend.	☐	☐
Sie/Er ist sensibel.	☐	☐
Sie/Er ist harmoniebedürftig.	☐	☐
Sie/Er arbeitet gerne im Team.	☐	☐
Sie/Er besitzt ein ausgeprägtes Gerechtigkeitsgefühl.	☐	☐
Sie/Er freut sich über persönliche Ansprache.	☐	☐
Sie/Er benötigt nach Konflikten eine Aussprache.	☐	☐

CD-ROM

Wie ich sehe, haben Sie festgestellt, dass die Mehrzahl der Verhaltensaussagen auf Frau Möller zutrifft – die zentrale motivierende Kraft ist für sie also der Kontakt zu den Kollegen. Die anschlussmotivierte Grundorientierung, die Sie bei Frau Möller festgestellt haben, können Sie sich mit dem folgenden Satz gut zusammenfassen und merken:

DAS MOTTO DER ANSCHLUSSMOTIVIERTEN

Es ist nicht so wichtig, was wir hier wie tun. Hauptsache, wir tun es gemeinsam.

Was kann ich tun, um anschlussorientierte Mitarbeiter zu motivieren?

Führen Sie sich das oben beschriebene Verhalten und Motto Ihrer anschlussmotivierten Mitarbeiter vor Augen, dann finden Sie sicher leicht eine Antwort auf Ihre Frage und können sich eine konkrete „To-do-Liste" erstellen – und sich zudem gleichzeitig fragen, ob Sie diese „To dos" nicht eventuell schon erfüllen.

CD-ROM

Checkliste 8: Was können Sie tun, um anschlussorientierte Mitarbeiter optimal zu motivieren?

Was können Sie tun? Wird es bereits getan?	ja	nein
Sie/Er bezieht andere ein.	☐	☐
Integrieren Sie sie/ihn in ein Team.	☐	☐
Lassen Sie sie/ihn häufig mit anderen zusammenarbeiten.	☐	☐
Übertragen Sie ihr/ihm integrative Aufgaben.	☐	☐
Übertragen Sie ihr/ihm kommunikative Aufgaben.	☐	☐
Geben Sie ihr/ihm viel Anerkennung.	☐	☐
Bieten Sie ein gutes (harmonisches) Arbeitsklima.	☐	☐
Übertragen Sie ihr/ihm die Verantwortung für gemeinsame Aktivitäten.	☐	☐
Übertragen Sie ihr/ihm soziale Verantwortung in der Abteilung.	☐	☐
Übertragen Sie ihr/ihm Mentoren-, Ausbildungs- und Betreuungsaufgaben.	☐	☐
Sprechen Sie sie/ihn häufiger an, suchen Sie das Gespräch und den Austausch mit ihr/ihm.	☐	☐
...	☐	☐

Was sollte ich bei der Führung anschlussmotivierter Mitarbeiter beachten?

Kontaktfreude nutzen

Aus der Anschlussorientierung dieser Mitarbeiter können Sie sofort schließen, dass Sie für diese Mitarbeiter zunächst einmal viel Zeit brauchen, um das vorherrschende Bedürfnis nach persönlichem Kontakt zu befriedigen. Des Weiteren sollten Sie wissen, dass diese Mitarbeiter sich stark an Ihrem Verhalten als Führungskraft orientieren. Sie sind das Vorbild für Faktoren wie

Authentizität und Gerechtigkeit. Ihre anschlussmotivierten Mitarbeiter möchten sich auf Spielregeln, Regularien der Organisation und des gemeinschaftlichen Zusammenlebens verlassen können. Nutzen Sie die Kontaktfreude dieser Mitarbeiter und übertragen Sie ihnen eine „lehrende" Funktion (Ausbilder, Einarbeitung neuer Mitarbeiter usw.). Für das Gemeinschaftsverständnis und -empfinden Ihrer anschlussmotivierten Mitarbeiter sind betriebliche Feiern von hoher Wichtigkeit.

Die folgende Checkliste fasst für Sie alle wichtigen Punkte, die Sie bei der Führung anschlussmotivierter Mitarbeiter beachten müssen, noch einmal kurz zusammen.

Checkliste 9: Was Sie bei der Führung anschlussorientierter Mitarbeiter beachten sollten

CD-ROM

Führungsmittel	ja	nein
Zeit einräumen	☐	☐
Ansprache, Aussprache	☐	☐
Austausch und Meetings (regelmäßig und vorhersehbar)	☐	☐
Führungsverhalten: Authentizität, Gerechtigkeit, Vorbildwirkung	☐	☐
„Spielregeln" und verlässliche Regeln für die Organisation des Zusammenlebens	☐	☐
Funktionen in der und für die Gruppe übertragen	☐	☐
Aufgabe als Coach, Mentor oder Ausbilder geben	☐	☐
Verantwortung für die Einarbeitung neuer Mitarbeiter übertragen	☐	☐
Außerordentliche Treffen ermöglichen	☐	☐
Betriebliche Feiern veranstalten	☐	☐

Woran erkenne ich, ob meine Mitarbeiter leistungsmotiviert sind?

Leistungsmotivation

Beantworten Sie sich auch diese Frage mithilfe der folgenden Checkliste selbst, indem Sie sich einen Ihrer Mitarbeiter vorstellen, der Ihnen durch seinen Ehrgeiz und durch seine Freude am Wettbewerb aufgefallen ist.

Checkliste 10: Ist Ihr Mitarbeiter leistungsmotiviert?

Verhalten	ja	nein
Sie/Er zeigt Freude an der eigenen Leistung.	☐	☐
Sie/Er möchte die eigene Leistung ständig optimieren.	☐	☐
Sie/Er misst sich gerne mit anderen.	☐	☐
Sie/Er möchte die Leistung des Unternehmens steigern.	☐	☐
Sie/Er plant ihre/seine Vorgehensweise.	☐	☐
Sie/Er legt großen Wert auf Qualität.	☐	☐
Sie/Er lässt sich gerne herausfordern.	☐	☐
Sie/Er ist zielorientiert.	☐	☐
Sie/Er hat Spaß daran, etwas zu entwickeln.	☐	☐
Sie/Er vertieft sich in Konzeptionsaufgaben.	☐	☐
Sie/Er braucht Raum, um sich zu entfalten.	☐	☐
Sie/Er ist sehr konzentrationsfähig.	☐	☐
Sie/Er ist detailorientiert.	☐	☐
Sie/Er möchte mit der eigenen Leistung zufrieden sein können (ist es aber im Normalfall nicht).	☐	☐
Sie/Er übernimmt Verantwortung für die eigene Leistung.	☐	☐
Sie/Er freut sich über gute Ergebnisse.	☐	☐

DAS MOTTO DER LEISTUNGSMOTIVIERTEN

Ich will etwas besonders Gutes schaffen, bauen oder gestalten.

Was kann ich tun, um leistungsorientierte Mitarbeiter zu motivieren?

Führen Sie sich das oben beschriebene Verhalten und Motto Ihrer leistungsmotivierten Mitarbeiter vor Augen, dann finden Sie sicher leicht eine Antwort auf Ihre Frage und können sich eine konkrete „To-do-Liste“ erstellen – und sich gleichzeitig fragen, ob Sie diese „To dos“ nicht eventuell schon erfüllen.

Checkliste 11: Was können Sie tun, um leistungsorientierte Mitarbeiter optimal zu motivieren?

Was können Sie tun? Was tun Sie bereits?	ja	nein
Übertragen Sie ihr/ihm Aufgaben mit messbaren Ergebnissen.	☐	☐
Ermöglichen Sie ihr/ihm Erfolgserlebnisse.	☐	☐
Sprechen Sie Ihre Anerkennung (für ihre/seine Leistung) offen aus.	☐	☐
Bieten Sie ihr/ihm Herausforderungen an.	☐	☐
Bekunden Sie Ihr Interesse für ihre/seine geleistete Arbeit.	☐	☐
Übertragen Sie ihr/ihm fachliche Verantwortung.	☐	☐
Fördern Sie den positiven internen Wettbewerb unter diesen Mitarbeitern.	☐	☐
Übergeben Sie ihr/ihm strukturierte Projekte.	☐	☐
Lassen Sie ihr/ihm Freiraum bei der Aufgabenrealisierung.	☐	☐
Geben Sie klare Ziele vor oder vereinbaren Sie diese.	☐	☐
Haben Sie ein offenes Ohr für Ideen dieser Mitarbeiter.	☐	☐
Teilen Sie ihr/ihm neue und komplexe Aufgaben zu.	☐	☐
Geben Sie ihr/ihm zeitliche Begrenzungen vor.	☐	☐
...		

Was sollte ich bei der Führung leistungsmotivierter Mitarbeiter beachten?

Ziele und Herausforderungen

Das wesentliche Schlüsselwort für die Führung Ihrer leistungsmotivierten Mitarbeiter heißt „Ziele". Denn Ziele haben eine strukturierende Wirkung und machen Erfolge messbar. Es gilt, die Zielerreichung durch Lob und Belohnung anzuerkennen. Des Weiteren sollten Sie diesen Mitarbeitern durch den Wettbewerb und den Vergleich mit ihren Kollegen die freie Entfaltung ihrer Leistungsmotivation ermöglichen. Anhand des Verhaltens leistungsorientierter Mitarbeiter ist klar abzulesen, dass sie ergebnisorientiert zu führen sind, das heißt, dass die übertragenen Aufgaben klar strukturiert sein sollten.

Eines der wirksamsten Führungsinstrumente für diese Gruppe von Mitarbeitern ist daher das Projekt. Projekte machen Leistung erfassbar und messbar, sind in der Regel herausfordernd und bieten meistens ein nicht zu unterschätzendes Lernpotenzial.

Die folgende Checkliste fasst für Sie alle wichtigen Punkte, die Sie bei der Führung leistungsmotivierter Mitarbeitern beachten müssen, noch einmal kurz zusammen.

Checkliste 12: Was Sie bei der Führung leistungsorientierter Mitarbeiter beachten sollten

Führungsmittel	**ja**	**nein**
Ziele vereinbaren	☐	☐
Erfolge messbar machen	☐	☐
Struktur geben und damit Vorhersehbarkeit erhöhen	☐	☐
Planung, Organisation und Gliederung der Aufgaben in Teilschritte	☐	☐
Vergleiche schaffen, Wettbewerbe ermöglichen, Benchmarking	☐	☐
Lob oder Belohnung im Anschluss an die Zielerreichung	☐	☐
Herausforderungen schaffen	☐	☐
Aufgaben mit Lernpotenzial	☐	☐
Zeit, Instrumente und Methoden zur Aufgabenklärung	☐	☐
Gut angelegtes Projekt als ideale Arbeitsform	☐	☐

Woran erkenne ich, ob meine Mitarbeiter machtmotiviert sind?

Machtmotivation

Beantworten Sie sich auch diese Frage mithilfe der folgenden Checkliste selbst, indem Sie sich einen Ihrer Mitarbeiter vorstellen, der Ihnen dadurch aufgefallen ist, dass er sich gerne in den Vordergrund bringt und ein besonderes Interesse daran hat, eine Position einzunehmen, die mit einem gewissen Status verbunden ist.

Checkliste 13: Ist Ihr Mitarbeiter machtmotiviert?

Verhalten	ja	nein
Sie/Er legt Wert auf einen guten Ruf.	☐	☐
Sie/Er übernimmt bereitwillig Verantwortung.	☐	☐
Sie/Er ist pflichtbewusst.	☐	☐
Sie/Er regt Veränderungen an.	☐	☐
Sie/Er gestaltet gerne.	☐	☐
Sie/Er genießt Freiraum.	☐	☐
Sie/Er benötigt Statussymbole.	☐	☐
Sie/Er ist nutzenorientiert.	☐	☐
Sie/Er legt Wert auf die eigene Meinung.	☐	☐
Sie/Er bringt sich oft und gerne ein.	☐	☐
Sie/Er versucht, andere zu überzeugen.	☐	☐
Sie/Er beweist Durchhaltevermögen.	☐	☐
Sie/Er ist beständig.	☐	☐
Sie/Er braucht Perspektiven.	☐	☐
Sie/Er sucht sich einen eigenen Weg.	☐	☐
Sie/Er will „nach vorne“.	☐	☐

Die zentral motivierende Kraft ist für diese Mitarbeiter der Wille, ein Mitsprache- und Vorgaberecht zu erhalten. Die machtmotivierte Grundorientierung können Sie sich mit dem folgenden Satz gur zusammenfassen und merken:

DAS MOTTO DER MACHTMOTIVIERTEN

Es ist nicht so wichtig, was wir hier wie tun. Hauptsache, ich habe wesentlichen Einfluss auf die Regeln.

Was kann ich tun, um machtorientierte Mitarbeiter zu motivieren?

Führen Sie sich das oben beschriebene Verhalten und Motto Ihrer machtmotivierten Mitarbeiter vor Augen, dann finden Sie sicher leicht eine Antwort auf Ihre Frage und können sich eine konkrete „To-do-Liste“ erstellen – und sich gleichzeitig fragen, ob Sie diese „To dos“ nicht eventuell schon erfüllen.

Checkliste 14: Was Sie bei der Führung machtmotivierter Mitarbeiter beachten sollten

Führungsmittel	ja	nein
Verantwortung übergeben	☐	☐
In Führungsaufgaben einbeziehen	☐	☐
In die Pflicht nehmen	☐	☐
An den Resultaten ihres Handelns messen	☐	☐
Für Status und Prestige sorgen, aus der Masse herausheben	☐	☐
Grenzen aufzeigen	☐	☐
Nutzen bieten	☐	☐
Freiraum geben	☐	☐
Perspektiven geben	☐	☐
Gestalten lassen	☐	☐

Was sollte ich bei der Führung machtmotivierter Mitarbeiter beachten?

Verantwortung übertragen

Übertragen Sie diesen Mitarbeitern Verantwortung für einzelne Aufgaben- oder Tätigkeitsbereiche. Sie sollten sie einbeziehen, in die Pflicht nehmen und - wie die leistungsorientierten Mitarbeiter - an den Resultanten ihres Handelns messen.

Aus dem Verhalten Ihrer machtmotivierten Mitarbeiter geht hervor, dass sie anfällig für Status und Prestige sind. Geben Sie ihnen also die Möglichkeit, sich aus der „Masse" hervorzuheben. Allerdings sollten Sie hierbei immer darauf achten, dieser Hervorhebung auch klare Grenzen zu setzen. Aufgrund des Machtmotivs streben diese Mitarbeiter es unter Umständen auch an, einmal Ihre Position zu übernehmen. Sie sollten also immer darauf achten, dass Sie ihnen in Ihrer Funktion einen Nutzen bieten. Wichtig ist es für diese Mitarbeiter auch, Freiraum und Perspektive zu haben sowie selbst gestalten zu können. Suchen Sie gemeinsam mit Ihren Mitarbeitern nach Entwicklungsmöglichkeiten.

Die folgende Checkliste fasst alle wichtigen Punkte, die Sie bei der Führung machtmotivierter Mitarbeiter beachten sollten, noch einmal kurz zusammen.

Checkliste 15: Was Sie bei der Führung machtmotivierter Mitarbeiter beachten sollten

Führungsmittel	ja	nein
Verantwortung übergeben	☐	☐
In Führungsaufgaben einbeziehen	☐	☐
In die Pflicht nehmen	☐	☐
An den Resultaten ihres Handelns messen	☐	☐
Für Status und Prestige sorgen, aus der Masse herausheben	☐	☐
Grenzen aufzeigen	☐	☐
Nutzen bieten	☐	☐
Freiraum geben	☐	☐
Perspektiven geben	☐	☐
Gestalten lassen	☐	☐

Herr Berg hat seine Mitarbeiter anhand der dargestellten Checklisten eingeschätzt und besitzt nun einen guten Überblick darüber, wie er in Zukunft welchen Mitarbeiter motivieren und führen sollte. Dennoch ist ihm durchaus bewusst, dass das Handeln seiner Mitarbeiter über die drei genannten Motive hinaus auch noch durch aktuelle und lebensphasenbezogene Bedürfnisse geprägt wird. Daher wendet er sich nun mit folgender Frage an Herrn Weigert:

Wie erkenne ich Bedürfnisse meiner Mitarbeiter, die durch ihre aktuelle Lebensphase oder Lebenssituation geprägt sind?

Aktuelle und lebensphasenbezogene Bedürfnisse

Die soeben besprochenen grundlegenden Motivationen – Anschluss, Leistung und Macht – ändern sich durch aktuelle Bedürfnisse nicht. Dennoch haben Sie natürlich Recht, dass sich die Aufmerksamkeit Ihrer Mitarbeiter je nach Lebensphase und -situation nochmals auf unterschiedliche Ziele richtet. Häufig beschriebene Bedürfnisse sind:

- das Sicherheitsbedürfnis,
- das Bedürfnis nach Beziehung,
- das Anerkennungsbedürfnis,
- das Bedürfnis zu lernen,
- das Bedürfnis nach Selbstverwirklichung.

Drei Verhaltensweisen

Um diesen Bedürfnissen gerecht zu werden, können Sie sich für Ihr motivierendes Führungshandeln drei sich ergänzende Verhaltensweisen zunutze machen:

- einerseits die unterstützenden, helfenden und einbeziehenden Verhaltensweisen. Hier können Sie sich sinnbildlich vorstellen, dass Sie Ihren Arm um die Schultern Ihrer Mitarbeiter legen;

- andererseits die anspornenden und motivierenden Verhaltensweisen. Stellen Sie sich hier sinnbildlich vor, wie Sie Ihren Mitarbeitern mit ausgestreckter Hand den Weg weisen, den sie gehen sollen;
- und guter letzt auch die zielsetzenden, steuernden und ausrichtenden Verhaltensweisen.

Wie werde ich als Führungskraft dem Bedürfnis nach Sicherheit gerecht?

Bedürfnis nach Sicherheit

Beantworten Sie sich diese Frage selbst, indem Sie sich folgende Situation vorstellen:

Es steht eine Unternehmensfusion bevor, die personelle Veränderungen nach sich ziehen wird. Als Führungskraft gehört es zu Ihren Aufgaben, Ihren Mitarbeitern zu verkünden, was in dieser Situation auf sie zukommen wird. Ihr nächstes Gespräch führen Sie mit einer Mitarbeiterin, die erst seit kurzem in Ihrer Abteilung ist. Für diese Mitarbeiterin steht deutlich das Bedürfnis nach Sicherheit im Vordergrund, da sie bereits befürchtet, dass sie von den personellen Veränderungen betroffen sein wird.

Was glauben Sie, welche Erwartungen diese Mitarbeiterin an Sie formulieren würde?

- Sie erwartet von mir als Führungskraft wahrscheinlich, dass ich ihr in dieser unsicheren Situation sage, was Sie nun tun soll - ich soll ihr die fehlende Sicherheit zurück geben. -

Bei der Erfüllung dieser Erwartung dient Ihnen die nachfolgende Checkliste als Hilfestellung.

CD-ROM

Checkliste 16: Was können Sie als Führungskraft tun, um dem Bedürfnis nach Sicherheit gerecht zu werden?

Unterstützendes Führungsverhalten	Steuerndes Führungsverhalten
Zeigen Sie Verständnis.	Zeigen Sie zukünftige Möglichkeiten auf.
Hören Sie mit echtem Interesse zu.	Nennen Sie Handlungsmöglichkeiten.
Sprechen Sie Ängste und Sorgen an.	Definieren Sie Ziele.
Bieten Sie Unterstützung an.	Zeigen Sie Chancen auf.
Suchen Sie gemeinsam nach Lösungen und Alternativen.	...
Beziehen Sie die private und familiäre Situation mit ein.	...
...	...

Wie werde ich als Führungskraft dem Bedürfnis nach Beziehung gerecht?

Stellen Sie sich folgende Situation vor:

Bedürfnis nach Beziehung

Die Integration eines neuen Mitarbeiters in das Projektteam wirft Probleme auf. Die Teammitglieder geben „dem Neuen“ zu verstehen, dass sie ihn nicht akzeptieren, indem sie ihn meiden. An dem Verhalten des neuen Mitarbeiters - zunehmende Lustlosigkeit und Rückzug - erkennen Sie deutlich, dass er unter der Situation leidet und seine Motivation ernsthaft gefährdet ist. Welche Erwartungen würde dieser Mitarbeiter an Sie als Führungskraft stellen?

- Wahrscheinlich wünscht sich dieser Mitarbeiter, dass ich ihm jemanden zur Seite stelle und ihm ein harmonisches Arbeitsklima ermögliche. -

Bei der Erfüllung dieser Erwartung dient Ihnen die nachfolgende Checkliste als Hilfestellung.

Checkliste 17: Was können Sie als Führungskraft tun, um dem Bedürfnis nach Beziehung gerecht zu werden?

Unterstützendes Führungsverhalten	Steuerndes Führungsverhalten
Stellen Sie ihm einen Mentor zur Seite.	Motivieren Sie die Vertrauensperson, die Patenschaft zu übernehmen.
Bieten Sie sich als Gesprächspartner an.	Erarbeiten Sie mit dem Paten einen klaren Einarbeitungsplan.
Unterstützen Sie die Kommunikation dieses Mitarbeiters.	Vereinbaren Sie mit dem Mitarbeiter Ziele.
Wählen Sie eine Vertrauensperson als Paten, die Ihrem Urteil vertraut.	Nennen Sie Wege, wie diese Ziele erreicht werden können.
Fördern Sie das Selbstvertrauen des Mitarbeiters.	Übertragen Sie ihm Aufgaben, die die Zusammenarbeit mit dem Team notwendig machen.
...	Führen Sie kontinuierlich Feedbackgespräche mit dem Mitarbeiter und dem Paten.
...	...

Wie werde ich als Führungskraft dem Bedürfnis nach Anerkennung gerecht?

Bedürfnis nach Anerkennung

Stellen Sie sich folgende Situation vor:

Eine junge Mitarbeiterin in Ihrem Bereich übernimmt gerne neue und auch schwierige Aufgaben. Ihnen ist aufgefallen, dass sie Ihnen ihre Arbeiten immer ausdrücklich zeigt und dabei offensichtlich auf irgendetwas wartet. In letzter Zeit ist die Mitarbeiterin Ihnen gegenüber jedoch eher reserviert und wirkt weniger motiviert als früher. Was erwartet die Mitarbeiterin von Ihnen als Führungskraft?

– Wahrscheinlich wünscht sich diese Mitarbeiterin Lob und Bestätigung für ihre Leistungen. –

Bei der Erfüllung dieser Erwartung dient Ihnen die nachfolgende Checkliste als Hilfestellung.

Checkliste 18: Was können Sie als Führungskraft tun, um dem Bedürfnis nach Anerkennung gerecht zu werden?

Unterstützendes Führungsverhalten	Steuerndes Führungsverhalten
Bezeugen Sie Ihre Anerkennung für erbrachte Leistungen.	Geben Sie dem Mitarbeiter/der Mitarbeiterin eine klare Zielsetzung vor.
Beachten Sie die Vorschläge dieses Mitarbeiters/dieser Mitarbeiterin und versuchen Sie, sie aufzunehmen.	Stellen Sie ihm/ihr herausfordernde Aufgaben.
...	Setzen Sie Bewertungsmaßstäbe fest.
...	Geben Sie kontinuierlich Feedback.
...	...

Wie werde ich als Führungskraft dem Bedürfnis nach Lernen gerecht?

Das Bedürfnis, zu lernen

Stellen Sie sich folgende Situation vor:

Vor drei Monaten haben Sie einen Hochschulabsolventen als Ihren Assistenten eingestellt. Mit seiner bisherigen Entwicklung sind Sie sehr zufrieden. Der Mitarbeiter ist engagiert, motiviert und leistungsbereit. Sie haben festgestellt, dass er sehr schnell lernt und immer auf der Suche nach neuen Herausforderungen ist. Dieses Verhalten ist von Ihnen durchaus erwünscht, weswegen Sie es unbedingt erhalten wollen. Was erwartet dieser Mitarbeiter Ihrer Meinung nach von Ihnen als Führungskraft?

- Das Verhalten des Mitarbeiters lässt darauf schließen, dass er wahrscheinlich möglichst viel dazulernen, gefordert und gefördert werden möchte. -

Bei der Erfüllung dieser Erwartung dient Ihnen die nachfolgende Checkliste als Hilfestellung.

Checkliste 19: Was können Sie als Führungskraft tun, um dem Bedürfnis zu lernen gerecht zu werden?

CD-ROM

Unterstützendes Führungsverhalten	**Steuerndes Führungsverhalten**
Geben Sie häufig Feedback.	Zeigen Sie zukünftige Möglichkeiten auf.
Sprechen Sie Anerkennung aus, zeigen Sie aber auch Verbesserungspotenziale auf.	Definieren Sie Ziele.
Fragen Sie nach persönlichen Zielen.	Zeigen Sie Chancen auf.
Bieten Sie Ihre Unterstützung an.	Vermeiden Sie Überforderung und Frustration, aber genauso Unterforderung und Langeweile.
Suchen Sie gemeinsam nach erweiterten oder neuen Aufgabenfeldern.	Setzen Sie Leistungsanreize und Herausforderungen.
Bieten Sie Fort- und Weiterbildung an.	...
...	...

Wie werde ich als Führungskraft dem Bedürfnis nach Selbstverwirklichung gerecht?

Bedürfnis nach Selbstverwirklichung

Das Bedürfnis nach Selbstverwirklichung ist das höchste und nach meiner Erfahrung am schwierigsten zu befriedigende Bedürfnis. Für Sie als Führungskraft ist es in den meisten Fällen nicht einfach, dieses Bedürfnis durch eine Erweiterung des aktuellen Aufgabenbereichs zu befriedigen, da es häufig nicht um die rein berufliche Perspektive, sondern darüber hinaus um die persönliche Lebensplanung geht. Versuchen Sie sich trotzdem in die folgende Situation hineinzuversetzen, um sich Ihre Frage ansatzweise selbst beantworten zu können:

Sie haben ein gutes Verhältnis zu Ihrer Stellvertreterin, mit der Sie bereits seit einigen Jahren zusammenarbeiten. Sie führen häufiger intensive Gespräche, die über das rein Berufliche hinausgehen und bis in die persönliche Lebensplanung reichen. Hierbei tauchen immer wieder Fragen nach dem Sinn des eigenen Handelns und der Selbstverwirklichung durch das eigene Tun auf. Sie wissen von Ihrer Mitarbeiterin z. B., dass Sie den Wunsch hat, sich eine eigene Pferdezucht aufzubauen, ihr dafür aber die Zeit fehlt. Was könnte diese Mitarbeiterin Ihrer Meinung nach von Ihnen als Führungskraft erwarten?

– Wahrscheinlich erwartet die Mitarbeiterin, dass ihr ihre Führungskraft auch in Lebensfragen zur Seite steht und ihr dabei hilft, den Sinn ihres eigenen Handelns zu entdecken. –

Bei der Erfüllung dieser Erwartung dient Ihnen die nachfolgende Checkliste als Hilfestellung.

CD-ROM

Checkliste 20: Was können Sie als Führungskraft tun, um dem Bedürfnis nach Selbstverwirklichung gerecht zu werden?

Unterstützendes Führungsverhalten	Steuerndes Führungsverhalten
Zeigen Sie echtes Interesse.	Zeigen Sie zukünftige Möglichkeiten im beruflichen Umfeld auf.
Gehen Sie auf Gesprächswünsche ein.	Vereinbaren Sie Ziele.
Fragen Sie nach persönlichen Zielen.	Zeigen Sie Chancen auf.
Bieten Sie Ihre Unterstützung an.	Erweitern bzw. verändern Sie – wenn möglich – das Aufgabengebiet, um der Sinnfrage Ihrer Mitarbeiter gerecht zu werden.
Suchen Sie gemeinsam nach Alternativen,die die Berufstätigkeit und die Sinn gebenden Interessen Ihrer Mitarbeiter miteinander zu vereinbaren.	Lassen Sie sich nicht für das private Lebensglück von Mitarbeitern verantwortlich machen.
Zeigen Sie Verständnis und geben Sie – wenn möglich – Freiräume.	...
...	...

Das nachfolgende Arbeitsblatt kann Ihnen dabei helfen, Ihre Mitarbeiter nach ihrer primären Motivation und ihren aktuellen Bedürfnissen einzuschätzen und Ihr Führungsverhalten darauf auszurichten. An dieser Stelle können Sie also abschließend noch einmal darüber nachdenken, anhand welcher Verhaltensmerkmale Sie Ihre Mitarbeiter eingestuft haben und welche motivierenden Aufgaben Sie ihnen zukünftig zuteilen können.

Motivationstyp und zu künftige Aufgaben / zukünftiges Führungsverhalten

Arbeitsblatt

Mitarbeiter:	Motiv:
Verhaltensmerkmale:	Zukünftige Aufgabenbereiche / Zukünftiges Führungsverhalten:
• . . .	• . . .
• . . .	• . . .
• . . .	• . . .
• . . .	• . . .
• . . .	• . . .
• . . .	• . . .
• . . .	• . . .
• . . .	• . . .
• . . .	• . . .
• . . .	• . . .
• . . .	• . . .

grow.up.
Managementberatung GmbH

Vermeidung von Demotivation

Herr Berg hat bei der Zusammenstellung seines Teams darauf geachtet, dass alle Teammitglieder eine hohe Selbstmotivation mitbringen - dennoch hat er das Gefühl, dass die Leistungsbereitschaft seiner Mitarbeiter allmählich nachlässt. Da er sich allerdings nicht erklären kann, woran das liegt, hat er auch keine Idee, was er dagegen tun könnte. Aus diesem Grund wendet er sich mit folgenden Fragen an seinen Mentor Herrn Weigert:

Wie erhalte ich die Motivation meiner Mitarbeiter?

Vermeidung von Demotivation

Ganz allgemein kann ich Ihnen für die Beantwortung Ihrer Frage einen Merksatz an die Hand geben:

Wer motivieren will, muss Demotivation beseitigen.

Sicherlich ist Motivation einer der Begriffe, die sich größter Beliebtheit erfreuen. Sie sollten sich jedoch selbst einmal die Frage stellen, ob Sie „das Pferd nicht von hinten aufzäumen", wenn Sie lediglich darüber nachdenken, wie Sie die Motivation Ihrer Mitarbeiter erhalten können - denn ein wesentlicher Faktor der Motivation ist die Vermeidung von Demotivation.

Es gibt so viele Aussagen über Motivation, was ist denn richtig?

Seitdem Menschen versuchen, andere Menschen zu motivieren, gibt es viel Gutes, aber auch Irrtümer über das Thema Motivation. Die drei am weit verbreitetsten Irrtümer möchte ich Ihnen vorstellen und ausräumen.

Drei weit verbreitete Irrtümer

1. **Motivation ist einem gegeben - oder eben nicht**

   Oft wird Motivation als eine persönliche Eigenschaft angesehen, die man hat, oder eben nicht hat. Und eben weil Motivation als ein Teil der Persönlichkeit gilt, herrscht oft die falsche Annahme, dass an Demotivation bzw. fehlender Motivation auch nichts geändert werden kann.

   Dabei ist Motivation gar keine Eigenschaft der Persönlichkeit. Jeder Mensch hat in seinem Leben Bereiche, in denen er sich besonders engagiert, sei es im privaten oder im beruflichen Umfeld. Somit kann man nicht sagen, dass es jemandem an einer persönlichen Eigenschaft mangelt, bloß weil derjenige an seinem Arbeitsplatz nicht die gewünschte Motivation zeigt.

2. **Motivation = Manipulation?**

   Oft wird Motivation mit Manipulation gleichgesetzt. Und „böse Zungen" behaupten vielfach, dass Führungskräfte Tricks kennen und anwenden, um Mitarbeiter zu „motivieren". Dabei vergessen die Vertreter dieser Meinung offensichtlich, dass, wenn das so wäre, es höchstwahrscheinlich gar kein Demotivationsproblem gäbe. Durchaus richtig ist allerdings, dass das Verhalten der Führungskraft sich auf die Motivation der Mitarbeiter auswirkt. Jedoch hat das weniger mit Tricks als vielmehr mit Glaubwürdigkeit und Fairness zu tun.

3. **Geld ist der größte Motivator**

   Gerade Führungskräfte sind oft davon überzeugt, dass die Höhe des Gehalts den Motivationsgrad ihrer Mitarbeiter bestimme. So gilt im Allgemeinen die Annahme, dass, solange der Lohn stimmt, Mitarbeiter volles Engagement und Einsatzbereitschaft zeigen. Doch ist es wirklich möglich, Demotivation langfristig durch höhere Gehaltszahlungen zu beseitigen? Sicherlich freuen sich Mitarbeiter über eine Gehaltserhöhung und arbeiten auch eine Zeit lang motivierter, dennoch gewöhnen sie sich auch sehr schnell an ein gutes Gehalt. Dies reicht langfristig gedacht nicht als Kompensation für andere bestehende demotivierende Faktoren.

Warum wird Geld hinsichtlich der Vermeidung von Demotivation so unterschiedlich gesehen?

Um diese Frage zu beantworten, fragen Sie sich doch einmal, ob Ihr Gehalt der einzige Grund ist, warum Sie arbeiten gehen, oder ob es da vielleicht nicht noch ein paar andere Einflussfaktoren gibt. Sicher werden Sie noch einige finden.

Denken Sie zunächst an den „Aufwand“, den Sie für die Erbringung Ihrer Arbeitsleistung auf sich nehmen, und fragen Sie sich dann, welchen „Ertrag“ Sie aus Ihrer Arbeit ziehen. Dazu können Sie gerne die nachfolgenden Checklisten zu Hilfe nehmen. Wenn Sie über Ihren „Ertrag“ nachdenken, denken Sie bitte nur an die Dinge, die nichts mit Ihrem Gehalt zu tun haben.

Checkliste 21: Mein Aufwand

CD-ROM

Was stellt sich für mich als Aufwand dar?
z. B. Stress
z. B. Zeit

Checkliste 22: Mein Ertrag

Was stellt sich für mich als Ertrag dar?

z. B. Lernen

z. B. Spaß

Wenn Sie Abbildung 9 und Ihre persönliche Aufzeichnung vergleichen, werden Sie sicher einiges von dem, was Ihnen gerade im den Sinn gekommen ist, wieder finden.

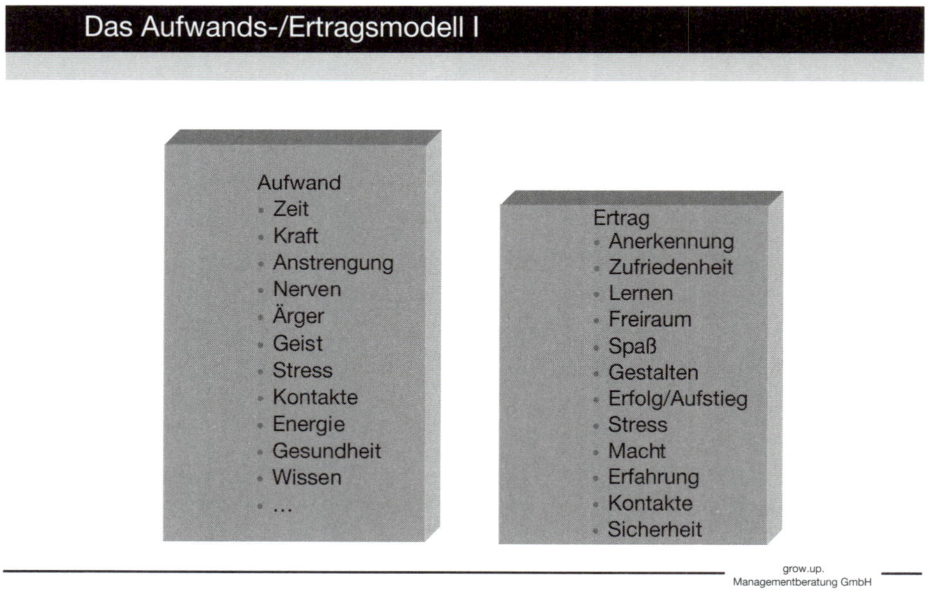

Es wird Ihnen auffallen, dass in der Abbildung die Ertragssäule niedriger gezeichnet ist als die Aufwandssäule. Dieses Phänomen ist in abhängigen Beschäftigungsverhältnissen überwiegend anzutreffen. Der „Ertrag“ alleine wird nicht ausreichen, um täglich zur Arbeit zu gehen. Und wir dürfen auch nicht vergessen, dass wir arbeiten gehen, um unseren Lebensunterhalt zu finanzieren. Aus diesem Grund und um die Differenz zwischen Aufwand und Ertrag auszugleichen, gibt es die so genannte „Compensation“, die Gehaltszahlung.

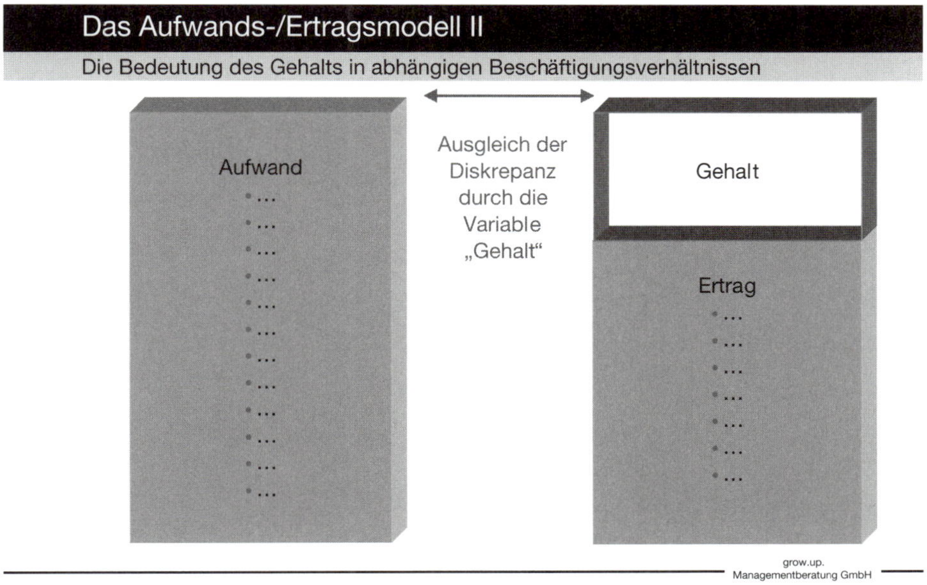

Demotivation entsteht dann, wenn der Ertrag einer Tätigkeit für sich zu niedrig ist oder Ertragssäule + Gehaltsbestandteil niedriger als die Aufwandssäule ist.

Dass es dazu kommt, kann verschiedene Ursachen haben. Denkbar sind z. B. eine steigende Arbeitsbelastung, Umstrukturierungen, die den Arbeitsinhalt verändern, schlicht der falsche Arbeitsplatz oder die falschen Aufgaben für diesen Mitarbeiter oder aber auch ein schlechtes Klima, das den persönlichen Ertrag des Mitarbeiters drastisch minimieren kann.

Ertragsfaktoren

Das Aufwands-/Ertragsmodell macht deutlich, dass Sie bei Demotivation immer zuerst fragen müssen: Stimmt der „Ertrag“, den dieser Mitarbeiter aus seiner Arbeit zieht, für ihn noch oder fehlen ihm wesentliche Ertragsfaktoren? An diesen müssen Sie dann ansetzen, die Ertragsfaktoren müssen erhöht werden.

Die Ertragsfaktoren können von Mitarbeiter zu Mitarbeiter sehr unterschiedlich sein: Erfolge, Herausforderungen, Klima, Spaß, Lernen und vieles mehr. Geben Sie dem Mitarbeiter mehr Geld, wird das nur für kurze Zeit zu einer Motivationssteigerung führen. Das eigentlich Wichtige, der Ertrag, fehlt ja weiterhin. Gehen Sie gar nicht gegen die aufgetretene Demotivation vor, wird der Mitarbeiter früher oder später real oder aber innerlich kündigen.

Woran erkenne ich, dass meine Mitarbeiter demotiviert sind?

Warnsignale der Demotivation

Wenn Sie als Führungskraft gegen Demotivation arbeiten wollen, ist es wichtig, sensibel für kleinere Anzeichen zu werden. Handeln Sie frühzeitig, um eine langfristige Demotivation zu vermeiden. Im Laufe meiner Zeit als Führungskraft bin ich relativ sensibel für Anzeichen von Demotivation geworden. Zum Beispiel gibt es manchmal Mitarbeiter, die vor kurzem noch motiviert waren und sich für das Unternehmen einsetzten, deren Motivation jetzt aber nachgelassen hat. Die nachfolgende Checkliste kann für den Arbeitsalltag sehr hilfreich sein.

Checkliste 23: Warnsignale der Demotivation

Verhalten	ja	nein
Sind bislang aufgeschlossene Mitarbeiter schweigsam geworden?	☐	☐
Werden Aufgaben unkritisch und unüberlegt umgesetzt?	☐	☐
Nimmt das Interesse an einem reibungslosen Gesamtablauf ab?	☐	☐
Kommen Mitarbeiter in letzter Zeit häufiger mal zu spät zur Arbeit?	☐	☐
Nimmt die Bereitschaft ab, schwierige und komplexe Aufgaben zu übernehmen?	☐	☐
Wird in letzter Zeit häufiger der Versuch einer „Rückdelegation" unternommen?	☐	☐
Verwandelt sich die Kundenorientierung der Mitarbeiter immer mehr in Gleichgültigkeit?	☐	☐
Nehmen Routinearbeiten mehr Zeit in Anspruch als nötig?	☐	☐
Nimmt die Anzahl der Teilnehmer an Meetings und Besprechungen ab?	☐	☐
Erklärt sich niemand mehr bereit, gemeinsame Veranstaltungen (z. B. Sommerfest, Weihnachtsfeier usw.) mit zu organisieren?	☐	☐
Lassen Mitarbeiter sich ohne Widerstand Aufgaben übertragen, die sie allein aus zeitlichen Gründen gar nicht erledigen können?	☐	☐
Informieren Mitarbeiter Sie nur noch unfreiwillig über den Stand der Aufgabenerledigung?	☐	☐
Nehmen zwischenzeitliche Gänge zur Toilette, Kaffeeküche oder zu Kollegen mehr Zeit in Anspruch als früher?	☐	☐
Melden Mitarbeiter sich häufiger krank als sonst?	☐	☐
Drehen sich die Gesprächsthemen der Mitarbeiter immer häufiger um private Themen statt um die Arbeit?	☐	☐
Gibt es häufiger Unstimmigkeiten innerhalb Ihres Teams?	☐	☐
Nimmt die Bereitschaft, Überstunden zu machen, ab?	☐	☐
Nimmt die Anzahl der eingebrachten Verbesserungsvorschläge ab?	☐	☐

Falls Sie mehrere dieser Aussagen mit Ja beantwoten können, ist dies ein Hinweis darauf, dass die Mitarbeiter, für die das zutrifft, demotiviert sind. Das heißt aber nicht, dass Sie diesen für Sie als Führungskraft unerfreulichen Zustand nicht mehr verändern können. Sie können immer davon ausgehen, dass auch Ihre demotivierten Mitarbeiter den Wunsch in sich tragen, etwas zu leisten, zu gestalten und zu schaffen. Diesen Mitarbeitern fehlt oft nur der passende Rahmen, in dem sie ihren Wunsch umsetzen können, und ihnen fehlt der „Ertrag" ihrer Arbeit.

Was sind die bei Mitarbeitern die am häufigsten empfundenen Demotivationsfaktoren?

Wenn Sie als Führungskraft die Motivation Ihrer Mitarbeiter erhalten wollen, dann sollten Sie sich die nachfolgend aufgeführten Demotivationsfaktoren gut einprägen und sie von vornherein gar nicht erst aufkommen lassen.

HÄUFIG WIRKT AUF MITARBEITER DEMOTIVIEREND, DASS FÜHRUNGSKRÄFTE

- zu wenig Anerkennung aussprechen,
- ihre Mitarbeiter über- bzw. unterfordern,
- keine klare Orientierung vorgeben, sondern oft die Marschrichtung ändern,
- Regeln und Ziele nicht klar definieren und kommunizieren,
- sich ungerecht ihren Mitarbeitern gegenüber verhalten,
- keine ausreichenden Ressourcen zur Verfügung stellen,
- ihren Mitarbeitern Informationen vorenthalten,
- ihren Mitarbeitern keine Perspektiven bieten,
- unaufgeschlossen gegenüber Verbesserungsvorschlägen sind.

Was muss ich als Führungskraft tun, um Demotivation zu vermeiden?

Feedback geben

Jeder Mensch hat das Bedürfnis, geachtet und wertgeschätzt zu werden. Geben Sie als Führungskraft Ihren Mitarbeitern zu wenig Feedback, haben diese ernsthafte Schwierigkeiten, sich und die eigene Leistung richtig einzuschätzen: Warum soll ich mich anstrengen, wenn ich gar nicht weiß, was gut und richtig ist, und wenn es keiner sieht?

Mitarbeiter ihrem Können entsprechend fordern

Verteilen Sie Aufgaben unter Ihren Mitarbeitern immer dem jeweiligen Können entsprechend. Somit vermeiden Sie Angst vor Versagen und in der Folge Demotivation, ermöglichen Ihren Mitarbeitern aber gleichzeitig Erfolgserlebnisse, wenn sie die Aufgaben erledigen können. In diesem Zusammenhang sollten Sie sich an Ihre Aufgabe als Führungskraft erinnern, die darin besteht, Ihre Mitarbeiter zu fordern und zu fördern und sie somit zu „starken“ Mitarbeitern wachsen zu lassen.

Orientierung geben

Geben Sie jedem Mitarbeiter einen Rahmen vor, indem er frei handeln darf. Je mehr der jeweilige Mitarbeiter kann und will, desto weiter sollten Sie den Rahmen anlegen. Ein großer Handlungsspielraum wirkt motivierend und befriedigt bei leistungsstarken Mitarbeitern den Wunsch nach Eigeninitiative und Selbstverantwortung. Bei Mitarbeitern, die noch weiter qualifiziert werden müssen, sollten Sie den Rahmen wiederum enger stecken, da in diesem Fall ein weiter Spielraum eher verunsichernd und beängstigend empfunden werden kann.

Klar definierte Ziele

Eindeutige Ziele und das Wissen, was richtig ist und was Priorität hat, sind wirksame Motivationsinstrumente. Für jeden Mitarbeiter ist es enorm wichtig zu wissen, was sein Beitrag zu den Unternehmenszielen ist und welchen Sinn seine Arbeit für die Gesamtorganisation hat. Dafür ist es jedoch unerlässlich, dass jeder Mitarbeiter die Unternehmensziele kennt, von denen seine eigenen Ziele abgeleitet werden.

Ungerechtigkeiten vermeiden

Ungerechtigkeiten wie etwa das Bevorzugen einiger Mitarbeiter oder die Inanspruchnahme von Sonderrechten seitens der Führungskraft sollten Sie unbedingt vermeiden. Aber auch Lob, das eine Führungskraft für gute Ergebnisse eines Gesamtprojekts erhält und das nicht an die am Projekt beteiligten Mitarbeiter weitergegeben wird, führt bei Mitarbeitern zu einem Ungerechtigkeitsempfinden und in der Folge zu Demotivation.

Ausreichende Ressourcen

Bei mangelnden Ressourcen sollten Sie nicht nur an Arbeitsmaterial und Geld denken, sondern auch an Zeit und Kompetenzen. Übertragen Sie einem Mitarbeiter eine Aufgabe, die er aufgrund mangelnder Kompetenzen oder aufgrund fehlender Zeit gar nicht bewältigen kann, erreichen Sie bei diesem Mitarbeiter nur ein Gefühl der Überforderung, welches sich schnell in Demotivation wandeln kann, sollte dieser Zustand länger anhalten.

Informationen großzügig weitergeben

Bekommen Ihre Mitarbeiter keine ausreichenden Informationen, z. B. über ein zu erledigendes Projekt, fehlt ihnen meistens ein Blick für „das Ganze“ und sie werden anfangen, über den Sinn und Unsinn ihrer Arbeit nachzudenken. Ist jedoch die Sinnfrage unklar, sind Mitarbeiter oft nicht einverstanden mit dem, was sie tun, und zeigen immer weniger Bereitschaft, ihren Aufgabenbereich kompetent und verantwortungsvoll abzudecken.

Perspektiven bieten

Es ist nicht nur eine in Aussicht gestellte Qualifizierung, die Ihre Mitarbeiter motiviert, sondern auch eine klare Perspektive, was sie mit ihren erweiterten Kompetenzen anfangen können. Hoch qualifizierte Mitarbeiter sind nicht automatisch auch motiviert. Ihre Motivation steigt aber, wenn sie wissen, was sie mit ihren Fähigkeiten erreichen können.

Verbesserungsvorschlägen gegenüber aufmerksam sein

Sie können sich glücklich schätzen, wenn Sie als Führungskraft Mitarbeiter haben, die sich über ihren Arbeitsbereich und den Gesamtablauf Gedanken machen. Offensichtlich haben Sie dann Mitarbeiter, die sich mit dem Unternehmen identifizieren und die sich mit der Optimierung von Arbeitsabläufen beschäftigen. Vielleicht haben Ihre Mitarbeiter Verbesserungsvorschläge, die deutliche Vereinfachungen bringen. Wenn Sie diese ignorieren, lassen Sie sich nicht nur offensichtliche Optimierungen entgehen, sondern sorgen auch noch dafür, dass sich ein Gefühl von Demotivation und unerwünschtem Engagement unter Ihren Mitarbeitern ausbreitet.

Regeln in der Zusammenfassung

Formulieren Sie die genannten Regeln, die Sie im Folgenden noch einmal kurz zusammengefasst finden, als Fragen an sich selbst. Wenn Sie die Mehrzahl dann mit Ja beantworten können, dürfen Sie ruhigen Gewissens davon ausgehen, dass Sie Ihren Mitarbeitern einen angemessenen Rahmen für die Steigerung ihres „persönlichen Ertrags“ bieten. Sollten Sie einige Fragen mit Nein beantwortet haben, fragen Sie sich bitte, auf welchen Ihrer Mitarbeiter dieser Zustand besonders demotivierend wirken könnte, und versuchen Sie, durch die Einleitung entsprechender Maßnahmen diesen Zustand zu verändern.

- Angemessene Anerkennung der Arbeit
- Konstruktive Äußerung von Kritik
- Eignungs- und neigungsgerechte Aufgabenverteilung
- Ermöglichung von Erfolgserlebnissen
- Angemessene Vorgabe von Orientierung und Sicherheit
- Eindeutige Kommunikation von Regeln und Zielen
- Ermöglichung von Lernerfahrungen
- Gerechtes Verhalten gegenüber Mitarbeitern
- Bereitstellung eines angemessenen Freiraums
- Bereitstellung ausreichender Ressourcen
- Ermöglichung, „etwas zu erreichen“
- Gewährleistung eines transparenten Informationsflusses
- Angebot einer Perspektive in Bezug auf Entwicklungsmöglichkeiten
- Gemeinsame Besprechung von Verbesserungsvorschlägen
- Herausforderung durch „dosierten Stress“

TIPP

Lassen Sie sich die Ergebnisse aus Ihrer Analyse des Motivations- bzw. Demotivationszustands Ihrer Mitarbeiter von Ihren Mitarbeitern bestätigen, indem Sie sie bitten, die folgende Checkliste auszufüllen. Selbstverständlich können Sie die Checkliste nach Ihren individuellen Bedürfnissen differenzieren.

CD-ROM

Checkliste 24: Wie nehmen meine Mitarbeiter ihre momentane Arbeitssituation wahr?

Aussage	Ja	Nein
Ich weiß, was an der Arbeit von mir erwartet wird.	☐	☐
Ich habe die Gelegenheit, das zu tun, was ich am besten kann.	☐	☐
Ich habe in den letzen sieben Tagen Anerkennung für meine Arbeit bekommen.	☐	☐
Mein Vorgesetzter zeigt Interesse an meinen Verbesserungsvorschlägen.	☐	☐
Ich werde in meiner Entwicklung unterstützt.	☐	☐
Ich habe den Eindruck, dass meine Tätigkeit für die Ziele des Unternehmens wichtig ist.	☐	☐

Kann ich bei jedem meiner Mitarbeiter gleich vorgehen, um Demotivation zu vermeiden, oder sollte ich differenzieren?

Wenn Sie Demotivation vermeiden möchten, sollten Sie stets beachten, dass nicht jeder Ihrer Mitarbeiter die gleichen Bedürfnisse und Erwartungen in Bezug auf seine Arbeit hat. Fragen Sie sich immer: „Was können und wollen meine Mitarbeiter?“ Denn was den einen Mitarbeiter motiviert, kann auf einen anderen eine eher überfordernde Wirkung haben. Nehmen Sie sich ein paar Minuten Zeit und nutzen Sie die folgende Abbildung dazu, sich das gegenwärtige „Können“ und „Wollen“ für jeden Ihrer Mitarbeiter zu verdeutlichen.

CD-ROM

Das Mitarbeiterportfolio

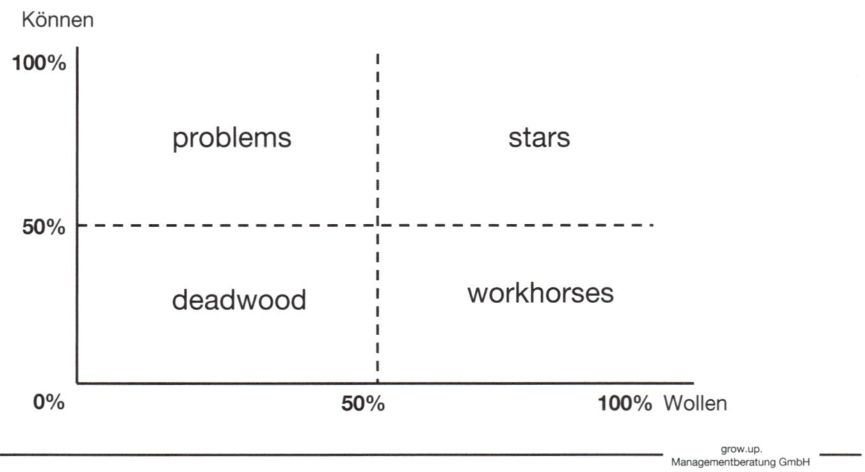

Wie vermeide ich Demotivation bei meinen „Stars“?

Unterforderung vermeiden

„Stars“ sind diejenigen unter Ihren Mitarbeitern, die sowohl hohe Kompetenzen als auch eine ausgeprägte Motivation besitzen. Daraus ergibt sich in diesem Fall für Sie die Aufgabe, die Motivation Ihrer „Stars“ zu erhalten und diese Leistungsträger an Ihr Unternehmen zu binden. Um dieses Ziel zu erreichen, müssen Sie diesen Mitarbeitern vor allem eine Perspektive in Ihrem Unternehmen bieten. Besonders demotivierend wirken auf Ihre „Stars“ Aufgaben, die sie unterfordern.

DAS SOLLTEN SIE TUN:

TO DO

- Sprechen Sie mit Ihren „Stars“ über Karriere- und Nachfolgeplanung.
- Machen Sie Ihren „Stars“ deutlich, wo Sie Entwicklungschancen sehen.
- Bemühen Sie sich, einem Wunsch nach Weiterbildung nachzukommen (z. B. Seminare, Trainings etc.).
- Übertragen Sie Ihren „Stars“ herausfordernde Aufgaben bzw. solche Aufgaben, die aus bisher nicht bearbeiteten Gebieten stammen, die in angemessenem Umfang neu sind.
- Delegieren Sie mit den übertragenen Aufgaben auch die Verantwortung und Entscheidungen für diese.
- Lassen Sie Ihre komplexen Projekte von „Stars“ vor- und nacharbeiten.
- Vereinbaren Sie mit Ihren „Stars“ Ziele.

Wie vermeide ich Demotivation bei meinen „Workhorses“?

Gezielte Qualifikationsmaßnahmen

Viele Ihrer Mitarbeiter sind zwar motiviert, haben aber (noch) Defizite in im fachlichen oder überfachlichen Bereichen. Diese Mitarbeitergruppe nennen wir „Workhorses“. Ihre Aufgabe besteht in erster Linie darin, die Kompetenzen und Fähigkeiten Ihrer „Workhorses“ durch gezielte Qualifikationsmaßnahmen zu fördern. Demotivierend dagegen wirken auf diese Mitarbeiter Aufgaben, die sie extrem unterfordern, aber auch solche, die sie extrem überfordern. Ihre Herausforderung ist es, das richtige Maß zu finden.

TO DO

DAS SOLLTEN SIE TUN:

- Übertragen Sie Ihren „Workhorses“ die Vor- und Nachbereitung weniger komplexer Aufgaben.
- Übertragen Sie stets klar abgegrenzte Aufgabenpakete.
- Halten Sie kurze Feedbackschleifen ein.
- Übertragen Sie Aufgaben mit eindeutigen und somit messbaren Zielen.
- Bieten Sie Ihren „Workhorses“ die Möglichkeit zur Mitarbeit an Projekten.
- Übertragen Sie solche Aufgaben, die das bisherige Kompetenzfeld des Mitarbeiters geringfügig überschreiten.
- Übertragen Sie auch Aufgaben mit Routinecharakter, die für den Mitarbeiter jedoch neu sind.
- Kommen Sie dem Wunsch nach Weiterbildung nach, regen Sie diesen auch selbst an.

Wie vermeide ich weitere Demotivation bei Mitarbeitern, die zur Gruppe der „Deadwoods“ gehören?

Wenig motiviert, geringe Kompetenzen

Ihre „Deadwood“-Mitarbeiter zeigen sich wenig motiviert und weisen auch nur geringe Kompetenzen auf. Es ist durchaus möglich, dass in diesen Fällen der den Mitarbeitern zugeordnete Aufgabenbereich nicht für diese Mitarbeiter geeignet ist. Fragen Sie sich also, ob hier „der richtige Mitarbeiter am richtigen Platz“ ist. Kommen Sie zu dem Ergebnis, dass Aufgabenbereich und Mitarbeiter nicht zueinander passen, suchen Sie nach Möglichkeiten, dem Mitarbeiter andere Aufgabenbereiche zuzuteilen. Achten Sie jedoch immer darauf, dass die übertragenen Aufgaben nie den Kompetenzbereich des Mitarbeiters überschreiten. Damit lösen Sie gegebenenfalls weitere Demotivation aus. Liegt das Problem jedoch nicht in der Passung zwischen Mitarbeiter und Aufgabenbereich, sollten Sie entscheiden, ob Sie dem Mitarbeiter Qualifizierungsmaßnahmen mit Fokus auf seine Kompetenzverbesserung anbieten möchten oder ob Sie sich von dem Mitarbeiter trennen können und wollen.

DAS SOLLTEN SIE TUN:

TO DO

- Übertragen Sie nur Aufgaben, die die Kompetenz dieser Mitarbeiter nicht überschreiten.
- Übertragen Sie nur klar und eindeutig definierte Aufgaben.
- Übertragen Sie zunächst Routineaufgaben, die Sie dann gegebenenfalls nach und nach erweitern.
- Kontrollieren Sie in kurzen Abständen die Arbeitsergebnisse.
- Erläutern Sie bei jeder Kontrolle die Erfolgskriterien und geben Sie konstruktives Feedback.
- Führen Sie, wenn nötig, Kritikgespräche.
- Machen Sie deutlich, wann welche Sanktionsmaßnahmen greifen, und wenden Sie diese, wenn nötig, auch an.
- Machen Sie deutlich, dass sie das nicht erwünschte Verhalten sehen und nicht weiter tolerieren werden.
- Bieten Sie gegebenenfalls tätigkeitsbezogene Weiterbildungsmöglichkeiten an (nur wenn dies zu mehr Motivation führt).
- Geben Sie dem Mitarbeiter gegebenenfalls andere Aufgaben.
- Geben sie dem Mitarbeiter, wenn keine Besserung eintritt und Sie sich nicht von Ihm trennen können, Aufgaben, die auch bei Nicht- oder fehlerhafter Erledigung keinen Schaden anrichten.

Wie vermeide ich weitere Demotivation bei meinen „Problems“?

Individuell vorgehen

Ihre echten „Problems“ sind Mitarbeiter, die zwar viel können, dieses Können aber nicht (mehr) einbringen wollen. In diesen Fällen müssen Sie individuell und selektiv vorgehen. Betrachten Sie jeden Einzelfall für sich und versuchen Sie, Ihre „Problems“ wieder zu „Stars“ werden zu lassen. Gehen Sie aber vorsichtig vor, denn wenn dies nicht gelingt, besteht die Gefahr, dass Ihre „Problem“-Mitarbeiter zu „Deadwood“ werden. In allen „Problem“-Fällen sollte Ihre Devise daher lauten: Finden Sie gemeinsam mit Ihren Mitarbeitern die richtigen Maßnahmen, Ziele und Perspektiven.

DAS SOLLTEN SIE TUN:

- Führen Sie Mitarbeitergespräche.
- Ergründen Sie, ob der Aufgabenbereich zum Mitarbeiter passt.
- Klären Sie, ob die Demotivation aufgrund eines Über- oder Unterforderungsproblems entstanden ist.
- Versuchen Sie herauszufinden, ob evtl. private Themen/Probleme die Ursache für die Demotivation Ihres Mitarbeiters sind.
- Prüfen Sie kritisch, ob ein Konflikt zwischen Ihnen und dem Mitarbeiter besteht.
- Finden Sie heraus, ob es im gesamten Team häufig zu Spannungssituationen kommt.
- Ergründen Sie die persönlichen Ziele des Mitarbeiters und besprechen Sie deren Erreichbarkeit.
- Fragen Sie nach Hemmnissen.
- Überlegen Sie, auch gemeinsam, welche Weiterbildungsmöglichkeiten für den Mitarbeiter in Frage kommen.

Feedback zur Mitarbeitersteuerung und -förderung

Zurzeit ist Herr Berg mit der Leistung einiger seiner Mitarbeiter sehr zufrieden, wünscht sich bei anderen Mitarbeitern aber eine deutliche Verbesserung ihrer Leistungen. Herr Berg weiß, dass es wichtig ist, dem Mitarbeiter eine Rückmeldung dazu zu geben. Er will dies angemessen tun und dabei nicht einzelne Mitarbeiter zurücksetzen. Auch sein kritisches Feedback möchte er konstruktiv äußern, ohne dabei zu demotivieren. Hilfreiche Anregungen zur Äußerung positiven und kritischen Feedbacks erwartet er sich von dem Gespräch mit seinem Mentor Herrn Weigert.

Welche Bedeutung hat Feedback in der Mitarbeiterführung?

Rückmeldung zu erbrachten Leistungen

Feedback heißt, Rückmeldung über die eigenen Leistungen und das eigene Verhalten zu bekommen. Um zu wissen, wie Sie von anderen wahrgenommen und erlebt werden, brauchen Sie eine Rückmeldung. Feedback ist somit die einzige Möglichkeit, Ihr Selbstbild mit dem Fremdbild, das andere von Ihnen haben, zu vergleichen. Feedback ist also eine wesentliche Chance, das eigene Leistungs- und zwischenmenschliche Verhalten zu verändern und zu verbessern. Gleiches gilt selbstverständlich auch für Ihre Mitarbeiter. Aus diesem Grund kommt dem Feedback in der Mitarbeiterführung eine besondere Rolle zu.

Mitarbeiter wollen und müssen für ihre erbrachte Leistung und Anstrengung wahrgenommen und entsprechend gewürdigt werden. Feedback ist eine echte Führungsaufgabe, die dem Mitarbeiter verdeutlicht, dass seine Leistungen anerkannt werden. Um Ihren Mitarbeitern ein wirkungsvolles Feedback geben zu können, sollten Sie genaue Kenntnis über die nachfolgenden Aspekte haben:

1. das genaue Tätigkeitsfeld und die Aufgaben des Mitarbeiters,
2. inwieweit das Leistungsniveau des Mitarbeiters bereits ausgeschöpft ist oder noch Potenziale vorhanden sind,
3. welche Motive den Mitarbeiter bewegen, damit Sie bei möglichen Richtungskorrekturen die Motivation des Mitarbeiters nicht in Demotivation verwandeln,
4. ob es sich bei gegebenen Abweichungen um ein Problem des Könnens oder des Wollens handelt, denn je nachdem sind unterschiedliche Feedbackvorgehensweisen und verschiedene sich anschließende Maßnahmen angebracht.

Was ist der wesentliche Nutzen von Feedback?

FEEDBACK ALS KONTINUIERLICHER PROZESS

Feedback ist ein fortlaufender Prozess, der in allen Phasen des Führungshandelns erfolgen muss. Nur so können Sie bei Ihren Mitarbeitern Änderungen, Verbesserungen oder Steigerungen erreichen.

Der Nutzen von Feedback ist vor allem in folgenden Aspekten zu sehen:

Vorteile von Feedback

- Feedback ermöglicht das Lernen aus Fehlern oder anhand einer konkreten Situation.
- Probleme kommen auf den Tisch.
- Problemlösungen setzen neue Handlungen frei.
- Das Verstärken positiver Verhaltensweisen/Eigenschaften festigt diese.
- Veränderungen werden begleitet und unterstützt.
- Austausch über die persönliche Wahrnehmung und Einschätzung einer bestimmten Sache/Situation fördert das gegenseitige Verständnis.
- Man lernt die Wertvorstellungen des anderen kennen.
- Die Beziehung wird intensiviert.
- Man lernt etwas über die eigene Person/das Fremdbild.

Gibt es unterschiedliche Arten von Feedback?

Positives und negatives Feedback

Grundsätzlich gibt es zwei Arten von Feedback. Sie können entweder mit positiver oder mit negativer Verstärkung arbeiten. Sie verwenden im Rahmen des positiven Feedbacks Lob, Anerkennung und Incentivierung, wohingegen Sie bei der Anwendung negativen Feedbacks mehr Kritik, Missfallensbekundungen, Untersagungen und Sanktionen gebrauchen sollten. Egal welche Form von Feedback Sie verwenden, achten Sie unbedingt darauf, es angemessen anzubringen. Passen Sie jedes Feedback an die Bedeutung des ursprünglichen Themas oder der Richtungsabweichung an.

Nachfolgend finden Sie die einzelnen Feedbackmethoden so angeordnet, dass sie deren zunehmende Bedeutung für die Mitarbeiter widerspiegeln. Zudem zeigt die gewählte Reihenfolge gleichzeitig auch die zunehmende Intensität der einzelnen Methoden.

Positives Feedback/Verstärkung:

Positive Feedbackmethoden

a) Das Lob für ein Verhalten oder eine Leistung. Diese Art von Feedback zeigt dem Mitarbeiter, dass seine Anstrengungen oder auch die Ergebnisse seiner Bemühungen sichtbar sind, wahrgenommen und für gut gehalten werden.

b) Die Steigerung des Lobs ist die Anerkennung. Anerkennung geht über das Einzelthema hinaus und bezieht die Person des Mitarbeiters – soweit es das Arbeitsverhalten betrifft – in ihrer Gesamtheit mit in das Lob ein; d. h. es wird die Wirksamkeit des Leistungsverhaltens der jeweiligen Person für das Vorankommen des Bereichs oder der Abteilung gewürdigt.

c) Die wirksamste Form der Verstärkung ist die Incentivierung. Das bedeutet, Sie stellen Ihrem Mitarbeiter positive Konsequenzen in Aussicht, wenn das bisher gezeigte Verhalten in entsprechender Art weiter aufrechterhalten wird. Dabei muss diese Incentivierung nicht notwendigerweise monetär sein, denken Sie an das Aufwands-/Ertrags-Modell aus dem Kapitel zur Vermeidung von Demotivation: Auch mit Erträgen kann man incentivieren.

Negatives Feedback/Bestrafung:

Negative Feedbackmethoden

a) Die schwächste Form des negativen Feedbacks ist die Kritik. Hier wird sachlich am Verhalten oder am Ergebnis der Leistung Kritik geübt, d. h. ein Vergleich mit einem definierten Soll-Maßstab vorgenommen.

b) Die Steigerungsform der Kritik ist das Missfallen. Hier beziehen Sie in Ihre Kritik auch arbeitsbezogene Einstellungen und Verhaltensaspekte des Mitarbeiters mit ein.

c) Auf der nächsten Ebene geht es um Untersagung. Das Verhalten oder das Vorgehen des Mitarbeiters soll so nicht noch einmal stattfinden, da es definierten Kriterien ganz deutlich nicht entspricht.

d) Die Steigerungsform der Untersagung ist die Androhung von Sanktionen. Damit verdeutlichen Sie Ihrem Mitarbeiter Konsequenzen für den Fall, dass das kritisierte Verhalten noch einmal stattfindet.

Wie sollte ich beim Feedback-Geben vorgehen?

Feedbackgespräche

Feedbackgespräche haben das Ziel, dass Sie als Führungskraft Ihrem Mitarbeiter Rückmeldung darüber geben, was in der letzten Zeit gut und was weniger gut gelaufen ist. Im Grunde geht es darum abzugleichen, wo Sie gemeinsam mit Ihrem Mitarbeiter im Prozess stehen. Dabei können Feedbackgespräche von der Dauer her sehr variabel sein – von einer Minute bis zu mehreren Stunden. In einem Feedbackgespräch sollten Sie erreichen, dass Ihr Mitarbeiter Ihre Sichtweise nachvollziehen kann und diese akzeptiert, damit er bereit ist, im Nachgang möglichst viel vom Feedback umzusetzen und zu verbessern, um so besprochene Verbesserungspotenziale zu nutzen.

Ein Feedbackgespräch mit Ihrem Mitarbeiter ist für Sie recht angenehm und relativ einfach, solange Sie Positives zu sagen haben. Geht es in einem Gespräch um kritisches Feedback, wird es schon schwieriger. Dennoch sollten Sie sich nicht davor drücken. Wenn Sie offen und sensibel für Ihr Gegenüber bleiben und einige wenige Regeln beachten, werden Sie und Ihre Mitarbeiter sehr von den Gesprächen profitieren.

TO DO

SO SOLLTEN SIE BEI DEM GEBEN VON FEEDBACK VORGEHEN:

- Laden Sie Ihren Mitarbeiter zu einem ausführlichen Feedbackgespräch ein. Es gelten in diesem Gespräch die gleichen grundlegenden Regeln der Gesprächsvorbereitung, Durchführung und Nachbereitung wie für andere Gespräche mit Mitarbeitern auch.
- Wenn Sie Feedback geben, sollten Sie darüber hinaus darauf achten, dass das Feedback ...
  - umkehrbar akzeptabel ist. Wir könnten auch sagen: „Was du nicht willst, dass man dir tu, das füg auch keinem andern zu". Formulieren Sie Ihr Feedback also so, wie Sie es selbst auch nachvollziehen und akzeptieren könnten.
  - mit konkreten Beispielen aus der täglichen Zusammenarbeit erklärt und verdeutlicht wird (wo/wann haben Sie das beobachtet?).
  - Beobachtungen in Bezug zur Position und Aufgabe setzt. Bringen Sie Beobachtungen zu Verhalten und Leistung eines Mitarbeiters immer in Beziehung zu den Erwartungen, die mit der Stelle, welche die Person innehat, verknüpft sind (bestimmte Ordnungsvorstellungen, Verhaltensmuster, formale Anforderungen, etc.).
  - konkret, sachlich und realistisch bleibt. Sprechen Sie die Dinge, die Ihnen wichtig sind, an und reden Sie nicht um den heißen Brei herum - weder bei guten noch bei schlechten Leistungen. Überziehen Sie dabei aber nicht, denn von einem Fehler geht die Welt nicht unter und nur, weil ein Bericht rechtzeitig fertig geworden ist, braucht der Mitarbeiter keine Lobeshymnen.
  - deutlich macht, dass es sich dabei um Ihre persönliche Wahrnehmung der Situation bzw. des Verhaltens handelt. Um das zu verdeutlichen, sollten Sie „Ich-Botschaften" formulieren (z. B. „Ich habe den Eindruck gewonnen, dass ...").
  - Ihre Eindrücke und Wahrnehmungen beschreibt und nicht endgültig bewertet. Für eine Bewertung sollten Sie erst hören, wie der Mitarbeiter die Situation einschätzt.
  - sich immer auf ein Verhalten bezieht, aber nicht die ganze Person und Persönlichkeit meint.
  - immer die gemeinsame Suche nach Verbesserung umfasst. Einfach zu sagen: „Das ist schlechte Arbeit!", ohne aufzuzeigen, wie es besser gehen könnte, wird keine Veränderung bei dem Mitarbeiter bewirken. Auch bei guten Leistungen sollten Sie immer fragen: „Wie können wir es noch besser machen?" Lassen Sie Ihre Mitarbeiter wachsen.

Vergleich zwischen Selbst- und Fremdbild

An dieser Stelle möchte ich Sie noch einmal darauf hinweisen, dass Feedback eine Möglichkeit ist, Selbst- und Fremdbild miteinander zu vergleichen. Das Selbstbild entwickelt sich langsam und wird zum festen Bestandteil der Persönlichkeit – „So bin ich". Nicht immer aktualisieren Menschen ihr Selbstbild, wenn sie sich verändern oder weiterentwickeln. Auch ist lange nicht alles, was andere an einem beobachten können, Bestandteil des Selbstbildes. Denken Sie nur einmal an Menschen, die sich sehr häufig durch die Haare fahren oder in einem Satz fünfmal das Wort „äh" einbauen. Diese Verhaltensweisen und insbesondere deren Wirkung auf andere sind diesen Personen nicht immer bewusst. Bei Kleinigkeiten mag es weniger gravierend sein, bei guten Aussagen freut man sich und ist bereit, das Selbstbild zu aktualisieren. Anders verhält es sich bei negativen Aussagen. Stellen Sie sich vor, ein Mitarbeiter hält sich für fleißig und leistungsbewusst und Sie sagen ihm, dass Sie der Meinung sind, dass seine Leistungsbereitschaft sehr zu wünschen übrig lasse. Hier können Sie schnell Blockaden und Widerstand auslösen.

BEACHTEN SIE DESHALB BESONDERS:

1. Mit Feedback lösen Sie leicht Fremdbild-Selbstbild-Diskrepanzen aus, die erst einmal verarbeitet werden müssen. Aus diesem Grund hilft die „Schocktherapie" nicht, sondern führt eher zur Ablehnung des Feedbackgebers.
2. Einen positiven Effekt erzielen Sie nur, wenn Sie in der Sache klar und im Ton akzeptabel bleiben.

CD-ROM

Dokumentation eines Feedbackgesprächs auf CD

Einen Leitfaden für die Dokumentation eines Feedbackgesprächs nach einer Delegation finden Sie auf der CD.

Wie sollte ich vorgehen, um Anerkennung wirksam zu platzieren?

Die richtige Dosis entscheidet

Für die meisten Menschen ist positives Feedback (Anerkennung) leichter auszusprechen als negatives (Kritik). Um jedoch wirklich die gewünschte Wirkung zu erzielen, ist auch bei Anerkennung die richtige Dosierung wichtig; es gibt sowohl ein Zuviel als auch ein Zuwenig.

Äußern Sie zu wenig Anerkennung, haben Ihre Mitarbeiter eventuell Schwierigkeiten, sich und die eigene Leistung richtig einzuschätzen. Das könnte bei Mitarbeitern mit geringer Selbstsicherheit zu starker Verunsicherung führen und zum Hinterfragen, ob die eigene Leistung den Ansprüchen genügt. Bei Mitarbeitern mit stark ausgeprägter Selbstsicherheit dagegen kann das Fehlen realistischer Anerkennung relativ schnell zu starken Selbst-/Fremdbilddiskrepanzen führen, was bedeuten würde, dass der Mitarbeiter ein deutlich anderes Leistungsbild von sich hat, als der Vorgesetzte in Relation zu den anderen Mitarbeitern gewonnen hat.

Es gibt aber auch ein Zuviel an Anerkennung, das zur Wirkungslosigkeit des positiven Feedbacks führen kann. Durch eine ständige Verfügbarkeit von Anerkennung wird diese entwertet.

ANERKENNUNG

Mit Anerkennung haben Sie Ihr wichtigstes Motivationsmittel in der Hand. Aus diesem Grund sollten Sie Anerkennung

- öfter aussprechen;
- nicht nur für hervorragende oder ungewöhnliche Leistungen aussprechen (Ihre Mitarbeiter werden es Ihnen danken, wenn Sie auch die vielen kleinen Dinge sehen und in angemessenem Umfang würdigen);
- dem Anlass entsprechend einsetzen. Behalten Sie sich Steigerungsmöglichkeiten vor und loben Sie nicht überschwänglich. Ein einfaches „Danke“ reicht oftmals schon aus;
- so formulieren, dass dem Mitarbeiter deutlich wird, was gut ist;
- möglichst sofort aussprechen, wenn gute Leistungen oder Engagement gezeigt wurden. Nur eine zeitnahe Anerkennung führt auch dazu, dass die Koppelung zwischen Verhalten und Anerkennung wirksam bleibt;
- differenziert einsetzen. Machen Sie deutlich, dass Sie auch bei positiven Arbeitsergebnissen immer nach Möglichkeiten suchen, um das Handeln weiter zu verbessern und zu stabilisieren. Gute Mitarbeiter nicht zu fördern, weil sie ja gut sind, ist ein Fehler, den Sie vermeiden sollten.

Leitfragen

Ihre Leitfragen bei positivem Feedback sollten sein:

- Was können wir noch besser machen?
- Wie können wir es noch besser machen?
- Was muss ich tun, um den Mitarbeiter dabei zu unterstützen?

Anerkennung „öffentlich“ aussprechen

Wenn Sie eine deutliche Wirkungssteigerung Ihres Feedbacks erreichen möchten, sollten Sie Anerkennung „öffentlich“ aussprechen. Allerdings müssen Sie in diesem Fall bei anschlussorientierten Mitarbeitern sensibel sein. Generell wird die Anerkennung zwar gerne gehört, aber bei der öffentlichen Anerkennung machen Sie gleichzeitig einen Unterschied zwischen dem anerkannten Mitarbeiter (respektive seinem Verhalten) und denjenigen, die dieses Verhalten so bzw. in dieser Intensität nicht zeigen (sonst würden sie ja auch anerkannt). Somit stellen Sie eine Distanz zwischen dem gelobten Mitarbeiter und dem Rest der Gruppe her, die von einem anschlussmotivierten Mitarbeiter durchaus problematisch erlebt werden kann. Das Herausheben aus der Gruppe der anderen Mitarbeiter sollte demnach mit Umsicht erfolgen.

Als eine kleine Hilfe für das Geben von Feedback steht Ihnen die folgende Checkliste zur Verfügung. Diese enthält noch einmal alle wichtigen Fragen, die Sie sich im Zusammenhang mit Feedback für einen Ihrer Mitarbeiter stellen sollten.

Checkliste 25: Welche Form der Anerkennung gebe ich?

CD-ROM

Die Anerkennung ...	Notizen
Zeitnah: Wann erfolgt sie?	
Zu welchem Anlass erfolgt sie?	
Für welche Leistungen erfolgt sie?	
In welcher Form erfolgt sie?	
Wie umfangreich erfolgt sie?	

Welche Bedeutung hat Kritik?

Wenn Sie bei Ihren Mitarbeitern Wachstum und Leistungssteigerung erreichen wollen, um die Leistungsziele Ihres Bereichs zu erfüllen, dürfen Sie nicht nur deutlich machen, dass Sie die guten Leistungen sehen. Sie müssen auch aufzeigen, dass Sie unzureichende Leistungen ebenfalls bemerken und diese nicht dauerhaft akzeptieren. In solch einem Fall ist es Ihre Aufgabe, konstruktives kritisches Feedback zu geben. Ohne Kritik werden Sie nur selten auskommen: Konstruktive Kritik bietet dem Mitarbeiter die Chance, sich positiv weiterzuentwickeln.

KRITIK RICHTIG VERSTEHEN UND EINSETZEN

Ein Kritikgespräch in unserem Sinne ist mehr ein Entwicklungs- oder Förderungsgespräch auf der Basis einer Ergebnis-Ursachen-Maßnahmen-Analyse.

Zielsetzung von Kritikgesprächen

Sie sollten Kritikgespräche immer mit der Zielsetzung führen,

- konkrete Missstände anzusprechen,
- Verständnis für die nicht ausreichende oder fehlerhafte Leistung sowie für Fehlerverhalten bei dem Mitarbeiter zu erzeugen,
- Motivation zur Verbesserung des aktuellen Zustands zu erreichen,
- eine Aussprache über und eine Klärung unterschiedlicher Wertvorstellung zu ermöglichen,
- die Beziehung zu verbessern.

Auf was sollte ich achten, wenn ich Kritik äußere?

Auch bei Kritik kommt es auf die Dosierung an

Auch Kritik ist wirkungsvoll zu dosieren, soll sie die gewünschte Wirkung erzielen. Äußern Sie Kritik zu selten, kann es sein, dass der betroffene Mitarbeiter das eigene Leistungsniveau überschätzt und sich so aus Ihrer Wahrnehmung Fehlleistungen häufen, der Mitarbeiter diese aber nur als einzelne Unaufmerksamkeiten sieht: Ihre Kritik wird ihn deutlich überraschen – er wusste ja nichts von Ihrer Einschätzung. Auf der anderen Seite gibt es auch bei Kritik ein Zuviel, das im „Herumnörgeln" endet. Der Mitarbeiter bekommt in diesem Fall das Gefühl, einfach alles nur falsch und nichts richtig machen zu können.

Kommt es also zu einem Kritikgespräch, kommt Ihrer Gesprächskompetenz besondere Bedeutung zu, denn Sie müssen unbedingt vermeiden, Ihren Mitarbeiter in dem Gespräch mit Ihrer berechtigten Kritik zu demotivieren. Wenn Sie sich die folgend aufgeführten Punkte zu Eigen machen, lässt sich dieser Zustand schon von vornherein vermeiden.

Worauf Sie achten sollten, wenn Sie Kritik gezielt einsetzen möchten

1. Ein wesentlicher Punkt ist die Dosierung entsprechend des Anspruchs- und Qualifikationsniveaus, das vom Mitarbeiter gefordert wird. Wenn der Mitarbeiter ein geringes eigenes Anspruchsniveau hat (wenig Motivation, obwohl er die Qualifikation hat), ist Kritik deutlicher und intensiver notwendig und wirkungsvoller als bei einem zu geringen Qualifikationsniveau (viel Motivation, aber fehlende Qualifikation). Die Qualifikation wird durch die Kritik nicht besser. Der Mitarbeiter fühlt sich allenfalls überfordert und hilflos. Er weiß nicht, was er tun soll und wie er es besser tun kann – ihm fehlt ja gerade die entsprechende Qualifikation. Hier steht im Vordergrund, gemeinsam mit dem Mitarbeiter zu überlegen, wie die Qualifikation verbessert werden kann.
2. Bei der Kritik müssen Sie gewährleisten, dass sie differenziert erfolgt. Kritisieren Sie beobachtete Leistung und Verhalten. Der Mitarbeiter weiß dann, was er ändern muss, und Sie geraten nicht in ziellose, auf Rechtfertigung gerichtete Diskussionen.
3. Die Kritik sollte zeitnah, d. h. möglichst sofort nach dem entsprechenden Vorfall, erfolgen.

4. Sie sollte von der Intensität her dem Anlass angemessen sein.
5. Kritik äußert man im Allgemeinen nicht öffentlich, es sei denn, Sie wünschen gerade diese Wirkungssteigerung. Gehen Sie dabei sehr vorsichtig vor, um nicht eine allgemeine Verurteilung des Mitarbeiters zu bewirken.
6. Es ist wichtig, gemeinsam mit dem Mitarbeiter Maßnahmen zu erarbeiten, die den Zustand verbessern. Eine Kritik ohne sich daran anschließende Maßnahmen bleibt wirkungslos.
7. Holen Sie im letzten Schritt idealerweise das Commitment des Mitarbeiters ein. Im besten Fall sollte der Mitarbeiter die Kritik als berechtigt empfinden. Dies wird nicht in jedem Fall zu erreichen sein, aber Ihr Bemühen sollte immer in diese Richtung gehen. Wenn der Mitarbeiter die Kritik als der Sache angemessen, dem Grunde nach berechtigt und als akzeptabel vorgebracht anerkennt, wird er auch leichter zu einer Verhaltensänderung bereit sein.

Soll Kritik beim Empfänger ankommen und Positives bewirken, sollten Sie darauf achten, dass

- die Kritik nicht „weh tut“ – sprich die Persönlichkeit nicht angreift,
- der Gesprächspartner nicht verärgert wird – sonst blockiert er,
- Sie pauschale und verallgemeinernde Behauptungen vermeiden,
- die eigene Körpersprache unter Kontrolle ist – vermeiden Sie Ablehnung durch Haltung, Mimik, Gestik,
- der Ton ruhig und freundlich ist – zumindest aber neutral,
- Sie keine Fehler, sondern Veränderungswünsche nennen,
- Sie keine eigenen Interpretationen und Vermutungen für das für „Fehlverhalten“ des anderen vornehmen – fragen Sie Ihren Mitarbeiter nach den Gründen und Ursachen,
- Hintergründe für das Verhalten durch Fragen geklärt werden, um Abhilfe zu schaffen.

KRITISIEREN SIE

- nicht die Person, sondern nur bestimmte Leistungen oder Verhaltensweisen,
- niemanden vor anderen Mitarbeitern oder Vorgesetzten,
- möglichst direkt, nachdem sich ein Anlass gezeigt hat,
- niemals im Affekt oder mit hoher eigener emotionaler Beteiligung (schlafen Sie lieber eine Nacht darüber).
- glaubhaft und sachlich,
- konstruktiv, d. h. suchen Sie gemeinsam mit dem Mitarbeiter nach geeigneten Maßnahmen zur Problembeseitigung.

TO DO

Die nachfolgenden Beispiele sollen Ihnen verdeutlichen, welche Formulierungen Sie meiden sollten:

Sagen Sie niemals ...

Sie hätten das wissen/merken/bedenken ... müssen!

Hätten Sie mich doch vorher gefragt!

Das habe ich kommen sehen!

Zukunfts- und lösungsorientiert

Also: „Keine „Klagegesänge“ über Vergangenheit und Gegenwart, sondern eine auf die Zukunft gerichtete, lösungsorientierte (nicht problemorientierte) Vorgehensweise: „Lassen Sie uns in Zukunft folgendermaßen vorgehen/Folgendes berücksichtigen.“

CD-ROM

Checkliste 26: Welche Form der Kritik wende ich an?

Die Kritik ...	Notizen
Zeitnah: Wann erfolgt sie?	
Zu welchem Anlass erfolgt sie?	
Für welche Fehlleistungen erfolgt sie?	
In welcher Form erfolgt sie?	
Wie umfangreich erfolgt sie?	

Wie sollte ich mich auf ein Kritikgespräch vorbereiten?

Vorbereitung auf ein Kritikgespräch

Für Kritikgespräche gilt wie für alle anderen Gespräche auch: Gehen Sie niemals unvorbereitet in das Gespräch. Vorbereitung heißt in diesem Fall nicht nur, das unzureichende Verhalten des Mitarbeiters genau zu hinterfragen, sondern auch das eigene Verhalten kritisch unter die Lupe zu nehmen. Versuchen Sie besonders bei schwerwiegenden Vorfällen zu klären, wer welche „Aktien“ an dem Fehlverhalten hat.

Nehmen Sie hierfür die folgende Checkliste zur Hilfe.

Checkliste 27: Fragen zur Vorbereitung von Kritikgesprächen

Frage	Antwort
Was ist der Anlass der Kritik (Leistung, Fehler, Verhalten)?	
Welche Belege/Beweise habe ich für meine Kritik?	
Wie lauten die zu erfüllenden Anforderungen?	
Welche Anforderungen wurden nicht erfüllt?	
Was äußere ich in meiner Kritik?	
Was kann und muss geändert werden?	
Welche Maßnahmen halte ich hierfür für geeignet?	
Was ist meine Gesprächsstrategie?	
Wie werde ich formulieren, fragen und argumentieren?	

Wie führe ich ein Kritikgespräch?

- Eröffnen Sie das Kritikgespräch, indem Sie auf das gemeinsame Interesse verweisen, Fehler zu vermeiden.
- Beantworten Sie dann gemeinsam mit dem Mitarbeiter die folgenden Fragen:
  1. Welche Probleme liegen vor?
     - Fragen Sie den Mitarbeiter nach seiner Einschätzung/Wertung der Situation, seiner Leistung, seines Verhaltens.
     - Entkräften Sie fadenscheinige Ausreden, hinter denen sich der Mitarbeiter evtl. versteckt, mit Belegen.

2. Warum liegen diese Probleme vor? (Ursachen, Wie ist es dazugekommen? etc.)
   - Fragen Sie Ihren Mitarbeiter, welche Ursachen und Entwicklungen er sieht.
   - An welchem Punkt hätte er welche Unterstützung gebraucht?
3. Wie können wir gemeinsam in Zukunft diese oder ähnliche Probleme vermeiden?
4. Was wird wer bis wann tun?
5. Stellen Sie sicher, dass der Mitarbeiter Sie und die besprochenen Maßnahmen bzw. Verbesserungsvorschläge richtig verstanden hat. Fragen Sie z. B.:
   - „Stellen Sie sich vor, Sie sind wieder in einer ähnlichen Situation. Wie würden Sie vorgehen?"
   - Sprechen Sie die vom Mitarbeiter vorgeschlagenen Schritte gemeinsam mit ihm durch.
6. Halten sie die Ergebnisse schriftlich fest und vereinbaren Sie einen Termin für ein nächstes Feedbackgespräch. Sollten sich die gewünschten Verbesserungen nicht einstellen, brauchen Sie Ihre Gesprächsaufzeichnungen, um ggf. weitere Verbesserungen zu besprechen oder andere Schritte einzuleiten (ermahnen/abmahnen, auf striktere Einhaltung pochen etc.).

BEDENKEN SIE:

Unterlassene Kritikgespräche schaden Ihnen als Führungskraft. Die ausbleibende Reaktion auf ein Fehlverhalten eines Mitarbeiters macht Sie als Führungskraft unglaubwürdig, sowohl bei Vorgesetzten als auch bei Kollegen und Mitarbeitern.

Wann setze ich Sanktionen ein?

Der richtige Umgang mit Sanktionen

Sehen Sie keine andere Möglichkeit mehr, als Sanktionen einzusetzen, müssen Sie unbedingt prüfen, ob es sich bei Ihrem Mitarbeiter um ein Problem des Wollens (Motivation) oder des Könnens (Qualifikation) handelt. Ist es eine Frage des Könnens, machen Sanktionen keinen Sinn, denn die Qualifikation Ihres Mitarbeiters verbessert sich durch Sanktionsmaßnahmen nicht im Geringsten. Liegt allerdings eine Frage des Wollens vor, sollten Sie herausfinden, was die Ursache der Leistungsabweichung bzw. der Leistungsverweigerung ist, und dementsprechend reagieren.

Ursachen für Leistungsabweichungen

Ursachen für Leistungsabweichungen können in allen möglichen Lebensbereichen Ihres Mitarbeiters liegen und sowohl das familiäre als auch das private oder persönliche Umfeld betreffen. Bei privaten bzw. persönlichen Ursachen für eine Leistungsabweichung ist besonders viel Sensibilität und Diplomatie Ihrerseits gefragt.

Liegt ein Problem des Wollens vor, gibt es bezüglich der Schweregrade folgende Abstufungen:

Wenn es am Wollen fehlt

1. An erster Stelle steht die Nachlässigkeit. Nachlässigkeiten sind verzeihbar, bedürfen aber des Feedbacks. Sie als Führungskraft müssen eine Botschaft aussenden: „Ich habe gesehen und wahrgenommen, dass Sie nicht vollständig bei der Sache sind, und ich bin nicht bereit, das langfristig zu dulden." Ihr Ziel muss es sein, das Problembewusstsein des Mitarbeiters zu erhöhen. Im Wiederholungsfall müssen Sie Maßnahmen zur Konzentrationssteigerung einsetzen. Dies kann durch Planung, Strukturierung, Automatisierung oder Standardisierung von Abläufen sowie durch die Reduktion ablenkender Faktoren geschehen.
2. Bei fahrlässigem Verhalten des Mitarbeiters wurde mit grober Unaufmerksamkeit oder im Verstoß gegen bekannte Regeln gehandelt. Hier müssen Sie sanktionieren, und zwar durch deutliche Kritik, im Wiederholungsfall auch mit Andeutung von Konsequenzen. Das Ziel ist hier, das entsprechende Verhalten sofort und nachhaltig abzustellen.
3. Im Falle des Vorsatzes verhält sich der Mitarbeiter bewusst entgegen den bekannten Regeln. Dies erfordert eine sofortige Sanktion, ggf. mit Öffentlichkeitswirksamkeit, als Abschreckungsmaßnahme. Je nach Schwere des Vergehens sollten Sie es bei einem Verweis oder einer Abmahnung belassen. Es kann aber durchaus auch Schweregrade geben, die eine sofortige Trennung vom Mitarbeiter erfordern.

Generell gilt bei dem Thema Sanktionen Folgendes: Haben Sie keine Angst. Wenn Sie gerecht agieren, werden Sie kaum erleben, dass Sie die Gruppe der Mitarbeiter gegen sich aufbringen. Mitarbeiter fügen sich sehr zuverlässig in Hierarchien ein. Wenn die Kollegen die Sanktion als adäquat und der Ursache entsprechend empfinden, verstärken sie deren Wirkung sogar, indem sie ihr Empfinden dem sanktionierten Mitarbeiter gegenüber zeigen.

Wenn Sie Sanktionen verhängen, dann sollten Sie dafür sorgen, dass andere Führungskräfte in Ihrem Umfeld in dieselbe Richtung argumentieren, denn sonst kann es schnell zu „Umfaller"-Thematiken sowie zum Empfinden von Ungerechtigkeit und Willkür kommen. Stimmen Sie lieber vorher mit den anderen Führungskräften ab, wie im Fall einer Sanktion vorgegangen und kooperiert werden soll, um dem jeweilig sanktionierten Mitarbeiter ein einheitliches Verhalten zu bieten. Ganz wichtig: Bleiben Sie konsequent!

Wichtig: Alle Führungskräfte treten als Einheit auf

Für viele Führungskräfte sind Sanktionen belastende Situationen, die sie emotional stark mitnehmen. Versuchen Sie aber nicht, die Sanktion zwar durchzuführen, sie aber gleichzeitig verbal kleiner zu reden, zu negieren oder durch besonders liebevolles, führsorgliches oder verständiges Verhalten dem sanktionierten Mitarbeiter gegenüber erträglicher zu machen. Der Mitarbeiter muss lernen, dass es so nicht geht, und darf nicht durch zusätzlich geschenkte Aufmerksamkeit, Rücksichtnahme oder besonders fürsorgliches Verhalten noch belohnt werden. Vermeiden Sie vom Beginn Ihrer Karriere an Situationen, die zu einer Aufhebung der Vertikalität führen. Sie sollten Ihren Mitarbeitern nicht zu nah und anfassbar sein. Es kommen auf jeden Fall Situationen auf Sie zu, in denen Sie die Vertikalität brauchen werden – ob zur Bewegungssteigerung, zur Richtungseinhaltung oder bei der Richtungskorrektur.

Erfolgreich verhandeln

Herr Berg hat im Rahmen seines Führungsalltags gemerkt, dass die Mehrzahl der Probleme, mit denen er sich täglich beschäftigen muss, Meinungs- und Überzeugungssituationen sind, in denen Machtinteressen, Statussicherungsgedanken, Ängste, Befürchtungen, (Halb-)Wissen und Pfründesicherung eine wesentliche Rolle spielen. Er hat erkannt, dass man sich als Führungskraft im betrieblichen Alltag ständig Situationen gegenüber sieht, in denen es gilt, sich mit anderen zu einigen. Aus diesem Grund erscheint es Herrn Berg wichtig, dass man als Führungskraft verhandeln können muss. Heute wendet er sich an seinen Mentor Herrn Weigert, um nützliche Tipps in Bezug auf erfolgreiches Verhandeln zu bekommen.

Was ist mit „verhandeln" eigentlich gemeint?

Die Übereinkunft sich widerstrebender Interessen

Verhandlungsführung ist die Kunst, eine Übereinstimmung zwischen sich widerstrebenden Interessen herbeizuführen. Dies ist in Unternehmen eine alltägliche Übung. Sie begegnen ständig Einzelinteressen, Interessengruppen und Lagern, die durch unterschiedliche Meinungen, Überzeugungen, Vorurteile und Kenntnisse geprägt sind. Umso wichtiger ist es für Sie, die Techniken eines guten Verhandlungsmanagements zu beherrschen.

Was sollte ich für erfolgreiches Verhandeln beachten?

Mit den Augen des Gegenübers

Generell sollten Sie lernen, jede Situation mit den Augen des Gegenübers zu betrachten. Diese Voraussetzung ist bei der Verhandlungsführung aus taktischen Gründen unerlässlich. Neben den allgemeinen Prinzipien, die für alle Gespräche gelten, kommen für Verhandlungen noch vier wesentliche Grundgedanken hinzu, die Sie stets berücksichtigen sollten.

Vier Prinzipien

Wenn es Ihnen gelingt, sich die nachfolgend aufgeführten Grundgedanken für erfolgreiches Verhandeln zu Eigen zu machen und sie in Ihren nächsten Verhandlungssituationen so weit wie möglich umzusetzen, wird es Ihnen leichter fallen, ein für Sie positives Ergebnis zu erzielen.

1. Behandeln Sie Menschen und Probleme getrennt voneinander.

Menschen und Probleme trennen

Die Person und die Rolle und damit das Problem, das diese Person gerade vertritt, müssen nicht unbedingt etwas miteinander zu tun haben. Sicher kennen Sie aus Ihrem eigenen Führungsalltag Situationen, in denen Sie Dinge vertreten müssen, die nicht Ihre persönliche Meinung spiegeln. Als „Person" haben Sie mit dem „Problem" eigentlich gar nichts zu tun. Vermischen

Sie Rolle und Person, laufen Sie Gefahr, emotional und somit verletzbar, aber auch verletzend zu werden. Versuchen Sie deshalb für sich, sowohl Ihre Rolle, aus der Sie handeln, als auch die Rolle Ihres Gegenübers zu klären. Sie erreichen so ein größeres Verständnis für Ihr Gegenüber und sind in der Lage, die Verhandlungssituation emotionsfreier wahrzunehmen. Sie werden offener für Ansatzpunkte zu Kompromissen und Einigungen sein.

GEHEN SIE DAS PROBLEM AN – NICHT DEN MENSCHEN

1. Feinde können nicht gut verhandeln, sie agieren defensiv, angreifend und missachten die legitimen Interessen des anderen.
2. Betrachten Sie das Problem und die Lösungsfindung als gemeinsame Aufgabe, auch wenn Sie den anderen nicht mögen.
3. Artikulieren Sie das Problem exakt, benennen Sie die gemeinsamen Interessen einer Lösung.

2. Denken und verhandeln Sie in Zielsetzungen bzw. Interessen und nicht in Positionen!

Ziele und Interessen statt Positionen

Gute Verhandlungen zeichnen sich dadurch aus, dass sie nie oder nur ganz selten zum Stillstand kommen, selbst dann, wenn nur in winzigen Schritten vorangegangen wird. Erfragen Sie in Verhandlungen immer die Interessen hinter den jeweiligen Positionen. Dadurch gewinnen Sie Raum für Kompromisse und Vereinbarungen.

Hinterfragen Sie die Interessen Ihres Gegenübers und finden Sie heraus, was Sie selbst und was Ihr Verhandlungspartner erreichen möchte.

- Zu Interessen können Wünsche, Nöte, Sorgen und Ängste zählen, sie sind die stillen Beweggründe hinter den vertretenen Positionen.
- Positionen sind bewusste Entscheidungen. Interessen dagegen sind die Gründe, die Sie zum Treffen dieser Entscheidung bewegt haben.
- Hinter gegensätzlichen Positionen liegen sowohl gemeinsame und ausgleichbare als auch sich widersprechende Interessen. Ihr Ziel sollte es immer sein, einen Ausgleich zu erzielen.
- Interessen können in der Regel durch mehrere mögliche Lösungen befriedigt werden.
- Wechseln Sie die Position und betrachten Sie die Situation aus dem Blickwinkel Ihres Gegenübers.
- Fragen Sie Ihren Verhandlungspartner nach dem Warum bzw. stellen Sie sich die Frage: Was will er mit seinem Vorschlag erreichen? Versuchen Sie, die Hoffnungen, Befürchtungen, Ängste und Wünsche hinter der Position herauszufinden.

- Fragen Sie auch: „Warum nicht?“. Klären Sie ab, welche Grundforderungen die Gegenseite von Ihnen erwartet und warum Ihre Gesprächspartner bestimmte Dinge nicht erfüllen wollen.
- Erkennen Sie an, dass beide Seiten vielfältige Interessen haben. Jeder Verhandlungspartner hat Hintermänner (Chef, Kollege, Mitarbeiter etc.), von denen er Interessen übermittelt bekommt und die er dann im Verlauf der Verhandlung befriedigen will und muss.
- Erkennen Sie die Interessen Ihres Gegenübers als Teil des Problems an.
- Die wichtigsten Interessen sind die menschlichen Grundbedürfnisse: Sicherheit, wirtschaftliches Auskommen, Zugehörigkeit, Anerkennung, Selbstbestimmung.
- Sprechen Sie in Verhandlungen zunächst über Ihre Interessen und führen Sie dann darauf aufbauend Ihre Vorschläge und Lösungen an.
- Halten Sie für alle Beteiligten die herausgefundenen Interessen fest und erstellen Sie eine Rangfolge. Die Liste kann jederzeit ergänzt werden.“

Eine wichtige Regel in Verhandlungen besagt: „Nicht um Positionen, sondern um Interessen verhandeln“. Was heißt das genau? Eine Position ist ein festgezogener Standpunkt – „so und nicht anders“. Wenn Sie und Ihre Verhandlungspartner sich mit Ihren Positionen gegenübertreten, kommt es unweigerlich zum Schlagabtausch, Ihre Positionen sind ja fest und unbeweglich. Es gibt nur Gewinnen und Verlieren, vielleicht noch einen Kompromiss. Eine kleine Geschichte macht das sehr deutlich:

Geschichte zur Verdeutlichung

DIE LETZTE ORANGE

Jürgen und Klaus betreten zum gleichen Zeitpunkt die Küche. In der Obstschale liegt noch eine Orange. Beide greifen danach. Klaus: „Die Orange gehört mir!“ Jürgen: „Das sehe ich anders, sie steht mir zu. Du hattest schon mehr als ich! ...“ Den Dialog können Sie beliebig weiterdenken. Beide tauschen Ihre Positionen aus und kämpfen um die Orange. Um den Konflikt zu beenden, einigen sie sich darauf, dass jeder eine halbe Orange bekommt (Kompromiss, jeder hat ein wenig verloren und ein wenig gewonnen). Beide ziehen mit ihrer halben Orange los: Jürgen reibt die Schale ab, weil er Orangenaroma braucht, Klaus presst den Saft aus.

Beide hätten viel mehr haben können, beide hätten ihr eigentliches Interesse (Saft und Schale) ganz befriedigen können, wenn sie darüber gesprochen hätten. Die Geschichte soll verdeutlichen, dass wir mit der Verkündung unserer Positionen noch lange nicht unsere Interessen kommunizieren, uns dies selbst auch gar nicht bewusst ist. Das heißt, wenn Sie erfolgreich verhandeln wollen, müssen Sie für sich klären, was Ihre Interessen hinter Ihren Forderungen sind.

3. Erweitern Sie Ihren Blickwinkel! Suchen Sie nicht nach der einen richtigen Lösung, sondern nach vielen verschiedenen Optionen.

Bieten Sie Alternativen an

Der häufigste Fehler in Verhandlungssituationen ist der, dass zu schnell auf eine Lösung hingearbeitet wird. Die Gründe hierfür sind unterschiedlich: weil die Situation belastend oder unangenehm ist, weil man schnell fertig werden will oder weil man das Gefühl der gerade günstigen Gelegenheit hat. Drucksituationen machen jedoch nur dann Sinn, wenn eine der Parteien in der Verhandlungsführung deutlich überlegen ist und die unterlegene Partei später keine Möglichkeit zu einer Retourkutsche hat. Das ist innerhalb eines Unternehmens außerordentlich selten, da oft die Notwendigkeit besteht, sich in nächster Zeit zu einem anderen Thema zusammenzusetzen. Aus diesem Grund ist es sinnvoller, der Gegenseite das Annähern durch Wahlmöglichkeiten zu erleichtern. Schnüren Sie unterschiedliche „Pakete“ (z. B. Maximal- und Minimallösungen), die die Annäherung erleichtern und den Stillstand der Verhandlung verhindern.

TO DO

DAS SOLLTEN SIE TUN

- Erhöhen Sie von Anfang an die Wahlmöglichkeiten hinsichtlich der zu treffenden Entscheidungen.
- Vermeiden Sie vorschnelle Urteile.
- Suchen Sie nach Lösungen, aber nicht nach der einen richtigen Lösung
- Begraben Sie den Gedanken, „der Kuchen sei begrenzt“. Der Gedanke: „Nur einer kann gewinnen!“ führt bloß zu Gegeneinanderstellungen von Positionen und somit zu Verlusten, meist auf beiden Seiten.
- Wenn Sie an einem Punkt nicht weiterkommen, setzen Sie Kreativitätstechniken ein oder ziehen Sie einen Experten hinzu.

Checkliste 28: Fragen für die Suche nach Optionen

CD-ROM

Fragestellung	Antwort
Welche Bedingungen könnte die Gegenseite unterschreiben, die auch für Sie attraktiv sind?	
Welche Übereinkunft ist für die Gegenseite leicht realisierbar?	
Müssen alle zustimmen?	
Welche Konsequenzen hat die Entscheidung für die Gegenseite?	
Was wird die Gegenseite am meisten fürchten, was erhofft sie sich am meisten?	
Welche Kritik würde die Verhandlungsführer der Gegenseite treffen, wenn sie der Entscheidung zustimmten?	

4. Definieren Sie Kriterien zur Bewertung Ihrer Entscheidungen!

Legen Sie Bewertungskriterien fest

Um für das Verhandlungsergebnis die Sicherheit zu schaffen, dass eine längerfristige Akzeptanz gegeben ist, ist es gerade bei schwierigen Verhandlungen hilfreich, schon frühzeitig objektive Entscheidungskriterien zu definieren, an denen gemessen wird, ob die Entscheidung die Ziele der Beteiligten erfüllt. Diese Kriterien sollten fair, neutral und unabhängig vom Willen beider Parteien sein und folgende Ausprägungen beinhalten:

- Kosten
- Moralische Aspekte
- Wissenschaftliche Gutachten
- Vergleichsfälle
- Kriterien von Sachverständigen
- Gleichbehandlung
- Kriterien mit Bezug auf Verfahrensweisen
- Dauerhaftigkeit/Tragfähigkeit
- Lösung für Gesamtproblematik oder Teillösung
- Akzeptanz bei allen bzw. bei bestimmten Gruppen

Gibt es zusätzlich noch Dinge, die ich mir für Verhandlungen merken sollte?

Aufbauend auf die vier oben genannten Prinzipien gibt es noch einige zusätzliche Punkte, die Sie beachten sollten, um Ihren Verhandlungserfolg langfristig sicherzustellen.

1. Vorsicht vor der späten Reue!

Vermeiden Sie Diskussionen im Anschluss an eine Entscheidung

Wenn Verhandlungssituationen so laufen, dass eine der Parteien zwar zustimmt, sich aber ungerecht behandelt fühlt, taucht der Effekt der Nachentscheidungsdissonanz auf. Um diesen Zustand zu vermeiden, ist es sinnvoller, wenn Sie die Gegenpartei vorher ausführlich überlegen lassen und sie nicht unter Druck setzen. Generieren Sie stattdessen Argumente und bieten Sie Ihren Verhandlungspartnern Wahlmöglichkeiten. Bereits im Vorfeld und auch während der Verhandlung ist es wichtig, dass Sie deutlich machen, dass die Verhandlungsergebnisse nur unter hohen Auflagen oder evtl. sogar gar nicht revidierbar sind. Stellen Sie ein Regelset auf, das definiert, unter welchen Schwierigkeiten eine Umkehr der einmal getroffenen Entscheidung nur möglich ist oder wann eine Neuaufnahme der Verhandlungssituation notwendig und zulässig ist. Diese Kriterien für die Umkehr und Neuaufnahme einer Verhandlung sollten bereits im Vorfeld festgelegt werden.

2. Verdeutlichen Sie immer, dass die Vertikalität erhalten bleibt.

Recht der letzten Entscheidung

Sie sollten als Führungskraft nie den Fehler machen, auf das Recht der letzten Entscheidung in der Verhandlungssituation zu verzichten. Sie kommen oft in Situationen, in denen Sie Ihre Sichtweisen aufgrund übergeordneter Entscheidungen ändern müssen. Verzichten Sie im ersten Schritt in Verhandlungen mit Mitarbeitern auf Vertikalität und stoßen dann aber im zweiten Schritt getroffene Verhandlungsergebnisse oder Entscheidungen mithilfe der Vertikalität um, wird man Ihr Verhalten als ungerecht empfinden.

Das soll selbstverständlich nicht heißen, dass Sie nicht das bessere Argument gelten lassen sollen. Aber Sie sollten sich, wenn eben möglich, immer das Recht der letzten Entscheidung vorbehalten.

3. Schränken Sie die Bereiche, über die Ihre Mitarbeiter mit Ihnen verhandeln können, ein.

Diskutieren Sie mit Ihren Mitarbeitern nur das Wie, niemals das Ob!

Generell gilt: Sie als Chef sagen, **ob** und – vorausgesetzt Sie haben in dem jeweiligen Bereich genügend Erfahrung – **bis wann** eine Aufgabe bearbeitet und erledigt sein soll. Mitentscheiden dürfen und sollen Ihre Mitarbeiter über die Frage, **wie** die Aufgabe erledigt werden soll, welche Rahmenbedingungen erfüllt sein müssen und welche Ressourcen erforderlich sind. Beachten Sie also Ihre Positionierung!

Außerordentlich sensibel sollten Sie in Verhandlungssituationen agieren, in denen Sie feststellen, dass Ihre Entscheidungen oder Anweisungen Teil der Verhandlung geworden sind. Denn dann sind Sie auf einmal zu einem Teil des Problems geworden. Versuchen Sie, die Situation stets so zu erhalten, dass Sie noch Handlungsmöglichkeiten haben. Das erreichen Sie, indem Sie sich „übergeordnet" positionieren. Befinden Sie sich in Verhandlungssituationen mit Ihren Mitarbeitern, sollten Sie versuchen, in diesem Kreis Mitstreiter für Ihre Position zu finden. Ist Ihnen das gelungen, können Sie eine integrative, übergeordnete Rolle einnehmen und es wird nicht zu einer Situation kommen, in der Ihre Sichtweise derjenigen der Mitarbeitergruppe gegenübersteht. Solch eine Verhandlungssituation könnte Sie in erhebliche Schwierigkeiten bringen und wäre im Zweifel nur durch Hinzuziehung einer übergeordneten oder neutralen Instanz lösbar.

Wie bereite ich eine Verhandlung vor?

Sie sollten auf jeden Fall die oben genannten vier Prinzipien für erfolgreiches Verhandeln zu Ihrem Handwerkszeug machen, damit sind Sie schon mal gut gerüstet. Trotzdem sollten Sie niemals unvorbereitet in eine Verhandlung gehen. Um Ihnen die Vorbereitung zu erleichtern, können Sie auf die nachfolgenden Checklisten zugreifen, die diejenigen Bereiche abdecken, zu denen Sie sich im Vorfeld einer Verhandlung Gedanken machen sollten.

Checkliste 29: Verhandlungen gestalten

CD-ROM

Beantworten Sie sich wichtige Fragen vor der Verhandlung:	Bemerkungen
Was sind meine Interessen und Ziele (minimal/ maximal)?	
Welche Lösungen sind für mich akzeptabel?	
Mit welchen Optionen/Wegen kann ich meine Minimal- und Maximal-Lösung erreichen?	
Habe ich unbeteiligte Dritte oder Experten nach ihrer Einschätzung gefragt?	
Situation des Verhandlungspartners: Welche Abhängigkeiten gibt es für ihn? Wie sehen seine Rahmenbedingungen aus? usw.	

Was sind die Interessen und Ziele meines Verhandlungspartners?	
Mit welchen Optionen können die Ziele für meinen Verhandlungspartner und mich am besten befriedigt werden?	
Was sind für meinen Partner/für mich Lösungen, die den „Gewinn“ gegenüber der heutigen Situation erhöhen?	
Habe ich den erforderlichen Wirkungsgrad einer Lösung hinterfragt (dauerhaft vs. vorläufig, Wirtschaftlichkeit etc.)?	

Checkliste 30: Taktische Vorüberlegungen zu einer Verhandlung

Fragen	**(Konsequenzen für das) Vorgehen**
Wer ist an der Verhandlung beteiligt?	
Was sind die Haupt- und Nebenthemen der Verhandlung?	
Wer leitet die Verhandlung?	
Mit welchen Funktionen ist der Verhandlungsführer ausgestattet (z. B. Einflussbereich, Entscheidungsbefugnisse, Vertretung des Ergebnisses)?	
Verhandle ich alleine oder mit Kollegen? Wer übernimmt welche Rolle?	
Welche Reihenfolge scheint für die zu behandelnden Themen sinnvoll?	
Möchte ich gleich zu Beginn einen großen Schritt auf den anderen zugehen oder mich erst nach und nach in kleinen Schritten nähern?	

Wie gehe ich/gehen wir mit unerwarteten Situationen/Vorschlägen um? Welche Widerstände sind zu erwarten und wie gehen ich/gehen wir damit um?	
Welche Entscheidungsbefugnisse habe ich? Wann muss ich wen hinzuziehen?	
In welchen Punkten (Haupt-/Nebenthema) bin ich bereit, entgegen zu kommen/ Abstriche zu machen?	
Bin ich bereit, das erzielte Verhandlungsergebnis mit voller Kraft selbst zu verfolgen?	

Wie führe ich eine Verhandlung erfolgreich durch?

Abgesehen von den bereits erwähnten Hilfsmitteln finden Sie in der nachfolgenden Checkliste wesentliche Punkte für das Führen von Verhandlungsgesprächen.

Checkliste 31: Gesprächsführung in Verhandlungen

CD-ROM

Was	ja	nein
Beginnen Sie keine Verhandlung, ohne die Themen klar zu definieren. Verlangen Sie von Ihrem Partner Definitionen. Worum geht es hier?	☐	☐
Beobachten Sie genau das verbale und nonverbale Verhalten Ihres Partners. Gibt es Widersprüche zwischen verbalen Äußerungen und nonverbalem Verhalten? Welche Informationen können Sie daraus gewinnen?	☐	☐
Stellen Sie sich auf die Verhaltensweisen Ihres Partners ein. Die gleiche Wellenlänge erzeugt Sympathie.	☐	☐
Pflegen Sie mit Ihrem Partner oder ihren Partnern intensiven Blickkontakt.	☐	☐
Seien Sie ein guter Zuhörer, vermitteln Sie Interesse und Lösungswillen.	☐	☐
Kontrollieren Sie Ihr eigenes Verhalten, vor allem Ihre Emotionen.	☐	☐
Gliedern Sie und behalten Sie den taktischen und strategischen Überblick über den Verlauf der Argumentation.	☐	☐

Überprüfen Sie, bevor Sie etwas sagen, ob Ihre Aussagen weiterführenden Charakter haben.	☐	☐
Sprechen Sie in kurzen Sätzen, um Ihre Verständlichkeit zu optimieren.	☐	☐
Betrachten Sie auch Angriffe als nützliche und wertvolle Information. Schützen Sie sich vor emotionalen Retourkutschen.	☐	☐
Führen Sie den Dialog mit Fragen. Wer fragt, der führt.	☐	☐
Benutzen Sie Fragen auch, um - wenn nötig - von einem Thema auf das nächste zu wechseln.	☐	☐
Stellen Sie sinnvolle und angemessene Vertiefungsfragen und auch Gegenfragen, um zusätzliche Informationen zu gewinnen.	☐	☐
Notieren Sie die Motive, die Ihr Partner erkennen lässt, und argumentieren Sie auf das Motiv bezogen.	☐	☐
Führen Sie Ihrem Partner seinen Nutzen vor Augen, wenn er sich Ihren Argumenten annähert.	☐	☐
Halten Sie Gemeinsamkeiten fest. Untermauern Sie die gemeinsam erarbeiteten Ergebnisse und gemeinsames Verständnis mit einer Bestätigungsfrage.	☐	☐
Versichern Sie sich an Schlüsselpunkten des Gesprächs, ob Ihr Partner Sie richtig verstanden hat.	☐	☐
Planen Sie mehrere Züge im Voraus.	☐	☐
Bringen Sie pro Satz nur ein Argument ein.	☐	☐
Dokumentieren Sie die Gesprächsergebnisse.	☐	☐

CD-ROM
Dokumentation von Verhandlungsergebnissen auf CD

Ein Gesprächsprotokoll zur Dokumentation Ihrer Verhandlungsergebnisse finden Sie auf der CD.

Welche Besonderheiten gibt es in der Verhandlung mit Mitarbeitern?

Lassen Sie Vertikalität zu

Bei der Verhandlung mit Mitarbeitern geht es meist um die Zulässigkeit der Vertikalität. Sie sollten darauf achten, dass ein notwendiges Aufgeben der Selbstbestimmung möglichst akzeptabel erfolgt. Letztendlich sitzen Sie als Führungskraft immer am längeren Hebel, und das wissen auch Ihre Mitarbeiter. Gehen Sie stets möglichst fair und gerecht vor und wägen Sie alle Argumente gegeneinander ab. Andernfalls würden Sie mit Ihrer Reputation als Führungskraft spielen. Prüfen Sie stets nach, ob die Verhandlung noch auf der Sachebene geführt wird oder ob eine „hidden agenda" vorhanden ist. Finden Sie bei Ihrer Überprüfung versteckte Themen, dann klären Sie diese, bevor Sie die Verhandlung fortsetzen.

Welche Besonderheiten sollte ich in Verhandlungen mit Kollegen beachten?

Gemeinsame Nenner aufdecken

Bei Verhandlungen im Kollegenkreis ist keine Vertikalität vorhanden. Denken Sie in dieser Situation immer an das erste Prinzip für erfolgreiche Verhandlungsführung: Niemals Menschen und Rollen miteinander vermischen! Ihr Kollege agiert in der Regel aus der Zielsetzung heraus, das Beste für seinen Aufgabenbereich zu erreichen. Und genau das wollen Sie für Ihren Bereich auch. Werfen Sie das Ihrem Kollegen also nicht vor. Schließlich handeln Sie beide für ein Unternehmen. Sie sollten lieber Ihre Interessen herausarbeiten, das deckt gemeinsame Nenner auf.

Was sollte ich in Verhandlungen mit meinen Vorgesetzen bedenken?

Bieten Sie Alternativen

Bei Verhandlungen mit Ihren Vorgesetzten sind Sie der Vertikalität ausgesetzt. Berücksichtigen Sie aus diesem Grund das dritte Prinzip für erfolgreiche Verhandlungsführung: Schaffen Sie Wahlmöglichkeiten! Das bedeutet für Sie, gehen Sie möglichst nie mit nur einer Alternative in eine Managementabstimmung. Mit nur einer Lösung könnten Sie schnell aus dem Spiel sein. Darüber hinaus besteht die Gefahr, dass Ihre Vorgesetzten solch ein Vorgehen als Einschränkung der eigenen Entscheidungsfreiheit empfinden könnten und schon aus diesem Grund evtl. gegen Ihren Vorschlag stimmen. Zudem sollten Sie Informationen, die Sie an Ihre Vorgesetzten weitergeben wollen, auf das Wesentliche beschränken und alle sonstigen Hintergrundinformationen z. B. in ein Handout packen. Nutzen Sie also das Führungsprinzip „Komplexreduktion".

Was kann ich tun, wenn bei einer Verhandlung keine Einigung in Sicht ist?

Abhilfe durch Moderatoren

In festgefahrenen Situationen ist eine wirklich konstruktive Zusammenarbeit oft nur sehr schwer zu erreichen und es kommt vermehrt zu großen „Ausschweifungen". In solch einer Situation würde ich Ihnen raten, einen Moderator oder einen Experten hinzuzuziehen.

Umwege gehen

Eine zweite Möglichkeit wäre aber auch der Versuch, einen kleinen Umweg zu gehen. Finden Sie über die Hauptsache keine Einigung, versuchen Sie Randthemen („Nebenkriegsschauplätze") zu finden, für die Einigungsfähigkeit besteht; dies können z. B. Ziele sein, denen sich alle Verhandlungspartner verpflichtet fühlen. Haben Sie schließlich ein Randthema gefunden, zu dem eine Einigung möglich und auch erzielt ist, sollten Sie versuchen, den Bogen wieder zurück zum Hauptthema zu führen. Dabei können Ihnen übergeordnete Gesetze, Regeln, Handlungsanweisungen oder auch die betriebliche Übung sehr hilfreich sein, denn aus ihnen kann in der Vielzahl der Fälle wiederum ein gemeinsames Vorgehen in der Hauptsache entwickelt werden.

Äußerst wichtig ist jedoch, dass Sie während der Verhandlung einen Konflikt vermeiden.

Was kann ich tun, um die Eskalation eines Konflikts in einer Verhandlungssituation zu vermeiden?

Wird aus einer Verhandlung ein Konflikt, werden die Kosten und Verluste für alle Konfliktparteien ungleich höher als beim ständigen Bemühen um eine Lösung des Problems, die beiden Interessenparteien gerecht wird. Allein aus diesem Grund sollten Sie versuchen, einen Konflikt möglichst zu vermeiden bzw. die Eskalation eines bereits vorhandenen Konflikts zu verhindern. Um zu erfahren, wie Sie dabei vorgehen sollten, beachten Sie die folgenden Tipps. Dort sind einige Punkte aufgeführt, die der Vermeidung von Konflikten und der Eskalation in Konfliktsituationen dienen.

TO DO

SO VERMEIDEN SIE ESKALATIONEN IN VERHANDLUNGSSITUATIONEN

- Versetzen Sie sich in die Lage der anderen und versuchen Sie, sie zu verstehen. Dabei soll verstehen nicht heißen, dass Sie mit deren Ansichten einverstanden sind.
- Leiten Sie die Absichten der anderen niemals aus Ihren eigenen Befürchtungen ab.
- Schieben Sie die Schuld an Ihren eigenen Problemen nicht der Gegenseite zu.
- Sprechen Sie über die Vorstellungen beider Seiten.
- Versuchen Sie, die Vorstellungen der Gegenseite auf unerwartete Weise zu nutzen.
- Beteiligen Sie die Gegenseite am Ergebnis; sorgen Sie dafür, dass sie sich am Verhandlungsprozess beteiligt.

- Stimmen Sie Ihre Vorschläge auf das Wertesystem der anderen ab; achten Sie bei allen Beteiligten auf den Faktor „Gesicht wahren".
- Zuallererst muss man Emotionen erkennen und verstehen – sowohl die eigenen als auch die der anderen.
- Artikulieren Sie Ihre Emotionen bzw. Befürchtungen und erkennen Sie deren Berechtigung an. Wenn Menschen sich ihre unausgesprochenen Emotionen von der Seele reden können, wenden sie sich lieber und leichter dem Problem zu. Verhandlungen werden weniger reaktiv und mehr aktiv.
- Gestatten Sie der Gegenseite, Dampf abzulassen. Reagieren Sie nicht auf emotionale Ausbrüche.
- Benutzen Sie symbolische Gesten: Eine Entschuldigung ist mitunter die billigste und dennoch rentabelste Investition bei einer Problemlösung.
- Sprechen Sie so, dass man Sie versteht.
- Reden Sie über sich, nicht über die Gegenseite: Vermitteln Sie, was das Problem mit Ihnen macht, nicht welche vermuteten Absichten die Gegenseite hat.
- Vermeiden Sie Behauptungen. Diese provozieren Gegenwehr und Ärger. Sprechen Sie über Ihre Gefühle, die müssen Sie nicht beweisen.
- Sprechen Sie mit einer bestimmten Absicht: Bevor Sie einen Satz aussprechen, machen Sie sich klar, was Sie eigentlich mitteilen wollen und überlegen Sie sich, welchem Zweck diese Information dient. Manchmal ist es besser, etwas nicht auszusprechen, z. B. um unnötigen Ärger zu vermeiden oder sich nicht unüberlegt auf eine Aussage/Position festzulegen.
- Schauen Sie nach vorne, nicht zurück. Vergeuden Sie keine Zeit mit endlosen „Wer-hat-was-gemacht-Fragen" und Rechtfertigungen. Suchen Sie nach Lösungen: „Wer soll morgen was machen?"
- Seien Sie bestimmt, aber flexibel. Hilfsfrage: Wenn die Gegenseite morgen zustimmt, womit soll sie sich dann einverstanden erklären? Haben Sie immer mehrere Optionen parat, die Ihren Vorstellungen entsprechen.
- Seien Sie hart in der Sache, aber sanft zu den beteiligten Menschen: Halten Sie an Ihren Interessen fest, greifen Sie die Dinge sachlich an, ohne den Menschen Schuld zuzuweisen. Im Gegenteil: Seien Sie höflich, hören Sie zu, zeigen Sie Wertschätzung für den Einsatz, unterstreichen Sie Ihr Verständnis für die Bedürfnisse.

Erfolgreiches Konfliktmanagement

Als Führungskraft kommt Herr Berg immer wieder in die Situation, dass ein reibungsloses und zielorientiertes Arbeiten durch Unstimmigkeiten und Konflikte behindert wird. Gerne möchte er zukünftig zur schnellen Besänftigung und Lösung von Konflikten beitragen. Aus diesem Grund möchte er das Thema Konfliktmanagement mit seinem Mentor Herrn Weigert besprechen.

Wann liegt ein Konflikt vor?

Unvereinbare Interessengegensätze

Von einem Konflikt sprechen wir, wenn scheinbar unvereinbare Interessengegensätze vorliegen – das gilt sowohl allgemein als auch für Verhandlungssituationen. Solange noch verhandelt wird, liegt also noch kein Konflikt vor, denn dann bemüht man sich noch um eine Lösungsfindung. Findet sich nach langem Hin und Her aber immer noch keine Lösung und emotionalisiert sich die Situation aufgrund von Handlungs- oder Leistungsdruck bei mindestens einem der Beteiligten, dann ist der Konflikt da und Sie sollten sich darum kümmern. In der Regel sind die Kosten und der Aufwand für eine Konfliktlösung geringer als die Summe der negativen Auswirkungen, sollte der Konflikt gar nicht erst beachtet oder sogar verdrängt werden.

Wie entstehen Konflikte und warum eskalieren sie?

Konflikte entstehen immer dann, wenn unterschiedliche Interessen, Erwartungen oder Motive bestehen, die nicht oder nicht klar ausgesprochen werden. Jeder Konfliktbeteiligte hat bestimmte Gedanken, Gefühle, Wahrnehmungen und Einstellungen, die sein Verhalten bedingen, die aber nicht offen zutage treten.

Fehlinterpretationen

Was nach außen dringt, ist nur das Verhalten der Konfliktbeteiligten bzw. das, was sie aussprechen. So zeigt beispielsweise Person A ein bestimmtes Verhalten, das von Person B interpretiert wird. Auf Basis der Interpretation des Verhaltens (z. B. „A hat das nur gesagt, weil er mich ärgern will"), reagiert Person B auf das Verhalten von Person A feindselig. Person A wiederum sieht nur die feindselige Reaktion von Person B und interpretiert ihrerseits „B greift mich an – das werde ich mit gleicher Münze zurückzahlen". Wird über die Ursachen des Konflikts, nämlich die zugrunde liegenden unterschiedlichen Erwartungen und Motive, nicht gesprochen, bewegen sich A und B in einem Teufelskreis, der sich immer weiter hochschaukeln kann. Das Misstrauen auf beiden Seiten wird zunehmen und damit auch die Fehlinterpretationen der Beweggründe des Verhaltens der anderen Person.

KONFLIKTE RECHTZEITIG ERKENNEN

Konflikte, die nicht rechtzeitig erkannt und angesprochen werden, haben die Tendenz zu eskalieren.

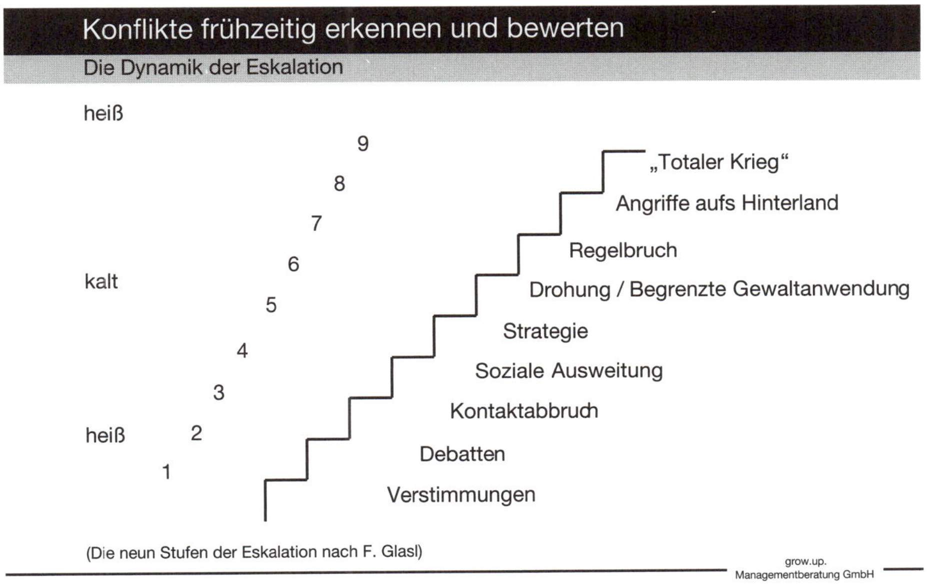

Abbildung 12 macht die Stufen der Konflikteskalation deutlich. Klar erkennbar wird, dass es wichtig ist, früh zu handeln und eine weitere Eskalation zu vermeiden. Handeln bedeutet in diesem Zusammenhang, den Konflikt offen zu legen und zu lösen. Nur weil zwischen den Konfliktparteien im Moment „Ruhe“ herrscht, heißt das nicht, dass der Konflikt gelöst ist. Konfliktlösung heißt, dass im ersten Schritt die Sichtweise und das Verhalten der Betroffenen hinterfragt werden müssen.

Die nachfolgende Checkliste bietet eine erste Einschätzung.

Checkliste 32: Sichtweisen in Konflikten

Standpunkt ...	Fragestellungen	Einschätzung
... des Betroffenen	Welche Gefühle habe ich? (Angst, Wut)	
	Habe ich mich unter Kontrolle oder lasse ich mich provozieren?	
	Was ist mein Ziel?	
	Welche Risiken sind absehbar?	
	Will ich den anderen überzeugen oder manipulieren?	
... des Konfliktpartners	Was hält der andere für wichtig?	
	Welche Gefühle hat er?	
	Welche Risiken könnte er sehen?	
	Was ist für ihn wichtig?	
	Was will er erreichen?	
... eines neutralen Beobachters	Wie würde ein neutraler Beobachter unsere Situation einschätzen/beurteilen?	
	Glaubt er, dass wir beide zu einer gemeinsamen Lösung finden wollen?	
	Wie verhalten wir uns?	
	Stehen unsere Ziele noch m Vordergrund oder geht es mittlerweile um die versteckten Konflikte?	

Woran erkenne ich einen Konflikt, wenn er nicht offen ausgetragen wird?

Es gibt bestimmte Symptome, an denen man erkennen kann, dass ein Konflikt vorliegt – auch wenn er unausgesprochen vor sich hin schwelt. Dazu gehören:

Symptome

- **Ablehnung, Widerstand:**
  Ein Konfliktbetroffener versucht, den Konfliktgegner an dessen Zielerreichung zu hindern. Das kann auf verschiedene Arten geschehen. Zum Beispiel können Arbeiten nicht mehr sorgfältig ausgeführt werden, Informationen nicht weitergeleitet werden etc.
- **Rückzug, Desinteresse:**
  Beim Konfliktbetroffenen sinkt die Arbeitsmotivation und er verschließt sich.
- **Gereiztheit, Aggressivität, Feindseligkeit:**
  Wird Ärger nicht direkt Luft gemacht, bleibt er unterschwellig vorhanden und kommt in anderen Situationen zum Ausdruck.
- **Mobbing, Gerüchte:**
  Konfliktparteien versuchen häufig, die Gegenpartei schlecht zu machen oder zu behindern und suchen sich gleichzeitig Unterstützung von Dritten.
- **Sturheit, Unnachsichtigkeit:**
  Der Konfliktgegner wird als Schuldiger wahrgenommen, der dem Betroffenen persönlich „etwas will“. Durch die einseitige Wahrnehmung schwindet die Empathie und Bereitschaft, sich in die Sichtweise des anderen hineinzuversetzen.
- **Förmliches Verhalten, Überkonformität:**
  Herrscht ein Konflikt zwischen einem Mitarbeiter und dessen Führungskraft, traut er sich aus Angst vor negativen Konsequenzen oft nicht, den Konflikt offen anzusprechen. Stattdessen verhält er sich eher „überangepasst“ oder betont freundlich.
- **Körperliche Symptome, Krankheiten:**
  Konflikte bringen körperliche Reaktionen wie Stress, erhöhten Blutdruck, Schwächung des Immunsystems etc. mit sich. Treten diese körperlichen Reaktionen über lange Zeit auf, können Sie zu „echten“ Krankheiten werden. Insofern können auch eine hohe Fluktuation und ein schlechtes Arbeitsklima Ausdruck von Konflikten sein.

Welche Rolle spiele ich als Führungskraft in einer Konfliktsituation?

Die Führungskraft als Konfliktlöser

Ihr Ziel als Führungskraft sollte es sein, die Konfliktsituation wieder in eine Verhandlungssituation zu verwandeln. Demnach besteht Ihre Herausforderung darin, alle beteiligten Konfliktparteien zu entemotionalisieren und ihre Reaktionen wieder in einen angemessenen Rahmen zurückzuführen. Aus diesen Aufgaben lässt sich Ihre Rolle in einer Konfliktsituation sehr gut ableiten: Sie übernehmen die Rolle des Konfliktlösers. Dabei handelt es sich durchaus um eine Rolle, in die Sie aufgrund Ihrer Führungsposition öfter geraten und die für Sie unvermeidbar ist.

Voraussetzung: Neutralität

Dabei ist für Sie die Rolle des Konfliktlösers keineswegs als harmlos einzuschätzen, denn je nachdem, wie Sie diese Rolle ausfüllen, steht Ihre Reputation als Führungskraft auf dem Spiel. Für Sie bedeutet das vor allem, dass Sie in dem gesamten Konflikt eine äußert gerechte Positionierung einnehmen sollten und solch eine Lösung des Konflikts herbeizuführen versuchen, dass am Ende keine der Konfliktparteien mit wesentlichen Vorteilen aus der Situation herausgeht.

Voraussetzung für die Übernahme der Rolle des Konfliktlösers ist selbstverständlich Ihre persönliche Neutralität in der Konfliktsituation.

NEUTRALITÄT IN DER FÜHRUNGSROLLE

Sie sollten immer und in jedem Fall versuchen, nicht eine der Konfliktparteien zu sein, sonst fällt es Ihnen in Ihrer Führungsrolle sehr schwer, eine akzeptable Lösung zu generieren. Stellen Sie fest, dass Sie Teil des Problems sind, dann bitten Sie lieber jemand anderen, eine neutrale Person oder Ihre Führungskraft, zu moderieren und daran mitzuarbeiten, den Konflikt zu lösen.

Auf welchen Kommunikationsebenen können Konflikte liegen?

Generell gilt, dass alle Konflikte durch verschiedene Ebenen der „Tiefe“, die ein Konflikt erreichen kann, gekennzeichnet sind. Dabei ist auf allen Konfliktebenen eine Lösung möglich, sogar auf der letzten und tiefsten. Anhand der nachfolgenden Abbildung können Sie sich ein Bild über die vier Konfliktebenen machen.

Vier Konfliktebenen

1. Die Sachebene

Zu Beginn zeigen sich Konflikte im Allgemeinen auf der Sachebene. Hier werden zunächst Argumente ausgetauscht, Meinungen einander gegenübergestellt und Sichtweisen verglichen, bewertet oder sogar entwertet. Zu diesem Zeitpunkt geht es in einem Konflikt (vordergründig) noch um den Widerspruch in der eigentlichen Sache. Im Laufe der Zeit intensivieren sich dann aber die Anstrengungen von mindestens einer der Konfliktparteien. Stellen Sie sich darauf ein, dass es jetzt lauter werden kann, bereits gebrachte Argumente wiederholt und evtl. schärfer formuliert werden. Findet an dieser Stelle kein Nachgeben der Gegenpartei statt, was einer Konfliktlösung gleichkäme, wird im nächsten Schritt die Sachebene verlassen und die Ebene der Regeln aufgesucht.

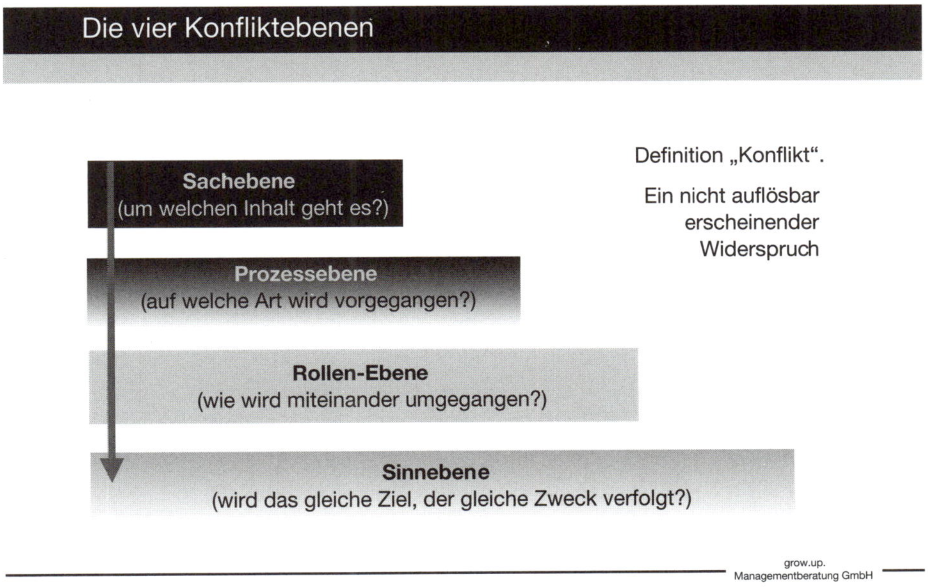

2. Die Ebene der Regeln

Auf der zweiten Konfliktebene werden die grundsätzlich geltenden Regeln thematisiert, nach denen bei solch einem Konflikt vorgegangen werden soll. Hilfreich ist es für Sie in dieser Situation, wenn Sie gemeinsam mit Ihren Mitarbeitern bereits im Vorfeld Regeln für den Konfliktfall aufgestellt haben, die besagen, was gut, richtig und zulässig ist. Ihnen als Führungskraft kommt an dieser Stelle im Konflikt die Rolle zu, eben jene Regeln zu suchen, deren Gültigkeit und Anwendung zu thematisieren bzw. neue Regeln für zukünftige Konfliktsituationen zu generieren.

3. Die Ebene der Beziehung

Ist es nicht gelungen, auf den vorhergehenden Ebenen eine Einigung zu erzielen, so verlagert sich der Konflikt zwangsläufig eine Stufe tiefer auf die Beziehungsebene. In dieser Konfliktphase wird die Beziehung zwischen den Konfliktparteien thematisiert. Haben Sie einen Konflikt mit einem Ihrer Mitarbeiter, wird sich das Thema auf dieser Ebene höchstwahrscheinlich um Vertikalität drehen. Diskussionsgegenstände sind häufig die Rolle, Aufgaben und Verpflichtungen des Mitarbeiters und in Relation dazu die Rolle, Aufgaben und Verpflichtungen von Ihnen als Führungskraft.

4. Die Sinnebene

Auf dieser letzten möglichen Ebene werden schließlich die grundlegenden Fragen des „ob überhaupt“ thematisiert. Wie Sie sicherlich bemerkt haben, wurde auf den vorangegangenen Ebenen versucht, den Konflikt über die Modifikation des Wie zu lösen. Jetzt, zu diesem Zeitpunkt, stellen sich zwei andere Fragen:

1. Fühlen die Konfliktparteien sich noch den gemeinsamen Zielen verpflichtet?
2. Macht die Fortsetzung der Beziehung unter den gegebenen Umständen noch Sinn?

Doch auch auf dieser Ebene ist noch eine Konfliktlösung möglich.

NICHT ZU SCHNELL ÜBER DIE EBENEN WANDERN

Generell sollten Sie beachten: Wandern Sie nicht zu schnell über die Ebenen. Ihre Rolle als Vorgesetzter ist folgende: Erst wenn Sie sehen, dass der Konflikt auf einer Ebene verharrt und keine Bewegung oder kein Fortschritt erzielbar ist, dann ist es Ihre Aufgabe, die nächste Ebene anzusprechen.

Wie führe ich ein Konfliktgespräch?

Analyse vornehmen

Um einen Konflikt im Gespräch zu lösen, muss zunächst einmal eine Konfliktanalyse vorgenommen werden. Diese geht dem eigentlichen Lösungsprozess voraus und dient dazu, dass alle strittigen Punkte zur Sprache kommen. Theoretisch kann in einem Konflikt alles zu einem Streitpunkt gemacht werden. Streitpunkte und Ursachen vermischen sich dann in den Augen der Parteien aber immer wieder. Im Rahmen einer Konfliktanalyse kann es deshalb sehr sinnvoll sein, die strittigen Punkte von den einzelnen Parteien selbst benennen zu lassen. Ist dies möglich, haben Sie gleichzeitig fast eine gemeinsame Problemdefinition erreicht. Die Konfliktpunkte liegen dann offen auf dem Tisch und es lassen sich mögliche gemeinsame Ziele und Interessen der Konfliktbeteiligten ausfindig machen.

Ist der Konflikt zwischen den Parteien schon stark festgefahren und sind die Fronten so verhärtet, dass die Beteiligten sich nur widerwillig an einen gemeinsamen Tisch setzen, empfiehlt es sich, einen Moderator als neutrale Instanz hinzuzuziehen. Was Sie in der Rolle eines Konfliktmoderators beachten sollten, erfahren Sie in der Antwort auf die Frage „Was ist bei der Konfliktmoderation zu beachten?“.

Bei der Konfliktanalyse im Gespräch können Sie sich an den folgenden Fragen orientieren:

1. Beziehen sich die Streitpunkte auf persönliche Ansichten oder auf objektive Sachverhalte?
2. Was ist der „springende Punkt“, auf den sich die Parteien versteifen?
3. Könnte der Konflikt aus einem anderen Bereich hierher verschoben worden sein?
4. Wie erleben Sie persönlich die Streitpunkte? Wie wichtig sind Ihnen diese Punkte?

5. Wie sehen die Konfliktparteien die Punkte?
6. Was bringen die Parteien vor, was ärgert sie, was stört sie?

Wer ist beteiligt?

Des Weiteren gilt es zu bestimmen, wer an dem Konflikt beteiligt ist und in welchem Verhältnis die Personen/Parteien zueinander stehen. Mit den anschließenden Fragen können Sie diese Punkte näher beleuchten:

1. Sind die Konfliktparteien einzelne Personen oder sind es organisierte Einheiten?
2. Was sind die wesentlichen Stärken und Schwächen der Konfliktparteien?
3. Wie definieren Sie die Beziehung der Konfliktparteien zueinander?
4. Sind die Konfliktparteien organisatorisch einander unter-/übergeordnet?
5. Gibt es Verbündete? Gibt es am Konflikt interessierte Dritte?
6. Fühlt sich eine Seite der anderen überlegen, unterlegen oder gleichwertig?
7. Welche persönlichen Eigenheiten zeichnen die Parteien aus?

Gemeinsam Lösungen suchen und Konsens fixieren

Sobald Sie das Problem definiert haben, können Sie gemeinsam nach Lösungen suchen. Dazu bieten sich Kreativitätstechniken an, die in einem späteren Kapitel besprochen werden.

Anschließend werden die generierten Lösungswege gemeinsam bewertet und eine Entscheidung für einen Lösungsweg getroffen.

Zum Abschluss sollte der erzielte Konsens in Form einer Tätigkeitsliste oder eines Verhaltensvertrags schriftlich fixiert werden.

PROZESS DER KONFLIKTLÖSUNG

1. Konfliktanalyse
2. Problemdefinition
3. Gemeinsame Suche nach Lösungen
4. Gemeinsame Entscheidungsfindung
5. Schriftliche Fixierung des Konsens

Was ist bei der Konfliktmoderation zu beachten?

Lösungsprozess nach klaren Regeln

Als Konfliktmoderator sind Sie den Inhalten gegenüber neutral, aber dem Prozess gegenüber parteiisch eingestellt. Das bedeutet, dass Sie die Inhalte nicht bewerten, aber darauf achten, dass der Lösungsprozess nach klaren Regeln verläuft. Wird der Prozess torpediert oder sabotiert, müssen Sie einschreiten und unter Umständen auch hart durchgreifen.

TO DO

WICHTIGE PUNKTE ZUR KONFLIKTMODERATION

- Planen Sie ausreichend Zeit ein.
- Sorgen Sie für eine ruhige und ungestörte Atmosphäre.
- Stellen Sie Stühle und Tische nicht so, dass sich Kontrahenten gegenüber sitzen.
- Verdeutlichen Sie Ihre Position und Aufgabe als Moderator.
- Definieren Sie den Zeitrahmen des Gesprächs.
- Konzentrieren Sie sich in der Diskussion auf das Wesentliche.
- Vereinbaren Sie Regeln für die Gesprächsführung.
- Setzen Sie positive Anreize für eine Konfliktbeseitigung.
- Fördern Sie Irrationales und Aggressives zutage.
- Trennen Sie zwischen Sach- und Beziehungsebene.
- Überprüfen Sie immer wieder Ihre eigene Grundeinstellung: Sehen Sie beide Kontrahenten wirklich als gleich an und behandeln Sie beide Parteien äquivalent?

Die Aufgabe des Konfliktmoderators ist komplex und anspruchsvoll. Es gilt gut zu überlegen und abzuwägen, ob Sie als Führungskraft die Konfliktmoderation übernehmen sollten. Reichen Ihre Kompetenzen? Ist Ihre Rolle und Positionierung so, dass Sie diese nicht gefährden? Werden Sie als Moderator akzeptiert? Sind Sie wirklich neutral? Eine Konfliktmoderation zwischen zwei Mitarbeitern kann Sie schnell zum Verlierer in Ihrer Positionierung als Führungskraft machen, wenn Ihnen hinterher mangelnde Neutralität vorgeworfen wird.

Erfolgreich delegieren

Die Fülle und Breite der Aufgaben von Herrn Berg hat sich rasant vermehrt. Verschiedene Projekte und Sonderaufgaben müssen bewältigt werden, zusätzliche Verantwortungsbereiche sind hinzugekommen. Herrn Berg bleibt keine andere Möglichkeit, als Teile der Aufgaben an seine Mitarbeiter abzugeben. Allerdings ist er sich nicht sicher, welche Aufgaben er an wen delegieren kann und worauf er dabei achten sollte. Deshalb wendet er sich an seinen Mentor Herrn Weigert.

Welchen Nutzen bringt mir Delegation?

Multiplikation von Arbeitskraft

Delegation ist Ihr wesentlicher Hebel zur wirkungsvollen Multiplikation Ihrer Arbeitskraft. Mithilfe der Delegation von Aufgaben und Verantwortung können Sie Erfolge erreichen, die alleine nicht zu bewältigen sind. Sie können außerdem das Wissen Ihrer Mitarbeiter nutzen.

Mitarbeiterförderung

Darüber hinaus ist Delegation ein wesentliches Instrument, um Ihre Mitarbeiter lernen und wachsen zu lassen – sie zu fördern. Ihren Mitarbeitern beweisen Sie, dass Sie Vertrauen in Ihre Mitarbeiter und deren Fähigkeiten haben.

DELEGATION BEWIRKT ...

- Bindung und Motivation der Mitarbeiter durch neue Herausforderungen und Wachstum,
- Bildung von Teamgeist durch die Verteilung von Aufgaben,
- Kompetenzerweiterung für den Mitarbeiter durch kontinuierliche Steigerung des Anspruchsniveaus,
- Entlastung für den Vorgesetzten und mehr Zeit für andere und übergeordnete Aufgaben,
- Effizienzsteigerung durch Arbeitsteilung und Einbeziehung des Mitarbeiter-Know-hows,
- Etablieren eigener Güte- und Qualitätskriterien bezüglich der Erfüllung der Aufgaben durch das Festlegen von Kriterien zur Messung der erreichten Erfolge.

Wie gehe ich vor?

Viele Führungskräfte sind hinsichtlich der Delegation sehr zögerlich. Zum einen mag das etwas mit dem am Anfang erhöhten Zeitaufwand zu tun haben, da Sie investieren müssen, um Aufgaben genau zu erläutern. Zum anderen gehen Sie natürlich auch das Risiko ein, dass Mitarbeiter Fehler machen, für die Sie zur Rechenschaft gezogen werden. Hier hilft nur Vorbereitung, Begleitung und Controlling der Mitarbeiter.

Vorbereitung und Abstimmung

Der Erfolg der Delegation hängt sehr stark davon ab, wie Sie den Mitarbeiter auf die zu übernehmende Aufgabe vorbereiten und ob Sie ihn in alle für die Erledigung wichtigen Abstimmungsprozesse einbinden. Eine zeitnahe Information über Änderungen der Rahmenbedingungen ist von ebenso großer Bedeutung wie der Austausch über den Fortgang des Projektes und eventuell notwendige Maßnahmen.

Delegation beinhaltet mehr als die bloße Weitergabe von Aufgaben. Damit Delegation zu einem wirkungsvollen Führungsinstrument wird, empfehle ich Ihnen folgendes zu beachten:

- klare Zielbeschreibung,
- Klären der Randbedingungen und Ressourcen,
- Festlegen des Zeitrahmens (bis wann ist die Aufgabe zu erledigen),
- Definition von Qualitätsmerkmalen,
- Klären von Kosten.

Die folgende Abbildung zeigt die 6 W-Regeln der Delegation. Beantworten Sie diese Fragen vor jeder Delegation für sich.

Wirksam delegieren I

Die 6 W-Regeln für den Delegationsauftrag

WAS?	Was ist genau zu tun? Welches Ergebnis wird angestrebt? Welche Schwierigkeiten sind zu erwarten? Wie will ich das Ergebnis kontrollieren?
WER?	Wer ist für die Aufgabe am besten geeignet? Wer besitzt die notwendigen Kenntnisse und Fähigkeiten?
WARUM?	Welchem Zweck dient die Aufgabe (Zielsetzung, Motivation)? Was passiert, wenn die Aufgabe nicht oder unvollständig erledigt wird?
WIE?	Wie soll bei der Ausführung vorgegangen werden? Welche Vorschriften sind zu beachten? Welche Verfahren sollen angewandt werden?
WOMIT?	Welche Hilfsmittel werden benötigt? Womit muss der Mitarbeiter ausgerüstet sein?
WANN?	Wann soll die Aufgabe beginnen, bis wann abgeschlossen sein? Wann muss ich kontrollieren, um ggf. eingreifen zu können?

grow.up. Managementberatung GmbH

Was muss ich bei der Delegation beachten?

Die wesentliche Kunst besteht darin, sich nicht nur zuarbeiten zu lassen, indem Sie vor- und nachbereitende Arbeiten von der Hauptaufgabe trennen und so den Mitarbeiter langsam an den gesamten Tätigkeitsablauf heranführen. Das ist nur das Anfangsstadium der Delegation. Ziel ist vielmehr, den Mitarbeiter mit den Ihnen eigenen Qualitäts- und Schnelligkeitsanforderungen auszustatten und vertraut zu machen. Der Mitarbeiter muss lernen, Problemlösungsmuster zu entwickeln, in Anbetracht derer Sie als Führungskraft die Aufgabenerfüllung als gut, schnell und richtig bewerten können. Erst wenn der Mitarbeiter eine ganze Zeit lang Erfahrung mit der Erfüllung einer Aufgabe gesammelt hat, ist es sinnvoll, dass der Mitarbeiter ggf. Modifikationen dieser Muster selbst erarbeitet.

Folgende Tipps werden Ihnen helfen, wirksam zu delegieren:

So delegieren Sie wirksam

- Sinnvolle Delegation kann erst stattfinden, nachdem Sie einen Qualifikations- und Motivations-Check vorgenommen haben. Sie müssen sich sicher sein, dass das für die Erfüllung der Aufgabe notwendige Können (Wissen, Fähigkeiten, Erfahrung) und Wollen (Motivation, Engagement, Selbstvertrauen) beim Mitarbeiter vorhanden ist.
- Damit der Mitarbeiter einen Sinn in seinem Handeln erkennt, müssen Sie ihm einen Einblick in den Gesamtzusammenhang geben.
- Zu guter Letzt sind nicht nur die Aufgaben als solche, sondern auch die entsprechenden Ressourcen und Hilfsmittel zur Verfügung zu stellen, damit der Mitarbeiter die Aufgabe vom Mitarbeiter erledigen kann.

TO DO

WAS SIE BEI DER DELEGATION BEACHTEN SOLLTEN

- Übertragen Sie ein und dieselbe Aufgabe nie an mehrere Mitarbeiter.
- Delegieren Sie ganzheitliche Aufgaben und verdeutlichen Sie die Zusammenhänge zu anderen Aufgaben oder Prozessen, die bei der Erfüllung und bei notwendigen Entscheidungen eine Rolle spielen.
- Delegieren Sie Aufgaben, die für den Mitarbeiter realistisch und erreichbar sind.
- Lassen Sie los. Halten Sie sich raus, sobald Sie delegiert haben. Lassen Sie Ihre Mitarbeiter auf den eigenen Wegen zum Erfolg kommen (auch wenn es nicht Ihr Weg sein sollte). Denn Delegation funktioniert nur, wenn Offenheit für andere Lösungen besteht.
- Verdeutlichen Sie den Sinn: Dem Mitarbeiter muss klar sein, was mit der Aufgabe bezweckt wird, was der Sinn und die Zielsetzung seiner Arbeit ist.

- Delegieren bedeutet, Verantwortung zu übergeben und zugleich das Recht, eigene Entscheidungen zu fällen.
- Bieten Sie Ihre Begleitung an, achten Sie jedoch darauf, dass der Mitarbeiter Lösungen selbstständig erarbeitet. Lassen Sie auf keinen Fall zu, dass der Mitarbeiter die Lösungsvorschläge bei Ihnen „abholt". Fordern Sie im Gegenteil ein, dass er Ihnen Lösungsvorschläge präsentiert, die er erarbeitet und bewertet hat.
- Hilfe: ja, Rückdelegation: nein.
- Bedenken Sie, dass ein Zuviel an Hilfe als Einmischung gewertet werden kann und die Motivation und das Selbstbewusstsein des Mitarbeiters darunter leiden können.
- Die letzte Verantwortung bleibt bei dem, der delegiert. Stehen Sie vor Ihren Mitarbeitern.
- Achten Sie auf fortlaufende Kontrolle: Die Anzahl der Rückmeldegespräche und die Zeitabstände zwischen ihnen sollten sich an Schwierigkeitsgrad, Dauer und Umfang der delegierten Aufgabenstellung orientieren. Erarbeitete Ergebnisse, auch Zwischenergebnisse, sollten Sie zeitnah kontrollieren. Sie stellen so zum einen sicher, dass die Aufgabenstellung wie vereinbart bearbeitet wird, und zum anderen, dass Ihr Mitarbeiter arbeitsfähig bleibt und es zu keinen Verzögerungen kommt.

Welche Aufgaben kann und soll ich delegieren?

Bei der Delegation geht es nicht darum, Unangenehmes oder nur Randaufgaben abzuschieben. Das ist die sicherste Möglichkeit, Ihr Ziel nicht zu erreichen. Die folgende Abbildung gibt Ihnen einen Überblick, welche Aufgaben Sie delegieren können und bei welchen Aufgaben von Delegation eher abzuraten ist.

Negativ-Beispiel

Ein falsches Delegationsverständnis wird am folgenden Beispiel noch deutlicher. Eine Mitarbeiterin einer großen Altenwohn- und Pflegeeinrichtung berichtete mir einmal von ihrer Arbeit. Sie übernahm – zusätzlich zu ihren normalen Aufgaben – Betriebsratsaufgaben. Die Situation in der Einrichtung war insgesamt kritisch. Hohe Arbeitsbelastung durch massiven Personalabbau und hohe Krankenstände sowie eine nicht befriedigende Führungssituation wirkten sich sehr nachteilig auf die Stimmung und die Motivation unter den Mitarbeitern aus. In einer morgendlichen Besprechung forderte die Pflegedienstleitung die genannte Mitarbeiterin auf, „nun als Betriebsrat doch endlich mal die Mitarbeiter zu motivieren". In diesem Fall handelte es sich zweifelsfrei um ein falsches Delegationsverständnis – Führung ist nicht delegierbar.

Wirksam delegieren II

Welche Aufgaben können Sie delegieren

Aufgaben, die delegierbar sind:	Aufgaben, die nicht delegierbar sind:
Vorbereitungsaufgaben (z.B. Präsentationsvorbereitungen)	Führungsaufgaben wie Entscheidungen unternehmerischer Größe
Routineaufgaben	Kontrolltätigkeiten
Spezialistentätigkeiten	Führung und Motivation
Detailaufgaben	Aufgaben mit großer Risikonahme
Stellvertretung bei Meetings und Besprechungen	Streng Vertrauliches
	Sonderfälle
	Dringende, brennende Aufgaben, bei denen keine Zeit für Kontrollen bleibt
	Beschwerden sind TOP-Chefsache
	Schnittstellenarbeit ist Manageraufgabe

grow.up. Managementberatung GmbH

An wen kann ich welche Aufgabe delegieren?

Das erste Kriterium sollte natürlich die Qualifikation und die Motivation der Mitarbeiter sein. Nachfolgende Checkliste kann Ihnen helfen, den richtigen Mitarbeiter für die richtige Aufgabe zu finden.

Checkliste 33: Der richtige Mitarbeiter für die richtige Aufgabe

Aufgabe	Mitarbeiter 1	Mitarbeiter 2	Mitarbeiter 3	Mitarbeiter 4
Qualifikation				
Auslastungsgrad				
Wachstums- und Entwicklungspotenzial durch das Erledigen der Aufgabe				
Entscheidungskompetenz				

Wie behalte ich den Überblick?

Wochenbericht

Den Überblick über mehrere delegierte Aufgaben behalten Sie, indem Sie mit Ihren Mitarbeitern vereinbaren, dass diese Sie kurz und prägnant per E-Mail, z. B. in Form eines Wochenberichts, über den aktuellen Stand ihrer Aktivitäten informieren. Sie sind so jederzeit in der Lage, auch Anfragen Dritter kompetent zu beantworten. Ein einfaches Beispiel gibt Ihnen die nachfolgende Übersicht.

CD-ROM

Checkliste 34: Wochenbericht zum aktuellen Stand der delegierten Aufgaben

Aufgabe	Mitarbeiter	Was läuft gut, ist schon erledigt?	Wo gibt es Probleme/Verzögerungen?	Maßnahmen

Aufgaben schriftlich fixieren

Das schriftliche Festhalten der delegierten Aufgaben hilft Ihnen nicht nur, den Überblick zu behalten, sondern unterstützt auch die Konkretisierung des Arbeitsauftrags. Darüber hinaus bildet das schriftlich Festgehaltene die Grundlage für die Kontrolle der Arbeitsergebnisse. Eine einfache Dokumentation Ihrer Delegationsgespräche ermöglicht Ihnen nachfolgendes Dokument.

Checkliste 35: Delegationsgespräche

Dokumentation zur Delegation	
Anlass:	
Gesprächspartner:	
Ort:	Datum/Uhrzeit:
Welche Aufgaben sollen delegiert werden?	
Welches Ergebnis wird angestrebt?	
Welche Unterstützungsmaßnahmen sind erforderlich?	
Welche Schwierigkeiten sind zu erwarten?	
Welche Vorschriften sind zu beachten?	
Vereinbarter Zeitrahmen:	
Zwischen-Feedback:	
Kriterien der Erfolgskontrolle:	
Unterschrift Führungskraft	Unterschrift Mitarbeiter

Wie kann ich Delegation optimieren?

Arbeitsergebnisse kontrollieren

Mit Delegation entlasten Sie sich nicht nur selbst, Delegation soll auch einen Lernanreiz für den Mitarbeiter haben. Zum Lernen gehören Rückmeldung, also Kontrolle, und eine Besprechung der Arbeitsergebnisse. Dies gibt dem Mitarbeiter Gelegenheit, die eigene Vorgehensweise und sein Arbeitsverhalten zu reflektieren und Verbesserungsmöglichkeiten zu erkennen. Als Führungskraft erhalten Sie einen besseren Überblick über die Kompetenzen des Mitarbeiters und über die Bereiche, in denen noch weitere Unterstützung und Qualifizierung erforderlich sind. Gleichzeitig erhalten Sie mit den Arbeitsergebnissen auch ein Feedback zu Ihrem Führungs-, Delegations- und Unterstützungsverhalten: Welche der Fehler hätten Sie durch ein anderes Vorgehen bei Ihrer Delegation verhindern können?

Die folgende Checkliste enthält die wesentlichen Fragen zum Thema Delegation. Die Beantwortung der Fragen wird Ihnen bei einer Optimierung Ihrer Delegation helfen.

Checkliste 36: Delegation

Was	ja	nein
Habe ich früh genug delegiert?	☐	☐
Habe ich fortlaufend kontrolliert?	☐	☐
Habe ich meine Unterstützung angeboten?	☐	☐
Habe ich genügend Termine vereinbart?	☐	☐
Habe ich Qualitäts- und Erfolgskriterien transparent gemacht?	☐	☐
Habe ich alle notwendigen Informationen (Zusammenhänge, größere Ziele usw.) weitergegeben?	☐	☐
Habe ich den Zugang zu allen notwendigen Ressourcen ermöglicht?	☐	☐
Habe ich eine Vereinbarung getroffen, dass bei Problemen eine frühzeitige Meldung erfolgt?	☐	☐
Habe ich ein Feedback gegeben?	☐	☐
Habe ich genügend attraktive Aufgaben delegiert?	☐	☐
Habe ich genügend anspruchsvolle Aufgaben delegiert?	☐	☐
Waren die delegierten Aufgaben zu anspruchsvoll?	☐	☐
Habe ich die Vorschriften für die Erledigung der Aufgabe erläutert?	☐	☐
Habe ich eine Rückdelegation angenommen?	☐	☐
Habe ich zwischendurch die Nerven verloren und meinem Mitarbeiter „dazwischengefunkt“?	☐	☐
Habe ich die Aufgabe wirklich nur an eine Person delegiert?	☐	☐
Habe ich sich verändernde Prioritäten weitergeleitet?	☐	☐
Habe ich den Entscheidungsrahmen festgelegt?	☐	☐

Teil 2 Personalarbeit

Professionelle Personalauswahl

Herr Berg ist nun vor die Aufgabe gestellt, aufgrund von Umstrukturierungen und den daraus entstehenden neuen Aufgaben neue Mitarbeiter einzustellen. Er weiß, dass Personalentscheidungen die wichtigsten Entscheidungen sind, die er treffen kann und muss. Um nun diesen Personalauswahlprozess möglichst effizient zu gestalten, zieht er seinen Mentor Herrn Weigert zu Rate

EXKURS: DIE RICHTIGEN FINDEN

Niemand ist ein Menschenkenner

„Niemand ist ein Menschenkenner“. Diese Aussage von Alfred Sloan (war lange Jahre CEO von General Motors) sollte aus unserer Sicht jede Führungskraft beherzigen. Denn wir alle haben mehr oder weniger das Gefühl, wir hätten „ein gutes Händchen“ bei der Auswahl von Mitarbeitern. Leider ist das nur ein Gefühl. Die nicht unbeachtliche Anzahl problematischer Besetzungen zeigt, dass hier zwar auch jemand „ein gutes Gefühl“ hatte (denn sonst wäre der Mitarbeiter ja nicht im Unternehmen bzw. auf seiner jetzigen Position), leider entsprach die Realität nicht dem Gefühl und den Hoffnungen.

„Ich bin nur jemand, der bei der Auswahl und Besetzung von Positionen richtig, d. h. langsam und sorgfältig, vorgeht. Für vier Stunden, die ich mir am Anfang Zeit nehme, bekomme ich hinterher 400 Stunden geschenkt, weil ich mich um denjenigen nicht aufwändig kümmern muss“, so Alfred Sloan weiter, befragt nach den Gründen seines Erfolgs.

Das Zitat verdeutlicht, dass „gute und richtige“ Besetzungsentscheidungen nicht „mal eben so“ erfolgen können – sie brauchen Zeit. Für Ihre langfristigen Erfolge mit Ihren Mitarbeitern sollten Sie diese Zeit als wichtigstes Pre-Investment betrachten.

Wen suche ich?

Wer nicht weiß, was er sucht, wird alles Mögliche (oder auch nichts) finden. Stellen Sie sich zunächst die Frage, was jemand wissen, können und wollen muss, um die Position erfolgreich auszufüllen. Hilfreich ist es hier sicherlich, sich die drei Faktoren der Leistungsfähigkeit zunutze zu machen:

Drei Faktoren der Leistungsfähigkeit: Wissen, Können, Wollen

1. Wissen (z. B. Fach-, Methoden- und Spezialkenntnisse sowie Ausbildungskenntnisse)
2. Können (z. B. Handlungskompetenzen, Erfahrungen bei der unternehmensspezifischen Anwendung von Methodenkenntnissen, Berufserfahrungen)
3. Wollen (die Motivation, sich intensiv und detailliert mit der gegebenen Aufgabe auseinander zu setzen)

Nehmen Sie sich genügend Zeit, um möglichst genau zu hinterfragen, welche Kompetenzen und Verhaltensbereitschaften für die zu besetzende Position erforderlich sind. Nur wenn Sie ein klares Anforderungsprofil erstellt haben, können Sie die Passung zwischen Bewerber und Position beurteilen.

Wie erstelle ich ein Anforderungsprofil?

Mit den Faktoren der Leistungsfähigkeit Ihrer Mitarbeiter haben Sie sich bereits beschäftigt. Durch die Anforderungsanalyse werden jetzt die Anforderungen an die Position genau festgestellt. Gehen Sie dabei in drei Schritten vor:

TO DO

1. Ziele identifizieren

ANFORDERUNGSANALYSE

► Schritt 1:

Identifizieren Sie die Ziele, die durch die Position erreicht werden sollen. Stellen Sie sich dabei folgende Frage: „Welche Ziele wollen wir mit der Position erfüllen?“ oder: „Warum nehmen wir (so viel) Geld in die Hand, um diese Position zu besetzen?“

Die Antworten auf diese Fragestellung beginnen immer mit:

„Es soll erreicht werden, dass....“

„Es soll sichergestellt werden, dass...“.

Extrahieren Sie pro Position etwa drei bis fünf Positionsziele.

2. Kernaufgaben extrahieren

► Schritt 2:

Im zweiten Schritt werden für die ermittelten Positionsziele jeweils vier bis sechs Kernaufgaben extrahiert. Konzentrieren Sie sich auf die wesentlichen, zur Erfüllung der Tätigkeit notwendigen Aufgaben, die jemand gut erfüllen muss, um das jeweilige Positionsziel zu erreichen.

Beschreiben Sie, was getan werden muss, und zwar in Tätigkeitsbegriffen, nicht in Eigenschaftsaussagen.

Fragen Sie sich: „Was muss getan werden, um die Positionsziele zu erreichen?“

Üblicherweise werden Sie pro Positionsziel vier bis sechs Aufgaben oder Tätigkeiten extrahieren können. Es ist wichtig, dass Sie sich hier nicht in die Irre führen lassen und die Beschreibung anhand von Fähigkeiten, Fertigkeiten, Einstellungen oder Überzeugungen vornehmen. Hier geht es ausschließlich um die Betrachtung dessen, was in der Tätigkeit gefordert ist, losgelöst von der Person. Die Hilfsfrage funktioniert folgendermaßen: Gehen Sie vor Ihrem geistigen Auge einmal besonders gute und danach weniger gute Positionsinhaber durch und beantworten Sie folgende Frage: In welchen Situationen erkenne ich, ob es sich um sehr gute oder weniger gute Positionsinhaber handelt? Mit dieser „Critical-Incidence-Technik“ können Sie recht gut identifizieren, welche Situationen für die Tätigkeit denn wirklich erfolgsentscheidend sind. Es ist bei weitem nicht so, dass sich Leistungsträger und leistungsschwache Mitarbeiter in allen Situationen unterscheiden, dies reduziert sich im Normalfall auf einige wenige Situationen.

► Schritt 3:

Im dritten Schritt leiten Sie aus den Aufgaben ab, was ein potenzieller Mitarbeiter wollen und können muss, um die definierten Aufgaben gut zu erfüllen und die Positionsziele sicher zu erreichen. Erst jetzt geht es also um die Anforderungen.

Seien Sie pingelig und unterscheiden Sie wirklich zwischen Können und Wollen – auch wenn das nicht immer ganz einfach ist und sich Überschneidungen kaum vermeiden lassen. Wenn Sie an dieser Stelle unterscheiden, erleichtern Sie sich die Vorbereitung und das Führen der Interviews. Für Können und Wollen werden Sie unterschiedliche Fragen stellen müssen.

Anforderungen ableiten

Ich habe hier ein ansatzweise ausgefülltes Beispiel für Sie, dass Ihnen dieses Schema für die Position „Leiter Controlling" darstellt.

CD-ROM

Anforderungsanalyse

Auszug aus Leiter Controlling

Positionsziel 1	Kernaufgaben zum Positionsziel	Anforderungen „Wollen und Können"
Konzeption und Implementierung eines einheitlichen Reporting-systems für die Auslandstochtergesellschaften	• Abstimmung von Reportingumfang und -frequenz mit den Tochtergesellschaften • Auswählen, Prüfen und Bewerten geeigneter Reporting-Systeme • …	• Sehr gute Englischkenntnisse • Erfahrung mit Reporting-Systemen • Analytisch, konzeptionelles Denken • Hohe Detailorientierung • Selbstbewusstsein und persönliches Standing • Überzeugungskraft und Akzeptanz im Auftreten gegenüber den Geschäftsführern und Controllingverantwortlichen der Auslandsgesellschaften • Serviceorientiertes Arbeiten und Verhalten • …

grow.up. Managementberatung GmbH

CD-ROM

Leeres Formular auf CD

Ein Arbeitsblatt für Ihre Anforderungsanalyse finden Sie auf der CD

Vielleicht scheint Ihnen das Modell der Anforderungsdefinition auf den ersten Blick etwas aufwändig. Die Zeit zur gründlichen Durchführung beträgt jedoch auch bei anspruchsvollen Positionen höchstens ein bis eineinhalb Stunden.

Vorteile einer Anforderungsanalyse

DIE VORTEILE FÜR SIE SIND:

1. Sie wissen genau, wen Sie suchen, und können den internen Dienstleistern (HR- bzw. Personalbereich) klar sagen, was Sie von zu rekrutierenden Kandidaten erwarten.
2. Sie können durchaus Kompromisse eingehen, weil Kandidaten, die das Anforderungsprofil zu 100 % erfüllen, recht selten sind. Aber Sie können (und sollten) genau erfassen, an welchen Punkten Sie Kompromisse eingehen. Kompromissbereit können Sie bei Variablen des „Könnens" sein („Können" kann man lernen), wenn Sie direkt von Anfang an durch Qualifikationsmaßnahmen dafür sorgen, dass eventuelle Defizite abgemildert werden. Kompromisslos dagegen sollten Sie bei Variablen des „Wollens" sein - hier handelt es sich um schwer veränderbare Persönlichkeitsvariablen: Aus einem anschlussorientierten Teamarbeiter machen Sie keinen wettbewerbsorientierten Vertriebsmitarbeiter.
3. Sie können die einmal gemachte Arbeit sowohl für interne Einarbeitungs- als auch für Karriereentwicklungspläne nutzen, aber auch potenziell interessierten internen Kandidaten strukturiert und substanziell verdeutlichen, warum sie (oder auch noch nicht) für die definierte Position in Frage kommen.

Ihre Bemühungen sind die Vorarbeit für einen strukturierten Interviewleitfaden. Denn eine der problematischsten Fehlerquellen des Verfahrens „Interview" ist die Tatsache, dass Interviews - obwohl es sich um ein und dieselbe Position handelt - häufig je nach eigener Kondition, Tageszeit oder Sympathie sehr unterschiedlich geführt werden. Daher lässt sich dann auch kein klares Bild über die Kandidaten gewinnen. Sie wechseln nicht nur die Kandidaten, sondern auch das Messinstrument (das Interview) aus und aus diesen Messungen kann dann kaum etwas Vergleichbares resultieren.

Wie finde ich heraus, ob der Bewerber den Positionsanforderungen entspricht?

Fragen aus der Anforderungsanalyse

Mit dem von Ihnen gefertigten Anforderungsprofil haben Sie schon fast Ihren Interviewleitfaden erstellt. Der Großteil der Fragen und die von Ihnen anzusprechenden Themenfelder ergeben sich aus dem Anforderungsprofil. Nehmen wir das Beispiel „Leiter Controlling" (siehe Abbildung 16). Welche Fragen sich hieraus ableiten lassen, möchte ich Ihnen anhand von drei Anforderungen aufzeigen:

BEISPIEL: ANFORDERUNGEN AN DEN BEWERBER UND IHRE FRAGEN

- Anforderung: Sehr gute Englischkenntnisse (Können)
  - Führen Sie das ganze oder einen Teil des Gesprächs in Englisch – nur so können Sie erfahren, wie fundiert die Kenntnisse des Bewerbers wirklich sind.
- Erfahrung mit Reporting-Systemen (Können)
  - Welche Reporting-Systeme haben Sie kennen gelernt?
  - Mit welchen haben Sie gearbeitet (wie intensiv, wie lange etc.)?
  - Wie bewerten Sie die unterschiedlichen Systeme?
  - Welche Anforderungen müsste nach Ihren Erfahrungen und jetzigem Kenntnisstand ein System für unser Unternehmen erfüllen?
  - Was sind Ihre wesentlichen Erfahrungen mit solchen Reporting-Systemen? (Worauf basieren sie? Wie sind Sie dazu gekommen? Was hat zu der Einschätzung geführt? etc.)
- Analytisch-konzeptionelles Denken (Können und Wollen (Leistungsmotivation))
  - Wie gehen Sie bei komplexen konzeptionellen Aufgabenstellungen vor?
  - Wie sind Sie bei der Einführung des Systems in dem letzten Unternehmen vorgegangen?
  - Wie waren die Situation und die Rahmenbedingungen?
  - Wie viel Unterstützung hatten Sie?
  - Welche Resssourcen standen Ihnen zur Verfügung?
  - Wie sind Sie vorgegangen?
  - Wie haben Sie die Ressourcen eingesetzt?
  - Was war Ihnen in der kritischen Phase der Einführung besonders wichtig?
  - Was waren die Ergebnisse?
  - Wie zufrieden waren Sie damit? (Wann und warum waren Sie mit Ihren Ergebnissen zufrieden?)
  - Woran messen Sie Ihre Arbeitsergebnisse?
  - Wann ist eine Aufgabe eine besondere Herausforderung für Sie?
  - Was würden Sie heute anders machen?
  - Was haben Sie daraus gelernt?
  - Sie können den Bewerbern auch eine Fallstudie zur Bearbeitung geben, für deren Lösung sie ihre analytischen und konzeptionellen Fähigkeiten einsetzen müssen.

- Überzeugungskraft und Akzeptanz im Auftreten gegenüber den Geschäftsführern und Controllingverantwortlichen der Auslandsgesellschaften (Können und Wollen)
  - Was ist Ihnen für die Jahresplanungsgespräche besonders wichtig?
  - Wie bereiten Sie sich vor?
  - Wo sehen Sie Ihre Stärken?
  - Was sind Ihre Minimal- und Maximalziele für vergleichbare Gespräche?
  - Wie erreichen Sie es, Ihre Gesprächspartner zu überzeugen?
  - Was tun Sie, wenn die Gesprächspartner ihre kritische Haltung beibehalten?
  - Wie oft führen Sie vergleichbare Gespräche?
  - Was reizt Sie an dieser oft schwierigen Aufgabe?
  - Wie positionieren Sie sich in diesen Gesprächen? Wie sollen Ihre Gesprächspartner Sie wahrnehmen?
  - Wann geben Sie auf?
  - Worum ging es in Ihrem letzten Gespräch? Wie ist es verlaufen? Wie ist es zu diesem Verlauf gekommen? Was genau haben sie getan? Was haben Sie damit bewirkt?

CD-ROM

Interviewleitfaden mit über 100 Fragen auf CD

Ein Muster für einen Interviewleitfaden finden Sie auf der CD.

Führen Sie das Gespräch als situatives Rollenspiel mit dem Bewerber.

EXPERTE

TIPP FÜR IHRE AUSWAHLGESPRÄCHE: GEHEN SIE HYPOTHESENGELEITET VOR

Hypothesen aufstellen heißt, sich im Vorfeld eine Meinung dazu zu bilden, wie gut oder schlecht ein Kandidat passt. Sie können eine Positiv-Hypothese haben (der Bewerber wird gut passen), eine Neutral-Hypothese oder eine Negativ-Hypothese (der Bewerber wird es wohl eher nicht sein).

Vermeiden Sie den häufigen Fehler, dem Kandidaten, z. B. weil Sie die Stelle dringend besetzen müssen, Bonuspunkte zu schenken (Positiv-Hypothese: „Der wird schon noch!"). Gehen Sie neutral in das Gespräch und überprüfen Sie Ihre Hypothesen, die Sie z. B. aus den Bewerbungsunterlagen abgeleitet haben. Lassen Sie sich vom Bewerber beweisen, dass er der richtige ist. Eine Neutral-Hypothese unterstützt Sie bei der kritischen Überprüfung im Hinblick auf die Passung des Kandidaten. „Bevor du mir nicht gezeigt hast, was du kannst, bist du es nicht!"."

Wie erfahre ich etwas über die Motivation eines Bewerbers?

Ein Menschenmodell

Wenn Sie herausfinden möchten, was ein Bewerber will – sprich: wie er grundlegend motiviert ist – und ob seine Motivation zu der zu besetzenden Position passt, können Sie sich nach dem bereits bekannten einfachen und praktikablen Schema richten. Es beschreibt die zentralen, für den Berufsalltag besonders relevanten Motivationen:

- die Anschlussmotivation,
- die Leistungsmotivation und
- die Machtmotivation.

Motivation erkennen

BEISPIEL:

Sie fragen den Bewerber: „Sie sagten, dass Sie viermal pro Woche Tennis spielen gehen. Es scheint Ihnen wirklich wichtig zu sein. Was ist für Sie so wichtig daran, was motiviert Sie so, dass Sie die notwendige Zeit gerne investieren?"

Antwort des *anschlussmotivierten* Bewerbers:
„Wir treffen uns immer mit einer Gruppe von acht Leuten und es macht mir viel Spaß, ab und zu mal ein Doppel zu spielen. Danach gehen wir immer noch zusammen etwas trinken und besprechen die Dinge, die in naher Zukunft so anliegen, wie zurzeit z. B. die Organisation des Sommerfests."

Antwort des *leistungsmotivierten* Bewerbers:
„Es macht mir Spaß, mich mit anderen zu messen und zu merken, dass ich besser werde. Außerdem ist es mein Ziel, das nächste Turnier zu gewinnen."

Antwort des *machtmotivierten* Bewerbers:
„Da ich Vorstandsmitglied des Vereins bin, ist es selbstverständlich meine Pflicht, als Ansprechpartner zur Verfügung zu stehen. Es müssen schließlich ständig Entscheidungen getroffen werden. Außerdem macht es mir Spaß, den Verein nach außen zu repräsentieren und neue Mitglieder zu gewinnen."

Es macht wenig Sinn, den Bewerber in Bezug auf die zukünftige Position zu hinterfragen und Dinge anzusprechen, die er nicht kennt. Fragen Sie nach den Themen, die eine Bedeutung für den Bewerber haben, zu denen er eine eigene Meinung hat und anhand derer er über seine Werte und Motivation sprechen kann.

Wie hinterfrage ich oberflächliche Bewerberantworten?

Fragen nach dem Verhaltensdreieck

Sie möchten nach einem Interview die Kompetenzen und das Wollen eines Bewerbers einschätzen können. Aus Antworten wie z. B.: „Ja, das kenne ich. In meiner heutigen Position hatten wir das auch mal, aber wir haben es dann gut gelöst." gewinnen Sie keine relevanten Informationen. Sie müssen in Erfahrung bringen, was der Bewerber getan hat und warum. Hier bietet Ihnen das Fragen nach dem Verhaltensdreieck eine wesentliche Strukturierungshilfe für gezieltes Fragen im Interview.

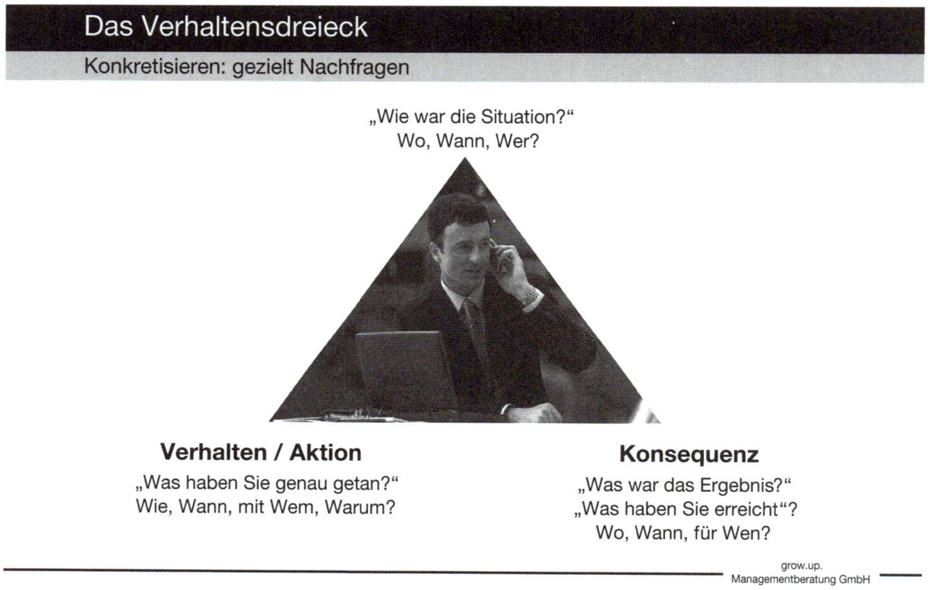

FRAGEN SIE NACH DEM VERHALTENSDREIECK: WIE GEHEN SIE VOR?

Greifen Sie die Antwort des Bewerbers auf und fragen Sie nach:

Situation und Aufgabe

1. Lassen Sie sich die Situation bzw. die Aufgabe genau schildern!
   „Wie war die Situation?"
   „Wo ist das passiert?"
   „Wann ist das passiert?"
   „Wer war daran beteiligt?"
   Wenn Sie alle gewünschten Informationen haben und sich die Situation gut vorstellen können, gehen Sie zur nächsten Vertiefungsstufe über:

Verhalten und Aktion

2. Lassen Sie sich das Verhalten bzw. die Aktion schildern!
   „Was genau haben Sie getan?"
   „Wie haben Sie es getan?"
   „Wann haben Sie es getan?"
   „Mit wem haben Sie es getan?"
   „Warum haben Sie es getan?"

3. Lassen Sie sich die Konsequenz und Bedeutung schildern!
   „Was war das Ergebnis?"
   „Was haben Sie erreicht?"
   „Wann haben Sie es erreicht?"
   „Für wen haben Sie es erreicht?"
   „Was war für Sie an dem Ergebnis wichtig?"
   „Was haben Sie daraus gelernt?"
   Was würden Sie das nächste Mal tun?"

Konsequenz und Bedeutung

Gehen Sie einen Schritt weiter. Sie wollen den Bewerber dazu bringen, dass er über das genaue Warum seines Handelns und die Bedeutung seiner erzielten Ergebnisse spricht. Stellen Sie offene Fragen. Vertiefen Sie die mit dem Verhaltensdreieck gewonnenen „episodischen" Informationen über „selbstreflektorische" Fragen. So erfahren Sie mehr über das „Wollen" des Bewerbers - seine Werte, Meinung, Motive und Beweggründe.

In nachfolgender Checkliste gebe ich Ihnen Beispiele für sieben Arten selbstreflektorischer Fragen:

Checkliste 37: Selbstreflektorische Fragen

CD-ROM

Beschreibung der/des ...	Mögliche Fragen
Individualität	„Wie gehen Sie da vor?", „Was ist Ihr Stil?"
Persönliche Markanz	„Woran reiben Sie sich mit anderen?" „Was würden Ihre Freunde als für Sie kennzeichnend beschreiben?"
Quintessenz	„Was haben Sie daraus gelernt?" „Was werden Sie in Zukunft ändern?"
Prioritäten	„Was ist Ihnen besonders wichtig im Hinblick auf ...?" „Was sind wesentliche Entscheidungskriterien für Sie bei ...?"
Wahrgenommenes Fremdbild	„Was denken Ihre Kollegen über Sie?" „Was ist Ihnen in der Zusammenarbeit mit anderen wichtig?"
Motivation	„Was motiviert Sie zu ...?" „Was veranlasst Sie, diese Mehrbelastung auf sich zu nehmen?"
Persönliche Einstellung/Werte	„Was denken Sie über ...?" „Welche Entscheidung würden Sie bei ... treffen?" „Was schätzen Sie an ... besonders?"

Wie erfahre ich, ob ein Bewerber das, was er behauptet, auch wirklich kann?

Vom Reden zum Handeln

Das ist eine grundlegende Problematik von Interviews. Hier bietet sich besonders das Einbauen von Rollenspielen an, also: „Nicht nur reden, sondern zeigen lassen“. Mit diesem Vorgehen können Sie erleben, wie sich der Kandidat in einer zuvor verbal beschriebenen Situation wirklich verhält, und Sie gewinnen so deutlich mehr Informationen zu den Kompetenzen des Kandidaten, als wenn Sie sich diese nur erzählen lassen.

HIER EIN BEISPIEL:

Sie sprechen mit einem Bewerber für eine Gruppenleiterposition über Mitarbeitergespräche. Sie sprechen darüber, wie er die Gespräche führt und was ihm dabei wichtig ist. Um nun zu sehen, ob der Bewerber entsprechend seinen verbalen Aussagen handelt, greifen Sie diese Situation auf:

„Sie haben gerade ausgeführt, wie Sie ... Ich möchte diese Situation gerne mit Ihnen durchspielen. Ich übernehme die Position Ihres Mitarbeiters und Sie führen in Ihrer Rolle als Führungskraft das Gespräch zu ... mit mir. Wir befinden uns in folgender Situation ... Sind Sie damit einverstanden?“

Wie erreiche ich eine Vergleichbarkeit meiner Interviews bei mehreren Bewerbern?

Interviewleitfäden

Nutzen Sie Ihre gefertigte Anforderungsanalyse und die Anregungen aus den Beispielfragen, die ich Ihnen genannt habe, um sich für Ihre Auswahlgespräche einen positionsspezifischen Interviewleitfaden zu erstellen.

CD-ROM

Hilfe zur Erstellung eines Interviewleitfadens finden Sie oben unter der Frage: „Wie finde ich heraus, ob der Bewerber den Positionsanforderungen entspricht?“, ein Muster für einen Interviewleitfaden auf der CD.

Verwenden Sie den Leitfaden für jeden Bewerber auf diese Position. Auf diese Art und Weise erreichen Sie einen relativ hohen Grad an Standardisierung und Vergleichbarkeit Ihrer Auswahlgespräche. Durch die Strukturierung gewährleisten Sie, von allen Bewerbern die gleichen Informationen zu erfragen, selbst dann, wenn unterschiedliche Interviewer die Gespräche führen. Sie relativieren darüber hinaus Einflussfaktoren wie die eigene Verfassung, Sympathie oder Tageszeit.

Wie erziele ich eine möglichst hohe Trefferquote?

Messwiederholung: mehrere Interviews

Sie können davon ausgehen, dass ein einzelnes Gespräch stark fehlerbehaftet ist. Die vielfältigsten Dinge tragen dazu bei, das Ergebnis zu verzerren. Stellen Sie sich etwas so Einfaches wie Blutdruckmessen vor. Selbst dabei können Sie nach einer Messung nicht davon ausgehen, dass der erhobene Wert der richtige ist. Erst wenn Sie die Messung mehrmals wiederholen, können Sie über die Mittlung der einzelnen Ergebnisse davon ausgehen, dass Sie der „Wahrheit" ein Stück näher gekommen sind.

Nicht andere ist es bei Ihren Auswahlgesprächen. Jedes einzelne Gespräch trägt viele „Mess"-Fehler. Eine Möglichkeit, Ihre „Trefferquote" zu erhöhen, liegt in der Wiederholung. Lassen Sie die Kandidaten mehrere (bis zu fünf) Interviews mit unterschiedlichen Interviewern absolvieren. Die einzelnen Interviewer dürfen sich nicht untereinander absprechen, sondern jeweils nur ihre eigene Einstellungs- oder Ablehnungsentscheidung mitteilen. Auf diese Art erreichen Sie eine Erhöhung der Treffsicherheit von Auswahlentscheidungen um 60 bis 70 Prozent.

Personalentwicklung als Führungsaufgabe

Herr Berg weiß, dass vorgegebene oder vereinbarte Ziele nur erreicht werden können, wenn seine Mitarbeiter über die erforderlichen Qualifikationen und Kompetenzen verfügen. Er möchte eine Verbesserung der derzeitigen Leistungsfähigkeit seiner Mitarbeiter erreichen, deshalb sollen sie sich weiterentwickeln. Dafür möchte er sich einsetzen. Mit folgenden Fragen wendet er sich an seinen Mentor Herrn Weigert:

Wer ist für Personalentwicklung verantwortlich?

Personalentwicklung ist Chefsache

Wenn Sie mit Ihren Mitarbeitern vorgegebene oder vereinbarte Ziele erreichen wollen, müssen Sie dafür Sorge tragen, dass Ihre Mitarbeiter auch über die erforderlichen Qualifikationen und Kompetenzen verfügen. Das Vorhandensein einer Personalentwicklungsabteilung ist hierfür weder ausreichend noch trägt dieser Bereich die Verantwortung für die Personalentwicklung Ihrer Mitarbeiter. Die Personalabteilung kann höchstens Sparringspartner sein und Inhalte, Vorgehensweisen und Methoden zur Verfügung stellen. Nur Sie als Führungskraft können wissen, was Ihre Mitarbeiter an Qualifikation brauchen, um die gestellten Aufgaben erfolgreich zu erfüllen und die vereinbarten Ziele zu erreichen.

Gemeinsame Verantwortung

Sie und der Mitarbeiter tragen gemeinsam die Verantwortung für die Personalentwicklung. Sie als Führungskraft stellen ihm Mittel und Möglichkeiten zur Verfügung und unterstützen ihn. Der Mitarbeiter muss über die notwendige Lernmotivation verfügen und sich für das Erreichen der Personalentwicklungsziele aktiv einsetzen. Personalentwicklung ist kein Selbstbedienungsladen, keine Volkshochschule und auch keine Spaß-Veranstaltung, sondern eine Investition in die Zukunft.

Wozu dient mir das Personalentwicklungsgespräch?

Bei Fragen der Personalentwicklung wird deutlich, wie eng Instrumente der Mitarbeitersteuerung und der Mitarbeiterförderung ineinander greifen: Mitarbeitergespräche, Zielvereinbarungsgespräche, Feedback- und Beurteilungsgespräche dienen immer der Mitarbeitersteuerung und der Mitarbeiterförderung. Bei Personalentwicklungsgesprächen stehen Qualifizierung und Weiterentwicklung im Vordergrund.

Qualifizierung und Weiterentwicklung

Aber auch hier geben Sie Feedback – und zwar dazu, wie Sie die Leistungen des Mitarbeiters sehen und welche weiteren Qualifizierungs- und Entwicklungsmaßnahmen Sie für ihn vorsehen. Des Weiteren vereinbaren Sie Ziele, nämlich Personalentwicklungs- und Qualifizierungsziele. Für gezielte und systematische Personalentwicklung in Ihrem Verantwortungsbereich sollten Sie mit den Mitarbeitern entsprechende Vereinbarungen im Personalentwicklungsgespräch treffen.

Vereinbarung von Zielen

Wie kann ich den Entwicklungsbedarf bestimmen?

Zur Erfassung des Entwicklungsbedarfs Ihrer Mitarbeiter können Sie folgende Instrumente nutzen:

Instrumente

- Mitarbeiterbefragungen
- Zielvereinbarungssysteme
- Mitarbeiterbeurteilungssysteme
- Führungskräfte-Feedback
- 360°-Feedback
- Kundenbefragungen
- Personalentwicklungsgespräche
- Potenzialanalysen
- Potenzialportfolio
- Motivationsbefragungen/Analysen
- Zufriedenheitsanalysen
- Personalreview/Audit
- abteilungsbezogene Leistungsanalyse

Welche Methoden der Personalentwicklung kann ich nutzen?

Das Spektrum der Personalentwicklungsmethoden ist breit. Die folgende Abbildung zeigt eine Systematik betrieblicher Personalentwicklungsmaßnahmen.

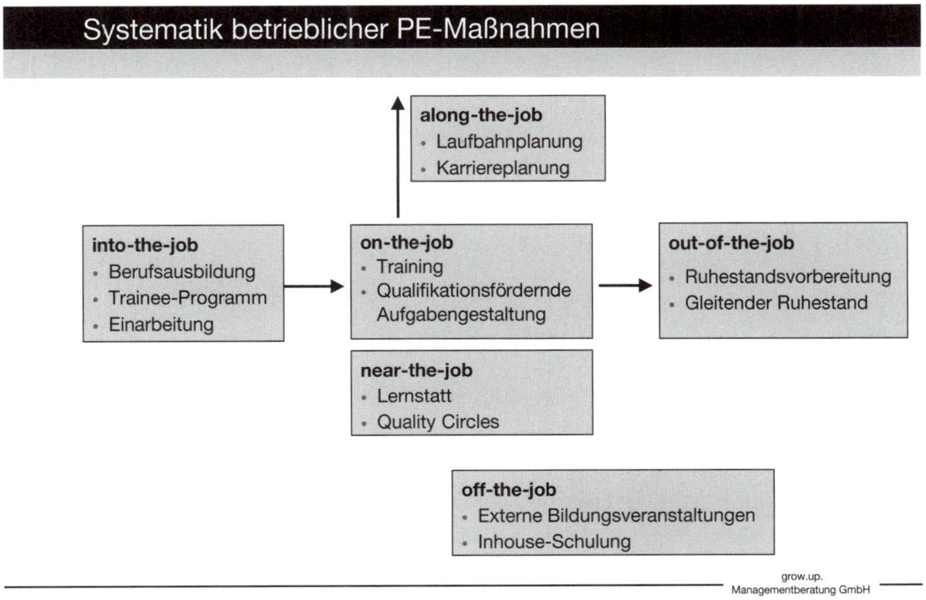

Into-the-job

Personalentwicklung into-the-job beinhaltet die Frage, wie ein neuer Mitarbeiter in sein neues Berufsfeld begleitet werden kann. Sie sollten stets für eine systematische Einarbeitung Ihrer neuen Mitarbeiter sorgen. Dies ist eine sinnvolle und effektive Personalentwicklungsmaßnahme, die in der betrieblichen Praxis leider häufig vernachlässigt wird.

Along-the-job

Mit dem Bereich der Personalentwicklung „along-the-job" ist der Grundgedanke verbunden, Mitarbeiter bewusst im Sinne einer Gestaltung und Förderung ihrer beruflichen Laufbahn zu unterstützen. Wenn Sie Ihre Mitarbeiter und deren Potenziale an das Unternehmen binden wollen, ist es von großer Bedeutung, ihnen eine Perspektive aufzeigen zu können. Thematisieren Sie in den Personalentwicklungsgesprächen mit Ihren Mitarbeitern mögliche Laufbahnmuster.

Aufgrund des betrieblichen Abbaus von Hierarchien haben typische aufstiegsorientierte und vertikale Planungen in den letzten Jahren an Bedeutung verloren. Stattdessen treten nun horizontale Maßnahmen im Sinne von Fach- und Projektlaufbahnen in den Vordergrund.

CD-ROM

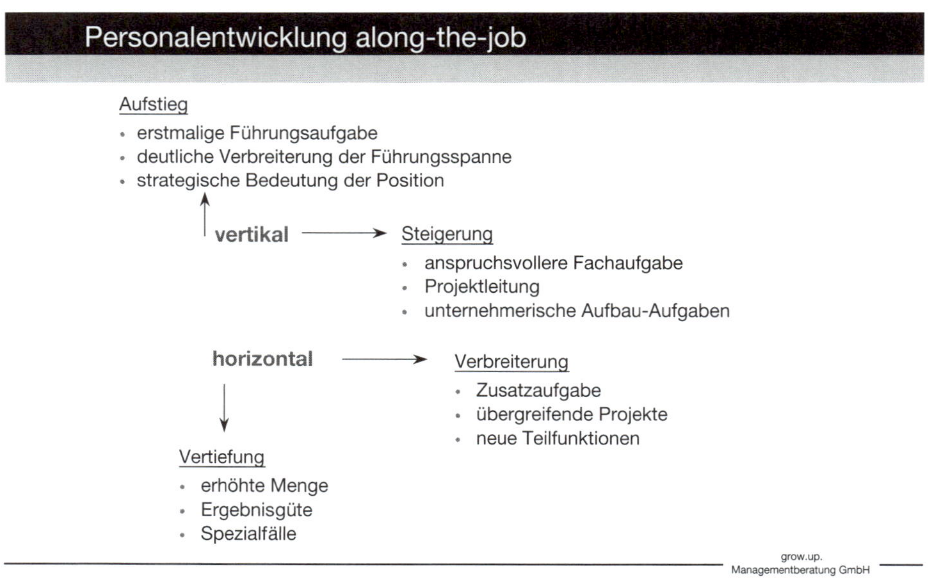

Fachlaufbahn

Fachlaufbahnen sehen parallel zur typischen Führungslaufbahn Rangstufen mit entsprechenden Bezeichnungen und Anreizen zu den Leitungsebenen vor. Charakteristisch für solche Fachlaufbahnen ist ein hoher Anteil an reinen Fachaufgaben und kein oder nur ein sehr geringer Anteil an Führungs- und allgemeinen Managementaufgaben. Fachlaufbahnmuster bieten den Vorteil, dass Spezialisten nicht zwangsläufig in Führungspositionen befördert werden.

Projektlaufbahnen sind von den normalen Projektaufgaben abzugrenzen. Die Projekte sind nicht als „Durchgangsstation“ für eine spätere Führungslaufbahn zu betrachten, sondern als eine tatsächliche Karrierealternative. Im Rahmen der Leitung bereichsübergreifender Projektteams können unternehmerische Fertigkeiten ausgebaut werden. Zusätzlich bieten Projektlaufbahnen die Möglichkeit, die individuellen Zielvorstellungen der Mitarbeiter zu berücksichtigen.

Projektlaufbahn

On-the-job

Das Lernen am Arbeitsplatz ist eine der effektivsten und dazu eine äußerst effiziente Form der Qualifikation von Mitarbeitern. Hier werden drei Formen unterschieden:

1. Job Rotation beinhaltet eine zeitlich begrenzte Übernahme von Aufgaben einer anderen Stelle auf der gleichen Hierarchieebene. Dies stärkt die Fähigkeiten für das eigene Aufgabengebiet und ermöglicht ein breiteres Einsatzspektrum des Mitarbeiters. Darüber hinaus wird die Gefahr von „Betriebsblindheit“ gemindert.

   Job Rotation

2. Job Enlargement bedeutet eine Ergänzung der Aufgaben des Mitarbeiters auf seiner Stelle durch Hinzufügen neuer, qualitativ gleichwertiger Aufgaben.

   Job Enlargement

3. Beim Job Enrichment wird der Aufgabenbereich des Mitarbeiters durch das Hinzufügen qualitativ anspruchsvollerer Aufgaben oder Aufgaben mit höherer Verantwortung erweitert. In diesem Rahmen wäre zum Beispiel der Einsatz des Mitarbeiters als Assistent, Nachfolger oder Stellvertreter denkbar. Die neue Herausforderung steigert meist auch die Motivation des Mitarbeiters.

   Job Enrichment

Near-the-job

Die Förderung von Mitarbeitern kann auch durch einen zeitweisen Einsatz in Projektgruppen parallel zur Arbeit in der derzeitig besetzten Position erfolgen. Da ein Einsatz in ganz verschiedenen Projekten erfolgen kann und soll, die nicht unmittelbar mit der eigentlichen Arbeitsaufgabe der Mitarbeiter in Zusammenhang stehen, wird diese Förderung von Mitarbeitern als Personalentwicklung „near-the-job“ bezeichnet. Neben dem befristeten Einsatz von Mitarbeitern in Projektgruppen sind folgende Maßnahmen denkbar:

- längerfristige Projektbegleitung
- Übernahme zeitlich befristeter Sonderaufgaben
- Leitung von Kleingruppen innerhalb einer Abteilung oder Gruppe
- Tätigkeit als Ausbilder
- Übernahme von Moderatorenaufgaben

Off-the-job

Die Maßnahmen „off-the-job“ werden außerhalb der Arbeit in der derzeitig besetzten Position durchgeführt. Dies können interne Weiterbildungen oder auch externe Seminare sein. Ihre Aufgabe als Führungskraft besteht darin,

Ihren Mitarbeitern je nach Bedarf eine Teilnahme an derartigen Maßnahmen zu ermöglichen.

CD-ROM

Methoden der Personalentwicklung

Personalentwicklung on-the-job und near-the-job

- Karriereplanung, Nachfolgeplanung
- Projektarbeit, Sonderaufgaben
- Job-Rotation/Hospitationen
- Job-Enlargement
- Job-Enrichment
- Auslandsentsendung
- Planspiele
- Multiplikatorenprogramme
- Lernpartnerschaften
- Qualitätszirkel und Lernstatt
- Nutzen unternehmensinterner Wissensdatenbanken
- Zielvereinbarung

Personalentwicklung off-the-job

- Fachliche Weiterbildung
- Verhaltens- und managementbezogene Seminare (inhouse/externe Anbieter)
- Coaching und Einzeltraining
- Teamtraining/Teambuilding
- Selbstlernprogramme (Literatur, Computer-based Training, andere Medien)
- Mentorenprogramme, Patenschaften
- Interkulturelle Trainings

grow.up. Managementberatung GmbH

DIE WAHL DER RICHTIGEN METHODE

1. Achten Sie darauf, dass Sie immer die wirkungsvollste Maßnahme wählen und nicht die, die Ihnen am einfachsten erscheint.
2. Lern- und Personalentwicklungsvereinbarungen ohne Kontrolle sind Unfug und wirkungslos.
3. Vermeiden Sie Vermischung von Incentives und Personalentwicklung. Personalentwicklung ist aus Unternehmenssicht Arbeit und dient der besseren Bewältigung der betrieblichen Anforderungen. Behalten Sie eine strikte Trennung von Schulungsmaßnahmen und Motivationsveranstaltungen bei. Lernen kann Spaß machen, was aber nicht das Hauptziel ist.
4. Lassen Sie auch andere von dem neu erworbenen Wissen eines Kollegen profitieren. Wissensmanagement und Qualifizierung in Ihrem Bereich kann auch bedeuten, dass Mitarbeiter, die z. B. an externen Weiterbildungsmaßnahmen teilnehmen, danach ihre Kollegen über wichtige Lerninhalte informieren und ihnen die Unterlagen zur Verfügung stellen.
5. Probieren Sie die zu lernenden Inhalte (Bücher, CD-Rom, Web-Based-Training) vorher selbst aus. Nur so wissen Sie, ob die Inhalte dem Bedarf tatsächlich entsprechen.
6. Ziehen Sie bei komplizierteren Fällen Experten hinzu. Dafür sind die Kollegen aus der Personalentwicklung da.

Wie erkenne ich, welche Personalentwicklungsmaßnahme für welchen Mitarbeiter am besten geeignet ist?

Das Personalportfolio

Hier kann Ihnen ein einfaches Modell helfen. Es beinhaltet die Dimensionen Können und Wollen. Die Dimension Können fragt: „Kann der Mitarbeiter die Anforderungen der Tätigkeit, so wie sie heute an ihn gestellt werden, zu 0, zu 50 oder zu 100 Prozent erfüllen?“. Gleiches gilt für die Dimension Wollen.

Das Personalportfolio I

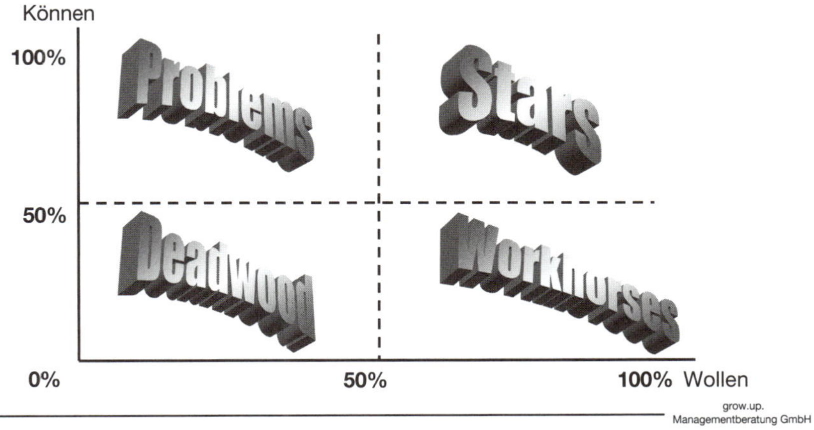

In dem Kästchen rechts oben sind die Mitarbeiter aufgeführt, die sowohl können als auch wollen. Das sind unsere „Stars“.

In dem Quadranten rechts unten finden Sie die „Workhorses“. Das sind Mitarbeiter, die zwar wollen, aber nicht oder noch nicht können.

Im dritten Quadranten unten links finden Sie Mitarbeiter, die nicht können, aber - wesentlich problematischer - auch nicht wollen: der Deadwood.

Die problematischste Zielgruppe finden Sie im Quadranten oben links. Dies sind unsere „Problems“, die Problemfälle.

Nachfolgend finden Sie ein leeres Portfolio. Machen Sie sich bitte die Mühe und arbeiten das entsprechende Portfolio aus, indem Sie das abgebildete Koordinatensystem auf ein weißes Blatt Papier übernehmen und Ihre heutigen Mitarbeiter dort einsortieren.

Das Personalportfolio II
Arbeitsblatt

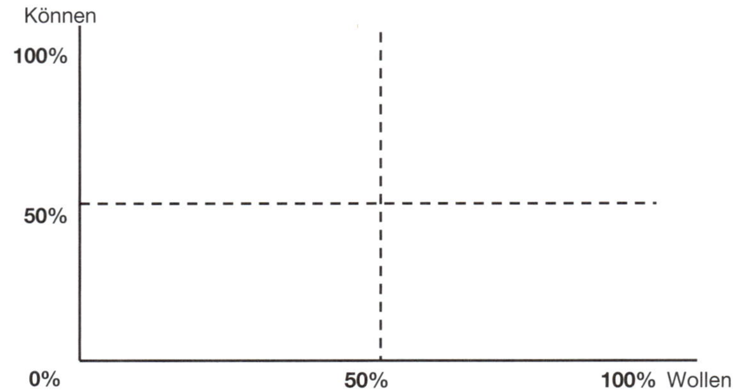

grow.up. Managementberatung GmbH

Welche Personalenwicklungsmaßnahmen ergreife ich für wen?

Wachstumspotenzial erkennen

Wenn Sie Ihr Personalportfolio anhand Ihrer realen Mitarbeiter erarbeitet haben, können wir jetzt daran gehen, Strategien für die unterschiedlichen Zielgruppen zu entwickeln.

1. Personalentwicklung lohnt sich am meisten bei den „Stars". Sie haben das größte Wachstumspotenzial. Potenziale sind primär eine Frage des Wollens. Solche Kandidaten stellen häufig viele Fragen. Dies ist eine Voraussetzung für auftauchendes Verständnis, das Entwickeln von Hintergrundwissen und eigener Optimierung. Mitarbeiter mit Wachstumspotenzial setzen sich häufig expansive Ziele. Das Formulieren von Qualitätsmaßstäben und Gütekriterien an ihre Tätigkeit deutet auf eine Auseinandersetzung mit ihren eigenen Ansprüchen hin. Die Arbeit mit dem eigenen Anspruchsniveau führt zu einer Verbesserung, weil man selbst wahrnimmt, dass man den Anforderungen - idealerweise den selbst gesetzten - noch nicht genügt. Auch eine kritische Auseinandersetzung mit gemachten Erfahrungen und Erlebnissen deutet darauf hin, dass mit einem eigenen Anspruchsniveau gearbeitet wird.

Bindung und Motivation

Bei den „Stars" müssen Sie die Motivation und die Bindung an das Unternehmen ins Zentrum Ihrer Aufmerksamkeit rücken. Dazu können Sie Delegation, Projektarbeit und Sonderaufgaben nutzen. Zielvereinbarungen sind für diese Mitarbeiter ein wichtiges Steuerungs- und Motivationsinstrument.

Versäumen Sie nicht, diesen Mitarbeitern Perspektiven aufzuzeigen und auch mit ihnen an deren Erreichung zu arbeiten.

High-Potentials

Bei High-Potentials kann es passieren, dass sie irgendwann „abheben“ und sich selbst für „überragend“ halten. Für diese Mitarbeiter empfehle ich Ihnen folgende Strategie: Geben Sie ihnen Aufgaben, die mindestens eine Nummer zu groß für sie sind, und helfen Sie im letzten Moment, ohne dass derjenige es merkt. Die zu verzeichnenden Erfolge heben das Selbstbewusstsein und fördern den Stolz. Im zweiten Angang geben Sie ihnen ein Projekt, das wiederum eine Nummer zu groß ist für sie und helfen aber diesmal nicht im letzten Moment. Die Lernerfahrung besteht hier darin, mit Misserfolgen umzugehen und trotzdem festzustellen, dass man weiter akzeptiertes Mitglied des Teams ist. Dies fördert die Loyalität und Bindung. Sie müssen aber sicher sein, dass es sich hier wirklich um ausgewiesene Potenzialträger handelt. Wenn Sie diese Strategie bei „Workhorses“ oder „Problems“ anwenden, kann das sehr negative Auswirkungen auf deren Selbstsicherheit und Stabilität haben.

2. Bei den „Workhorses“ stehen Lernen und Kompetenzzuwachs bei gleichzeitigem Erhalt der Motivation im Vordergrund. Qualifikation und Personalentwicklung ist bei dieser Zielgruppe unerlässlich.

3. Wenn Sie Mitarbeiter im Bereich „Deadwood“ haben und sich nicht von ihnen trennen können oder wollen, stehen die Qualifizierung oder Repositionierung für eine richtige und umfassende Aufgabenwahrnehmung im Vordergrund. Hier geht es nicht so sehr um Ziele und Zielerreichung, sondern um Kompetenzverbesserung.

4. Für die Gruppe der „Problems“ gibt es keine klare Strategie wie bei den anderen drei Zielgruppen. Sie müssen individuell und selektiv vorgehen: individuell deshalb, weil Sie jeden Fall einzeln betrachten müssen, und selektiv, weil Sie daran arbeiten müssen, die in diesem Feld befindlichen Mitarbeiter entweder in das Feld „Stars“ zu bringen oder in das Feld „Deadwood“. Bei diesen Mitarbeitern steht das Widererwecken der Motivation im Vordergrund. Zielvereinbarungen können auch für sie ein wichtige Motivations- und Steuerungsinstrument sein.

Das Personalportfolio III

Geeignete Personalentwicklungsmaßnahmen ableiten

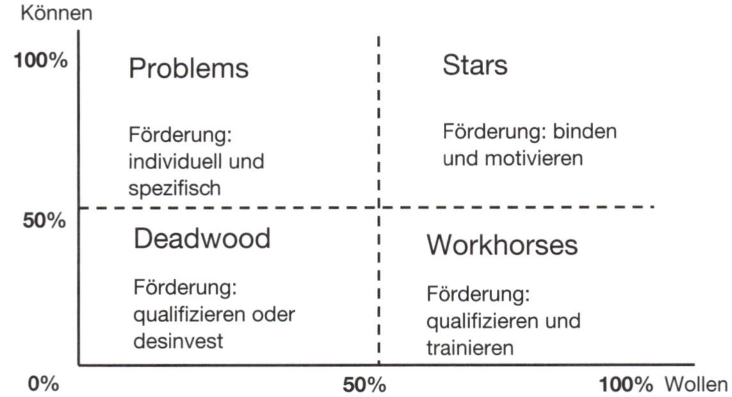

grow.up. Managementberatung GmbH

In der nachfolgenden Übersicht finden Sie eine Zuordnung der Personalentwicklungsmethoden, die für die im Personalportfolio beschriebenen Mitarbeitergruppen geeignet sind. Sie erhebt sicherlich nicht den Anspruch der Vollständigkeit, gibt aber durchaus einige Anregungen.

Mitarbeitergruppen und PE-Maßnahmen

Welche PE-Maßnahme ist für wen geeignet?

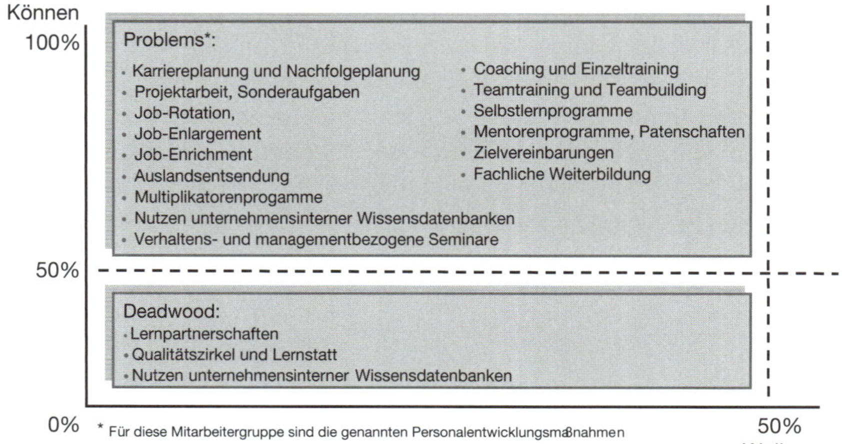

* Für diese Mitarbeitergruppe sind die genannten Personalentwicklungsmaßnahmen nur sinnvoll, wenn sie zu einer deutlichen Motivationssteigerung führen.

grow.up. Managementberatung GmbH

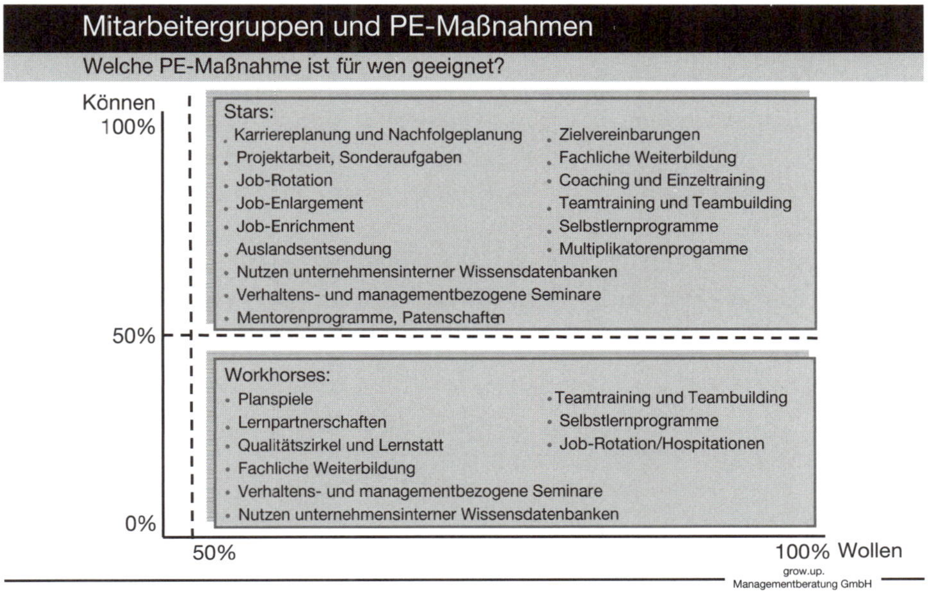

Wie kann ich den Erfolg einer Qualifizierungsmaßnahme kontrollieren?

Die Evaluation einer Qualifizierungsmaßnahme ermöglicht Ihnen als Führungskraft eine Optimierung der Rahmenbedingungen, Prozesse und Ergebnisse. Die Evaluation beginnt bereits bei der Planung einer Qualifizierungsmaßnahme und begleitet alle Phasen des Bildungsprozesses.

Vorbereitungsgespräch

Ich empfehle Ihnen, vor der Qualifizierungsmaßnahme ein Vorbereitungsgespräch mit dem betreffenden Mitarbeiter zu führen. Darin treffen Sie eine Absprache mit dem Mitarbeiter, welche Lerninhalte für seine persönliche Entwicklung bzw. für seine Tätigkeit besonders wichtig sind. Außerdem klären Sie die Ziele der Qualifizierungsmaßnahme und halten sie schriftlich fest. Folgende Fragen sind im Vorbereitungsgespräch zu klären:

Checkliste 38: Vorbereitungsgespräch

Fragen in einem Vorbereitungsgespräch
Was erwartet der Teilnehmer von der Maßnahme?
Welche Lerninhalte sind wichtig für den Teilnehmer?
Welche Ziele hat der Teilnehmer?
Welche Ziele hat die Führungskraft?
Wann erfolgt das Nachbereitungsgespräch? (Termin festlegen)

Nachbereitungsgespräch

Unmittelbar nach der Qualifizierungsmaßnahme führen Sie ein Nachbereitungsgespräch mit dem betreffenden Mitarbeiter, in dem Sie kontrollieren, inwieweit die vorher festgelegten Ziele erreicht wurden. Besprechen Sie darüber hinaus Maßnahmen, wie das vermittelte Wissen im Unternehmen multipliziert werden kann. Ich persönlich habe gute Erfahrungen mit internen Weiterbildungen gesammelt. Im Rahmen einer solchen internen Weiterbildung gibt der Mitarbeiter sein neu erworbenes Wissen an Kollegen weiter, die nicht an der Qualifizierungsmaßnahme teilgenommen haben. Der Nutzen ist gleich zweifach: Durch die Funktion als „Lehrer“ festigt sich das Wissen des Mitarbeiters und es wird zusätzlich an andere Personen weitergegeben.

Checkliste 39: Nachbereitungsgespräch

CD-ROM

Fragen in einem Nachbereitungsgespräch
Wie bewertet der Teilnehmer die Maßnahme?
Was hat der Teilnehmer neu dazugelernt?
Wie stellt sich der Teilnehmer die praktische Anwendung und Umsetzung des Gelernten vor?
Welche Erwartung hat der Teilnehmer an seinen Vorgesetzten bezüglich der Unterstützung beim Transfer?
Welche Erwartungen hat die Führungskraft an den Teilnehmer bzgl. der Umsetzung?
Wann erfolgt das Transfergespräch? (Termin festlegen) Wie lautet das vereinbarte Transferziel?
Worin wird das Eintreten der gewünschten Veränderungen sichtbar?

In dieser Phase ist es wichtig, dass Sie als Führungskraft offen sind für neue Ideen, die der Mitarbeiter im Rahmen der Qualifizierungsmaßnahme gewonnen hat. Ihre Aufgabe ist es, den Raum zu schaffen, damit diese Ideen umgesetzt werden können.

Transfergespräch

Um einen langfristigen Erfolg sicherzustellen, vereinbaren Sie in diesem Nachbereitungsgespräch einen Termin für ein späteres Transfergespräch. Ich empfehle Ihnen, dieses Gespräch nach etwa einem halben Jahr anzusetzen.

Sie kontrollieren, ob das neu erworbene Wissen auch langfristig zur Anwendung kommt, welche Veränderungen umgesetzt wurden und welche Erfahrungen mit dem neuen Wissen gemacht wurden. Den meisten Menschen fällt es sehr schwer, Veränderungen in der eigenen Person zu beurteilen. Hier kann Ihnen ein Feedback durch Mitarbeiter und andere Kollegen helfen, die mit der betreffenden Person häufiger zusammenarbeiten. Ein solches Feedback sollte schriftlich und anonym erfolgen. Darin werden Änderungen im Verhalten am Arbeitsplatz bzw. im Lernfeld erfragt. Veränderungen in Wissen, Fertigkeiten und Einstellungen können selbstverständlich nur von der betreffenden Person selbst beurteilt werden.

Personalentwicklungs-Controlling

Sicherung eines langfristigen Erfolgs von Trainingsmaßnahmen

Zeitpunkt der Gespräche:	Zweck der Gespräche:
• kurz vor einem Seminar	• Absprache mit dem Mitarbeiter, welche Lerninhalte für die persönliche Entwicklung/für die Tätigkeit besonders wichtig sind
• unmittelbar nach einem Seminar	• Treffen konkreter Vereinbarungen, wie die notwendigen Veränderungen umgesetzt werden können • Absprache, wie das vermittelte Wissen im Unternehmen multipliziert werden kann
• nach einem definierten Zeitraum (z. B. ein Jahr)	• Check, welche definierten Veränderungen umgesetzt und welche Erfahrungen damit gemacht wurden

grow.up.
Managementberatung GmbH

Kann ich Personalentwicklung auch im betrieblichen Alltag betreiben?

Regeln der Mitarbeiterentwicklung

Sie sollten nicht dem Gedanken verfallen, dass Mitarbeiter für Personalentwicklung immer in ein Training müssen. Personalentwicklung ist immer und überall und viel mehr als Training. Wenn Sie nachfolgende Regeln berücksichtigen, tun Sie schon sehr viel für die Entwicklung Ihrer Mitarbeiter.

1. Personalentwicklung ist immer und überall. Die erste Regel lautet: Personalentwicklung kann auch beim Autofahren passieren. Setzen Sie den Mitarbeiter ab und zu einen Tag neben sich. Sie können viel über seine Einsichten, Hintergrundverständnis, Erfassen von Zusammenhängen und persönliche Ziele erfahren. Sie können gleichzeitig aber auch Ihre Gedanken, Ansprüche, Werte, Ziele und Gütemaßstäbe kommunizieren.

2. Die Strategie heißt: in den Wind drehen. Wachstum braucht Krisen. Ihre Aufgabe ist es, dosiert Krisen zu generieren. Lassen Sie den Mitarbeiter ab und zu in schwierigen Situationen kontrolliert alleine. Kontrolliert heißt, dass Sie sich weitgehend sicher sein müssen, dass die Anforderungen bewältigt werden können – entziehen Sie nur Ihre Begleitung. Das kann bei einer Kundenpräsentation, bei Auftritten vor der Geschäftsführung oder in einer schwierigen Verhandlung der Fall sein. Informieren Sie den Mitarbeiter drei Minuten vorher, dass Sie im Stau stehen, verhindert seien etc.; er solle doch schon einmal alleine beginnen. Allerdings müssen Sie sich sicher sein, dass diese Anforderung für den Mitarbeiter keine massive Überforderung darstellt, sondern dass sie lediglich zeigt, dass Sie Vertrauen in die Leistungsfähigkeit des Mitarbeiters haben. So generieren Sie Lernsituationen, an denen Ihre Mitarbeiter wachsen können.
3. Die dritte Regel lautet: Wachstum braucht Konsolidierungs- und Übungsphasen. Lassen Sie, nachdem neue Anforderungen aufgetaucht sind und bereits akzeptabel bewältigt wurden, genügend Zeit für das Üben und Festigen dieses neuen Verhaltens.
4. Erhöhen Sie den Schwierigkeitsgrad. Lernaufgaben entstehen durch das Heraufsetzen des Anspruchsniveaus, nicht unbedingt nur durch eine Erweiterung des Aufgabenfeldes. Fast jede Aufgabe kann man schneller, sicherer, besser, weiter etc. erfüllen. Das erhöht den Schwierigkeitsgrad.
5. Die fünfte Strategie heißt: Wasser schlucken lassen. Gerade wenn Sie mit jungen Menschen arbeiten, bei denen erste Fremdbild-Selbstbild-Diskrepanzen auftauchen, können Sie nicht verhindern, dass es manchmal zu schwierigeren Situationen kommt. Wichtig ist hier, dass Sie darauf achten, dass Ihre Mitarbeiter „nicht zu viel“ Wasser schlucken. Das heißt, Sie sollten diese gezielt gestalteten Situationen, in denen Sie Mitarbeiter aus der Komfortzone in Grenzbereiche bringen, sehr genau beobachten und begleiten.
6. Die sechste Regel lautet: Nie vom Gas gehen! Lassen Sie in der Dokumentation Ihrer eigenen Wachstumserwartungen nicht locker. Das heißt nicht, dass Sie die Mitarbeiter unter Dauerstress setzen. Dauerkontraktion führt nicht zu Verbesserung, sondern zu Verkrampfung. Machen Sie aber keinen Hehl daraus, dass Ihre Erwartungen an Menschen, mit denen Sie arbeiten, hoch ausgeprägt sind und dass Sie die Zeit und Energie, die Sie investieren, in Form verbesserter Leistungen der Mitarbeiter zurückhaben wollen. Vergessen Sie bei all dem nicht, dass Sie auch eine Schutzverpflichtung als Arbeitgeber haben. Es geht nicht darum, Menschen zu überfordern oder über Gebühr zeitlich in Anspruch zu nehmen.
7. „Jeder darf einen realen Kunden zersägen.“ Hier müssen Sie natürlich darauf achten, dass Sie diese Strategie nicht im Key-Account-Management anwenden, wo das Überleben des Unternehmens von wenigen Großkunden ab-

hängt. Die Botschaft dieser Regel ist folgendermaßen zu verstehen: Sie können keine virtuelle Lernwerkstatt aufbauen und Lernerfahrungen von substanziellem Wert außerhalb des betrieblichen Alltags produzieren. Selbstverständlich sind Klassenraum-Situationen als „Trockentraining" notwendig und sinnvoll - der wirkliche Übungswert entsteht aber erst in der realen Praxis. Achten Sie darauf, dass die Lern- und Übungsobjekte, an denen Mitarbeiter ihre eigenen Erfahrungen machen können, nicht von existenzieller Tragweite für das Unternehmen sind.

8. Sprechen Sie so viel wie möglich mit Ihren Mitarbeitern. Informieren Sie, erklären Sie, verdeutlichen Sie Zusammenhänge und Abhängigkeiten, zeigen Sie Stolpersteine und Fallen auf, leiten Sie Ihre Mitarbeiter an. Daraus lernen sie mitunter mehr als aus einem Training. Zusätzlich leisten Sie auf diesem Weg einen wesentlichen Beitrag zur Mitarbeitermotivation.
9. Seien Sie Vorbild!

Auf Ihrer CD finden Sie Leitfäden für die Vorbereitung und Durchführung von Personalentwicklungsgesprächen. Damit geben wir Ihnen alle Aspekte, an die Sie in diesem Gespräch denken müssen, an die Hand.

CD-ROM

Zielvereinbarungen als Verständigungsmaßnahme

Die Geschäftsführung des Unternehmens, bei dem Herr Berg beschäftigt ist, hat die unternehmensweite Implementierung eines Zielvereinbarungssystems beschlossen. Somit ist Herr Berg vor die Aufgabe gestellt, Zielvereinbarungsgespräche mit seinen Mitarbeitern zu führen. Bereits im Vorfeld stellt sich Herrn Berg einige Fragen, die er mit seinem Mentor Herrn Weigert besprechen und klären will.

Welche Bedeutung haben Ziele?

Zieldefinition

Ein Ziel beschreibt einen geplanten, zukünftigen Ist-Zustand, der Ihnen als Handelndem aus heutiger Sicht erstrebenswert erscheint. Somit gibt Ihnen ein Ziel Inhalt, Richtung und Sinn mit einem Maßstab für Erfolg.

Ziele sind die Basis eines jeden Plans. Sie sollen über das geplante Verhalten und die geplanten Aufgaben erreicht werden. Das bedeutet, bevor Sie anfangen, kleine oder große Pläne zu machen, müssen Sie immer erst das, was am Ende des Handelns stehen soll, definieren: Ihr Ziel.

Wozu brauche ich Ziele?

Nutzen von Zieldefinitionen

Eine klare Zieldefinition hat Nutzen auf mehreren Ebenen. Ziele

- führen weg von der Verstrickung in einzelne Aufgaben, sie synchronisieren die zu leistenden Anstrengungen;
- bündeln Energien, Aktivitäten ;
- leiten die Aufmerksamkeit weg von der Problemorientierung hin zur Ziel-/Lösungsorientierung;
- führen weg vom Reagieren, hin zum bewussten Agieren;
- steigern Effektivität und Effizienz, wirken klärend bei alltäglichen Fragen und Zweifeln;
- steigern die Leistungsmotivation durch Erfolgserlebnisse bei Zielerreichung;
- geben Richtwerte und Richtung für die Aktivitäten und das Verhalten einzelner Mitarbeiter vor;
- schaffen im Team und in der Zusammenarbeit Synergieeffekte durch die Bündelung der Individualziele und führen zu einem gestärkten Wir-Gefühl und einer Erhöhung der Leistungsbereitschaft
- erleichtern die Aufgabendelegation.

Welche Ziele gilt es zu unterscheiden?

Bei der Auseinandersetzung mit Zielen können Sie zwei grundlegende Richtungen der Zielfindung und -definition unterscheiden:

1. Ihre persönlichen, beruflich-karrierebezogenen und privaten Ziele,
2. die Ziele, die Sie und Ihre Mitarbeiter aufgrund Ihrer Aufgaben und Position im Unternehmen erreichen wollen und müssen.

Ziele in Deckung bringen

Idealerweise besteht zwischen allen Zielen ein guter Deckungsgrad – es geht in die gleiche Richtung. Wenn das nicht der Fall ist, müssen Sie nachhaltig daran arbeiten, diese Deckung herbeizuführen, sonst sind Frustration und Missstimmung mittelfristig gesehen eine unausweichliche Folge.

BEISPIEL

Stellen Sie sich einfach vor, Sie wollen im nächsten Jahr die Zahl Ihrer Überstunden reduzieren, da Sie Nachwuchs erwarten und gerade in Ihr neues Haus eingezogen sind. Gleichzeitig haben Sie Ihrem Chef zugesagt, dass Sie mit großer Freude die Einführung des geplanten internationalen Controllingsystems übernehmen werden. Ohne Klarheit für sich zu gewinnen, was Sie denn nun wirklich wollen, werden Sie das eine oder das andere Ziel nicht erreichen und entsprechenden Frust und gegebenenfalls auch Ärger erleben.

Damit es Ihnen nicht so geht, sollten Sie neben beruflich-karrierebezogenen auch private und persönliche Ziele planen und diese drei wiederum in Einklang mit den Zielen bringen, die Sie in Ihrem Job erreichen wollen und müssen. Die nachfolgende Abbildung verdeutlicht für Sie die anzustrebende Balance.

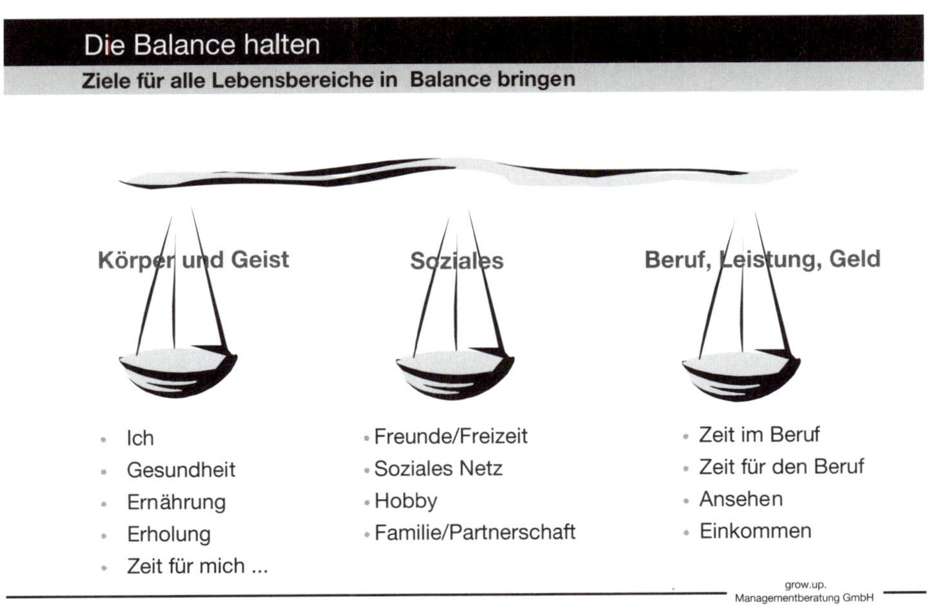

Was habe ich unter Zielen für meine aktuelle Position und mein Aufgabengebiet zu verstehen?

Elemente verschriftlichter Führung

Zum Finden oder Ableiten Ihrer beruflichen Ziele, die Sie in Ihrer aktuellen Position und in Ihrem Aufgabengebiet erreichen wollen und müssen, nutzen und prüfen Sie die Elemente verschriftlichter Führung (Unternehmensvision, Mission, Leitbild), die Ihnen als Führungskraft zur Orientierung dienen.

1. Vergegenwärtigen Sie sich im ersten Schritt, welche Aussagen die Elemente der verschriftlichten Führung umfassen.
2. Verdeutlichen Sie sich im zweiten Schritt, was diese Aussagen für Sie und Ihre Mitarbeiter bedeuten und welche Ziele Sie in Ihrem Verantwortungsbereich erreichen müssen, um Ihren Beitrag zur Leistungsfähigkeit des Unternehmens zu erbringen.

Die nachfolgende Abbildung gibt den Zielbildungsprozess im Kaskadenmodell der Zieldefinition wieder.

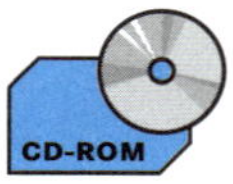

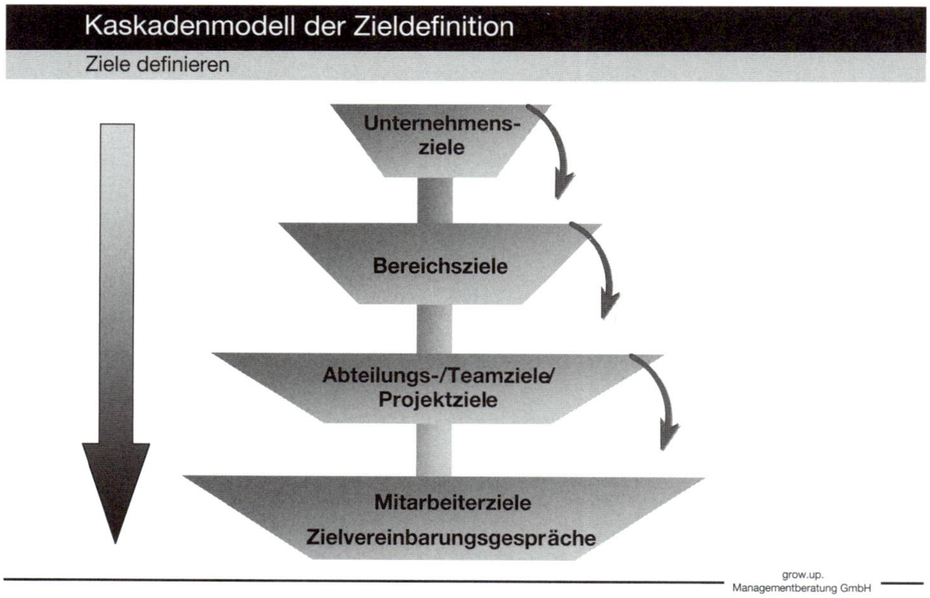

Die nachfolgenden Checklisten führen Sie anhand der Elemente einer verschriftlichten Führung Schritt für Schritt zu den von Ihnen zu definierenden Zielen.

Checkliste 40: Zieldefinition mithilfe der Elemente einer verschriftlichten Führung

CD-ROM

Schritt 1

Aussagen der Elemente der verschriftlichten Führung
1. Was sagt die Unternehmensvision? (Was ist unser Traum? Wie sollen wir sein? Was wollen wir erreichen?)
2. Was sagt die Mission? (Wie lautet der „Kampfauftrag“? Was wollen wir angehen?)
3. Was sagen das Leitbild und die Spielregeln? (Wie sollen wir uns verhalten? Was soll gut und richtig sein?)
4. Welche Unternehmensziele wollen wir erreichen?
5. Welche Ziele sind daraus für die einzelnen Organisationseinheiten auf der ersten Ebene abgeleitet? (z. B. Bereichsziele)
6. Welche Ziele sind daraus für die zweite Organisationsebene abgeleitet?
7. Welche Ziele existieren für die dritte Organisationsebene? (für die Gruppen oder die Teams)

Checkliste 41: Ableiten von Zielen für mich und meinen Verantwortungsbereich

CD-ROM

Schritt 2

Positionsbezogene Ziele
1. Welche Ziele (Projekte, Aufgaben, Leistungen, Mitarbeiter etc.) ergeben sich für meinen Verantwortungsbereich aus den Elementen der verschriftlichten Führung?
2. Welche Ziele (Projekte, Aufgaben, Leistungen, Mitarbeiter etc.) ergeben sich für mich persönlich aus den Elementen der verschriftlichten Führung?
3. Welche Ziele (Projekte, Aufgaben, Leistungen etc.) ergeben sich für meine Mitarbeiter aus den Elementen der verschriftlichten Führung?
4. Wer kann welche Aufgaben, Projekte, Leistungen übernehmen?

Beachten Sie stets, dass Sie bei der Definition von Zielen für einzelne Zielgruppen immer über die reine Sachaufgabe hinaus denken. Fragen Sie sich auch, welche Teilziele für das Erreichen des Gesamtziels notwendig sind.

CD-ROM

Checkliste 42: Gesamt- und Teilziele

Frage	Teilziele
Gesamtziel des Mitarbeiters:	
Welche fachlich/sachlichen Teilziele sind für den Mitarbeiter damit verbunden?	
Verfügt der Mitarbeiter über das entsprechende zwischenmenschliche Verhalten: Welche zwischenmenschlichen Ziele sind damit verbunden?	
Verfügt der Mitarbeiter über die notwendigen Kompetenzen, die Ziele zu erreichen? Welche Qualifikationsziele sind damit verbunden?	
...	

Wenn Sie jetzt alle Ziele herausgearbeitet haben, ist es hilfreich, diese anhand nachfolgender Checkliste in einer Übersicht zusammenzustellen. Das gibt Ihnen noch einmal die Möglichkeit zu überprüfen, ob jeder Mitarbeiter mit seinen Zielen einen wirkungsvollen Beitrag zu den Team- und Abteilungszielen leistet.

Checkliste 43: Unternehmens-, Abteilungs- und Mitarbeiterziele

Unternehmensziel:	Abteilungsziel:	Mitarbeiterziel:
Unternehmensziel 1:	Abteilungsziel 1:	Mitarbeiter: Ziel:
		Mitarbeiter: Ziel:
		Mitarbeiter: Ziel:
		Mitarbeiter: Ziel:
	Abteilungsziel 2:	Mitarbeiter: Ziel:
		Mitarbeiter: Ziel:
		Mitarbeiter: Ziel:
		Mitarbeiter: Ziel:
	Abteilungsziel 3:	Mitarbeiter: Ziel:
		Mitarbeiter: Ziel:
		Mitarbeiter: Ziel:
		Mitarbeiter: Ziel:
Unternehmensziel 2:	...	...

Was ist zu tun, wenn keine bzw. widersprüchliche Aussagen zu den Abteilungszielen existieren?

Private Ziele

Das ist wiederum der Job Ihrer Führungskraft: Fordern Sie von ihr Zielklarheit und Prioritätensetzung.

Wenn Ihre Führungskraft nicht willig ist, Zielklarheit und Prioritäten zu setzen, verhalten Sie sich sicherheitsorientiert (also risikominimierend). Denn wenn Ihre Führungskraft ihren Job nicht macht, wird sie zu einer potenziellen Bedrohung für Sie. In dieser Situation wird gern folgendes Rollenspiel veranstaltet: Ihre Führungskraft gibt Ihnen eine unklare Zielbeschreibung und Sie übernehmen die Aufgabe, erfüllen Sie nach bestem Wissen und Gewissen. Wenn Sie fertig sind, bekommen Sie zu hören, dass der Auftrag ganz anders und so auf jeden Fall nicht gemeint war oder dass das Ergebnis nicht den Erwartungen entspricht.

Wenn Ihre Führungskraft nicht fähig ist, für Klarheit zu sorgen und Prioritäten zu setzen, stellen Sie sich die Frage, was die Ziele der Ebene über Ihrer Führungskraft sind. Sorgen Sie aber im Sinne der eigenen Karriere dafür, dass man die Resultate Ihrer Anstrengungen dort auch sieht und wahrnimmt.

TIPP

Wenn Sie Ziele für Ihren Verantwortungsbereich ableiten, tun Sie dies nicht im stillen Kämmerlein. Nehmen Sie Rücksprache mit Ihrer Führungskraft, um sichergehen zu können, dass Sie Ihre Anstrengungen auf die richtigen Dinge und in die richtige Richtung ausrichten. Halten Sie Besprochenes schriftlich fest.

Was ist unter privaten, beruflich-karrierebezogenen und persönlichen Zielen zu verstehen?

Um langfristig mit Ihnen und Ihrem Handeln in Balance zu sein, dürfen Sie sich nicht nur auf Ihre beruflichen Ziele konzentrieren. Aus diesem Grund können Sie die nachfolgenden Arbeitshilfen zur Klärung und Definition Ihrer privaten, persönlichen und beruflich-karrierebezogenen Ziele zu Rate ziehen.

Private Ziele betreffen Ihre private Lebensplanung, Fragen nach familiären und persönlichen Beziehungen, Freizeitaktivitäten, Familienplanung usw. Anregende Fragen hierzu finden Sie in nachfolgender Checkliste. Diese Fragen sollen Ihnen dabei Ihnen, sich Ihre Wünsche, Bedürfnisse und Ziele zu verdeutlichen.

Checkliste 44: Private Ziele

Fragen zur Zielfindung
1. Was brauche ich für mein persönliches Wohlbefinden?
2. Wie viel Prozent meiner Zeit soll Arbeits- und wie viel Privatzeit sein?
3. Wie will ich leben? Welchen Lebensstandard will ich haben, was muss an materieller Absicherung mindestens gegeben sein?
4. Welche Beziehungen will ich führen? Wie will und kann ich sie pflegen?
5. Wollen wir Kinder, und wenn ja, wann und wie viele?
6. Wie viel Zeit will ich mit Freunden verbringen?
7. Welche Hobbys und Freizeitaktivitäten sind mir wichtig? Wie viel Zeit will ich dafür haben?
8. Mein idealer Sonntag in der Zukunft:

Persönliche Ziele

Private und persönliche Ziele scheinen auf den ersten Blick sehr ähnlich oder sogar gleich zu sein. Bei den privaten Zielen ist jedoch z. B. Ihre Familie mit involviert. Bei Ihren persönlichen Zielen geht es dagegen nur um Sie selbst. Diese Ziele müssen Sie selbstverständlich mit Ihren Zielen in den anderen Lebensbereichen abgleichen und zusätzlich nach Bedeutung gewichten, um herauszufinden, was Sie wirklich tun werden. Dazu wird Ihnen die nachfolgende Checkliste hilfreich sein.

CD-ROM

Checkliste 45: Persönliche Ziele

Fragen zur Zielfindung
1. Was ist mir persönlich sehr wichtig?
2. Was will ich für mich persönlich noch erreichen?
3. Welche Werte sollen mich leiten?
4. Welche Resultate im Sinne von Sicherheit, Freiheit oder Unabhängigkeit will ich erzielen?
5. Worauf will ich stolz sein?
6. Welche Kenntnisse, Fähigkeiten und Fertigkeiten will ich neben der Arbeit noch bis wann erwerben?
7. Welchen Ausgleich zu Arbeit und Familie brauche und will ich?

Beruflich-karrierebezogene Ziele

Nach den privaten und den persönlichen Zielen gilt es schließlich noch, Ihre beruflichen Ziele zu klären: Was wollen Sie beruflich erreichen? Welche Position oder Aufgaben wollen Sie wahrnehmen? Was wollen Sie können bzw. lernen usw.?

Die nachfolgende Checkliste wird Ihnen helfen, auch für diesen Bereich Ihrer Lebensplanung mehr Klarheit zu gewinnen.

Checkliste 46: Meine beruflich-karrierebezogenen Ziele

Berufliche Ziele
Von welcher Zukunft träume ich beruflich? (Was will ich erreichen?) ... in zehn Jahren? ... in fünf Jahren? ... in drei Jahren?
Was waren in den letzten fünf Jahren die wichtigsten beruflichen Trends/Entwicklungen ... ... für mich persönlich? ... in meinem Umfeld?
Was waren „my sorriest sorries“ (Flops) im letzten Jahr?
Was waren „my proudest prouds“ im letzten Jahr? (Worauf bin ich stolz?)
Perlen zum Mitnehmen: Was sind meine besten Eigenschaften und Fähigkeiten?
„Stakeholder“-Signale: Welche Personen hatten ein direktes Interesse an meiner Entwicklung? Was erwarten sie von mir? Was will ich noch lernen und an Fähigkeiten und Können dazugewinnen?
Konkrete Situation in zehn/fünf/drei Jahren beschreiben: Was will ich dann verwirklicht haben?
Welche Rolle will ich einnehmen? In welcher Umgebung? Mit wem? Mein idealer Arbeitstag in der Zukunft:
Dabei will ich mich von den Werten leiten lassen ...

Auf Ihrer CD-Rom finden Sie eine weitere Arbeitshilfe zur Klärung Ihrer privaten, persönlichen und beruflichen Ziele: Festrede zu meinem 80. Geburtstag.

Was muss ich bei der Klärung und Beschreibung von Zielen beachten?

Sie haben sowohl die persönlichen Ziele Ihrer unterschiedlichen Lebensbereiche als auch die Ziele Ihrer aktuellen Position, Ihrer Abteilung und Ihrer Mitarbeiter herausgearbeitet. Dies reicht jedoch noch nicht aus, um den Erfolg einer Zielvereinbarung sicherzustellen. Um die Ziele, die Ihnen Motivations- und Zugkraft geben, noch klarer herauszuarbeiten, müssen Sie bestimmte Kriterien bei der Zielbeschreibung und -klärung berücksichtigen. Vielleicht haben Sie selbst schon festgestellt, dass einige der gefundenen Ziele nur schwer miteinander zu vereinbaren sind, auch wenn Ihnen alle diese Ziele wichtig erscheinen. Hier müssen Sie herausfinden, was Ihnen wirklich wichtig ist, und Prioritäten setzen. Eventuell gibt es Ziele, die mit den Interessen anderer kollidieren. Aber auch in diesem Fall gilt es, das Maß zu finden, mit dem sich alle Beteiligten einverstanden erklären können.

ZIELE ERREICHEN

Nachfolgend beschriebene Prozesse und Fragen zur Zielklärung sollten Sie sehr ernst nehmen, wenn Sie Ihre Ziele wirklich erreichen wollen. Andernfalls bleiben Ihre Ziele unwirksame Absichtserklärungen, gleich den guten Wünschen zum neuen Jahr.

Zielklärung

Bei der Klärung Ihrer Ziele sind Ihnen folgende Fragen behilflich, die einige grundsätzliche Aspekte von Zielklärung beinhalten.“

1. Zielmotivation

Checkliste 47: Zielmotivation

CD-ROM

Motivation – Will ich/wollen wir das Ziel wirklich erreichen?	Begründung
► Was ist uns/mir an diesem Ziel besonders wichtig?	
► Warum genau wollen wir/ will ich dieses Ziel erreichen?	
► Was wollen wir/will ich mit der Veränderung erreichen?	
► Was bedeutet die Veränderung für uns/mich?	
► Welche Vorteile, welchen Nutzen erwarten wir/erwarte ich aufgrund der Zielerreichung?	
► Können wir/kann ich das was wir wollen/ich will, mit diesem Ziel tatsächlich erreichen?	

ZIELE MÜSSEN ATTRAKTIV SEIN

Die Fragen zur Motivationsklärung machen deutlich, dass Ziele einen „Mehr-Wert" für denjenigen bringen müssen, der Sie erreichen soll, um letztendlich die gewünschte „Zugkraft" zu entfalten. Ziele müssen einen Nutzen und einen Sinn haben sowie wichtige Bedürfnisse befriedigen. Denn – warum sollte man sich sonst anstrengen?

2. Das Ökologie-Prinzip

Sie werden ein Ziel nicht erreichen, solange es noch „einwanderhebende Stimmen" gegen dieses Ziel gibt. Dabei ist mit „einwanderhebende Stimmen" gemeint, dass im Gespräch zu einem Ziel noch „Ja, aber ..."-Einwände gemacht werden.

Um nun Zweifel, Vorbehalte und eingeschränkte Zustimmung rechtzeitig erkennen und berücksichtigen zu können, müssen Rand- und Umweltfaktoren mit in den Prozess einbezogen werden. Diese Bedingungen können aus dem Arbeitsumfeld, der Unternehmenssituation, aber auch aus der persönlichen Lebenssituation des Einzelnen resultieren. Um die oben genannten Bedingungen zu definieren und mit berücksichtigen zu können, ist es für Sie hilfreich, anhand der folgenden Checkliste vorzugehen.

Checkliste 48: Zielökologie

Motivation – Will ich/wollen wir das Ziel wirklich erreichen?	**Begründung**
► Wen betrifft das Ziel noch?	
► Mit wem müssen die Ziele abgestimmt werden?	
► Was wird passieren, wenn wir unser Ziel erreichen/ich mein Ziel erreiche?	
► Wollen wir/will ich das Ziel wirklich erreichen?	
► Wenn wir/ich es auf der Stelle erreichen könnte/n, würde/n wir/ich es nehmen?	
► Gibt es noch Einwände gegen das Ziel?	
► Was muss am Ziel geändert werden, um den Einwand zu beseitigen?	
► Was müssen wir/muss ich dafür tun, dieses Ziel zu erreichen? Wollen wir/will ich das tun?	
► Was müssen wir/muss ich für dieses Ziel an Zeit, Arbeit etc. investieren?	
► Was müssen wir/muss ich aufgeben, wenn wir/ich dieses Ziel erreichen wollen/will?	
► Wollen wir/will ich den Preis bezahlen?	
► Welche möglichen Nachteile müssten wir/müsste ich in Kauf nehmen, wenn wir/ich dieses Ziel erreichen wollen/will - z. B. Auseinandersetzungen mit Arbeitskollegen usw.	

3. Messbarkeit der Zielerreichung

Wenn Sie Ziele für sich selbst oder mit anderen vereinbaren, müssen Sie auch wissen, wann Sie diese Ziele erreicht haben und Sie einen Erfolg für sich verbuchen können. Nutzen Sie hierzu die folgende Checkliste.

Checkliste 49: Zielmessbarkeit

Motivation – Will ich/wollen wir das Ziel wirklich erreichen?	Begründung
► Woran merken wir/merke ich, dass wir/ich das Ziel erreicht habe/n? Was wird sein, wenn wir/ich das Ziel erreicht habe/n?	
► Was gibt es in der Situation selbst, woran wir/ich erkennen können/kann, ob wir/ich das Ziel erreicht habe/n?	
► In welchen Situationen, gegenüber welchen Personen wollen wir/will ich nichts verändern?	

4. Zeitrahmen und Kontext der Zielerreichung

Ein Ziel, dass Sie ohne zeitliche Rahmen vereinbaren, egal ob mit sich selbst oder Ihren Mitarbeitern, wird möglicherweise nie erreicht werden, weil „ja immer auch noch später Zeit dafür ist“. Das Ziel wird also ständig aufs Neue dem „Dringenden“ des Alltags zum Opfer fallen. Um einen geeigneten Zeitrahmen für die Zielerreichung festlegen zu können, sollten Sie anhand der folgenden Checkliste vorgehen.

Checkliste 50: Zielzeitrahmen und Kontext

Motivation – Will ich/wollen wir das Ziel wirklich erreichen?	Begründung
► Wie schnell wollen wir/will ich hinkommen?	
► Bis wann soll das Ziel erreicht sein?	
► Ab wann ergreifen wir/ergreife ich welche Maßnahmen?	
► Was wollen wir/will ich in einer Woche, einem Monat, einem Jahr erreicht haben?	
► Welche konkreten Aktivitäten und Maßnahmen sind notwendig, um die gesteckten Ziele zu erreichen?	
► Welche Ressourcen benötigen wir/benötige ich zur Zielerreichung? (Zeit, Geld, Ort, Fähigkeiten, Material, andere Personen)	

Wie löse ich Zielkonflikte auf?

Prioritäten unter den Zielen setzen

Es kann Ziele geben, die miteinander in Konflikt stehen und die sich gar nicht oder nur sehr schwer miteinander vereinbaren lassen. Das können Ziele Ihrer unterschiedlichen Lebensbereiche sein, aber genauso gut kann es zu Konflikten mit Zielen anderer kommen. Hier müssen Sie Klärung herbeiführen und letztendlich Prioritäten setzten. Dabei ist Ihnen das folgende Arbeitsblatt eine wichtige Hilfe.

Checkliste 51: Zielkonflikte auflösen

CD-ROM

Ziele ...	Kollidiert mit Ziel ...	Differenzen/Vereinbares ...	Lösung ...

PRIORITÄTEN SETZEN MITHILFE VON ENTSCHEIDUNGSTECHNIKEN

Vielleicht gehören Sie zu den Menschen, die sich gern zu viel auf einmal vornehmen und vieles gleichzeitig erreichen wollen. Das überfordert schnell Ihre Kapazitäten und im schlimmsten Fall verheddern Sie sich in Ihren Zielen. Hier helfen Entscheidungstechniken. Diese erleichtern Ihnen das Setzen von Prioritäten und die Konzentration auf die wirklich wichtigen Dinge. Mit einfachen Paarvergleichen werden Sie häufig schon leicht erkennen, „was hier eigentlich wirklich wichtig ist“, und die Entscheidung, an welchem Ziel Sie arbeiten werden, treffen können.

Wie formuliere ich Ziele richtig?

Anhand der Antworten auf Ihre vorangegangenen Fragen und mithilfe der Checklisten sind Sie nun in der Lage zu prüfen, ob und unter welchen Bedingungen Sie oder Ihre Mitarbeiter die diskutierten Ziele erreichen wollen. In der Antwort auf Ihre jetzige Frage soll es darum gehen, Ziele so zu beschreiben, dass Sie bzw. Ihre Mitarbeiter diese auch wirklich erreichen.

SMART-Modell

Formulieren Sie Ihre Ziele so konkret wie möglich – Sie sollten eine genaue Beschreibung des Soll-Zustands, des Ergebnisses, das am Ende erreicht sein soll, formulieren. Erst der beschriebene Endzustand entfaltet die gewünschte Zugwirkung – den wirklichen Anreiz.

Eine einfache Hilfe bei der Zielformulierung bildet das SMART-Modell.

Ziele und Zielformulierungen

Ein gutes Ziel ist an sich und in seiner Formulierung **SMART**.

S	**Spezifisch**	(Um was genau geht es?)
M	**Messbar**	(Was genau soll erreicht werden?)
A	**Attraktiv**	(Der Mitarbeiter erreicht das Ziel aus eigener Kraft und allein; er ist motiviert, sich dafür einzusetzen; es ist eine positive Herausforderung für ihn.)
R	**Realistisch**	(Zeitraum, Umfang, Ressourcen und Bedingungen sind so geplant, dass das Ziel erreicht wird.)
T	**Terminiert**	(Der Zeitpunkt, wann das Ziel erreicht ist, ist genau definiert.)

grow.up. Managementberatung GmbH

Es wird deutlich, dass das SMART-Modell wesentliche Aspekte der Zielklärung aufgreift. Das Modell besagt: Beschreiben Sie konkret/spezifisch, was erreicht werden soll, und zwar so, dass genau messbar ist, wann das Ziel erreicht ist, und setzen Sie einen klaren Zeitrahmen. SMART beschreibt darüber hinaus, dass Ziele nur dann erreicht werden, wenn sie für die Person attraktiv und durch die Person selbst erreichbar sind. Das setzt voraus, dass die Person über alle Ressourcen verfügt, die für die Zielerreichung notwendig sind, was gleichbedeutend heißt, dass die Aufgabe für die Person realistisch ist.

POSITIVE ZIELFORMULIERUNG

Beschreiben Sie das, was Sie erreichen wollen,positiv – im Sinne eines „hin zu":

Also nicht: „Ich will 10 Prozent weniger Überstunden machen" (das wäre ein „weg von"), sondern: „Ich werde einmal in der Woche um 17.00 Uhr nach Hause gehen".

Negationen sind tabu

Verwenden Sie bei Ihren Formulierungen keine Negationen, denn in diesem Fall wird Ihre Zielerreichung schon mit der Formulierung sabotiert. Der Grund hierfür ist, dass wir uns Negationen nicht vorstellen können.

Ein beliebtes Beispiel zur Verdeutlichung ist die Aufforderung: *„Denken Sie bitte jetzt nicht an einen rosa Elefanten“*. Ganz ehrlich, an was denken Sie gerade? Genauso wird es Ihnen mit negativen Zielformulierungen gehen. Anstatt die geistige Aufmerksamkeit auf das zu lenken, was Sie eigentlich erreichen wollen, lenken Sie mit der negativen Formulierung Ihre Aufmerksamkeit auf das, was Sie nicht mehr wollen - etwa die Überstunden.

Ähnlich verhält es sich in Zielvereinbarungen mit quantitativen Angaben wie „weniger“, „mehr“, „umfangreichen“, etc. Solche Vergleiche können wir uns nicht kognitiv vorstellen und wir wissen nie, wann wir das Ziel wirklich erreicht haben.

NOCH EINMAL DAS BEISPIEL ÜBERSTUNDEN

„Weniger Überstunden“ - wann haben Sie Ihr Ziel erreicht? Bei fünf Minuten weniger, bei einer Stunde weniger, bei fünf Stunden weniger, im Monat, in der Woche? - Einen Erfolg werden Sie so nur schwer verbuchen können.

Gründe einer verfehlten Zielerrei-chung

Wenn wir Ziele nicht erreichen, haben wir häufig

- zu hohe oder zu niedrige Ziele formuliert,
- einen zu langen oder zu kurzen Erfüllungszeitraum definiert,
- keine messbaren Ergebnisse formuliert,
- die „Kosten“ für die Zielerreichung unterschätzt,
- zu kompliziert oder zu uneindeutig formuliert.

Wie erreiche ich meine Ziele?

Aktivitätenplanung

Ziele zu definieren ist der eine Schritt. Ein weiterer Schritt ist die Umsetzung der zur Zielerreichung notwendigen Aufgaben. Die Frage lautet, wie und womit man anfängt, um ein Ziel in der gewünschten Qualität zu erreichen. Je umfassender ein Ziel ist, desto wichtiger ist die Planung einzelner Schritte. Bei Ihrer Aktivitätenplanung können Ihnen die folgenden Fragen hilfreich sein:

Checkliste 52: Aktivitätenplanung

Motivation – Will ich/wollen wir das Ziel wirklich erreichen?	**Begründung**
In welche Teilzeile kann das Ziel unterteilt werden?	
Welche einzelnen Schritte sind wie voneinander abhängig?	
Welche Aufgaben/Aktivitäten umfassen die einzelnen Teilziele?	
Wie viel Zeit wird für welche Aktivitäten benötigt?	
Womit kann morgen angefangen werden?	

Zielerreichung über Aktivitätenplanung

Ziele erreichen: Aktionspläne erstellen

- große Ziele in Teilziele unterteilen
- Zeitachsen festlegen
- für Teilziele Aktivitäten festlegen

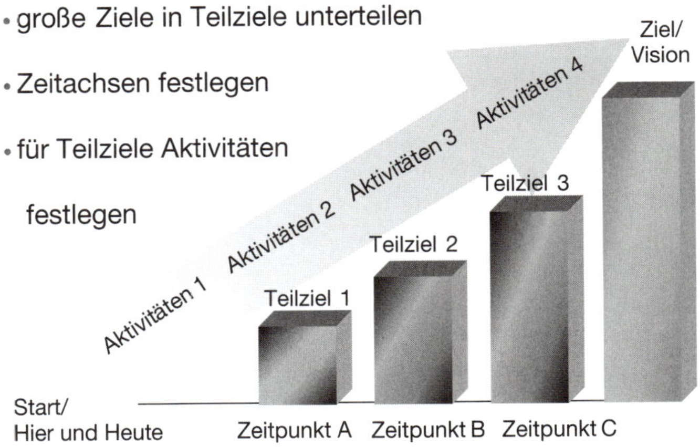

grow.up.
Managementberatung GmbH

SO ERREICHEN SIE IHRE ZIELE

- Brechen Sie lang- und mittelfristige Ziele in Teilziele herunter, die Sie konkret planen können. Halten Sie Umsetzungs-, Controlling- und Planungstermine in Ihrem Planer/Kalender fest. Erst mit diesen Tages-, Wochen- und Monatszielen können Sie wirklich arbeiten.
- Klären Sie im Vorfeld, welche Voraussetzungen für die erfolgreiche Umsetzung benötigt werden (Zeit, spezielle Personen, Ort/Raum, Geld, Qualität, Quantität). Schaffen Sie erst die richtigen Voraussetzungen – das ist das erste zu erreichende Teilziel auf dem Weg zum Erfolg.
- Prüfen Sie, welche Hindernisse/Gefahren sich auf dem Weg zu einem einzelnen Ziel einstellen können. Überlegen Sie sich frühzeitig, welche Handlungsalternativen Ihnen in einem solchen Fall zur Verfügung stehen. Ist das Kind erst in den Brunnen gefallen, ist es meist zu spät für eine wirklich gute Alternativlösung.

Die nachfolgende Checkliste soll Ihnen nochmals die Möglichkeit für eine abschließende Überprüfung Ihrer Zielbeschreibung geben.

Checkliste 53: Zielüberprüfung

CD-ROM

Was	ja	nein	to do
Ist das Ziel vollständig und konkret formuliert?	☐	☐	
Ist das Ziel attraktiv? Bietet es einen Nutzen?	☐	☐	
Sind mögliche Zielkonflikte geklärt?	☐	☐	
Ist die Zielerreichung eindeutig messbar?	☐	☐	
Ist das Ziel terminiert?	☐	☐	
Sind sinnvolle Teilziele abgeleitet und terminiert?	☐	☐	
Sind die Controlling-, Planungs- und Umsetzungstermine allen Beteiligten bekannt?	☐	☐	
Stehen alle notwendigen Ressourcen zur Verfügung?	☐	☐	
Sind mögliche Risiken bei der Zielerreichung bekannt?	☐	☐	
Gibt es alternative Lösungs- bzw. Handlungswege?	☐	☐	

Bis hierher wurde der Prozess der Zielfindung und Definition beschrieben. Nun erfahren Sie, wie Sie Zielvereinbarungsgespräche mit Ihren Mitarbeitern führen, um die Ziele Ihres Verantwortungsbereichs auch zu erreichen.

Was heißt Zielvereinbarung?

Mit Zielvereinbarung ist das gemeinsame Festlegen von Zielen für Ihre Mitarbeiter im Rahmen eines Zielvereinbarungsgesprächs gemeint.

Die Zielvereinbarung setzt einen offenen Dialog voraus, in dem die Gesprächspartner ihre Interessen, Bedürfnisse und Ziele besprechen. Haben Sie als Führungskraft sich mit Ihrem Mitarbeiter auf Ziele, die in der nächsten Periode vom Mitarbeiter erreicht werden sollen, deren Umfang, dazugehörige Termine und erforderliche Ressourcen geeinigt, sollten Sie alle diese Daten schriftlich festhalten.

Voraussetzung: offener Dialog

ZIELVEREINBARUNGEN SIND IMMER EIN WIRKUNGSVOLLES FÜHRUNGSINSTRUMENT

Zielvereinbarungen sind nicht in jedem Unternehmen als Instrument der Mitarbeiterführung und -steuerung fest etabliert. Verfügt Ihr Unternehmen nicht über ein vergleichbares Instrument, lassen Sie sich dadurch nicht von Zielvereinbarungen mit Ihren Mitarbeitern abhalten. Zielvereinbarungen können Sie auch einfach nur in Ihrem Verantwortungsbereich etablieren. Nachfolgend finden Sie alles, was Sie dazu brauchen.

Aus welchem Grund werden Zielvereinbarungen als so wichtig erachtet?

Dass Zielvereinbarungen für ein so wichtiges und sinnvolles Führungsinstrument gehalten werden, hat verschiedene Gründe:

- Der Mitarbeiter ist an der Zielvereinbarung aktiv beteiligt. Er bringt eigene Ziele ein und sagt Ja zu den vereinbarten Zielen.
- Einem Ziel, zu dem er Ja gesagt hat, fühlt sich der Mitarbeiter verpflichtet. Diese „Selbst"-Verpflichtung stärkt die Motivation zur Zielerreichung.
- Die vereinbarten Ziele geben dem Mitarbeiter für sein Handeln Richtung und machen deutlich, welchen Beitrag er zum Erreichen der Bereichs-, Abteilungs- und Unternehmensziele leistet. Zielvereinbarungen richten das Handeln des Mitarbeiters im Sinne dieser Ziele aus und machen es für Mitarbeiter „sinnvoll".
- Durch den Prozess des Vereinbarens kommt es zu einem „Wir-sitzen-alle-in-einem-Boot"-Effekt. Wir arbeiten gemeinsam an der Erreichung unserer Abteilungs-, Bereichs- und Unternehmensziele.

Was nutzen Zielvereinbarungen mir als Führungskraft?

Nutzen von Zielvereinbarungen

Für Sie als Führungskraft bedeutet eine gute Zielvereinbarung, dass

- Sie sich intensiv mit Ihren Mitarbeitern, deren Leistungen und Potenzialen auseinander setzen,
- Sie Ihre Kompetenzen und Mitarbeiter richtig einschätzen, einsetzen, qualifizieren und optimieren,
- Sie Kriterien für eine objektive Leistungsrückmeldung und damit im zweiten Schritt eine fundierte Mitarbeiterentwicklung bekommen,
- vereinbarte Beschlüsse und Regeln aktiv von den Mitarbeitern mitgetragen und unterstützt werden,
- das ergebnisorientierte Denken, die Verantwortungsbereitschaft und die Selbstständigkeit der Mitarbeiter gefördert und Sie damit entlastet werden,
- eventuelle Ziel- und Wertekonflikte deutlich werden,
- Schwachstellen im Verhalten, im System und in den Prozessen erkannt werden.

Was muss ich beachten, wenn ich Zielvereinbarungen in meinem Bereich einführen möchte?

Wenn Sie in Ihrem Verantwortungsbereich Zielvereinbarungen einführen wollen, sollten Sie dabei folgende Faktoren beachten:

- Sorgen Sie für eine ausführliche und rechtzeitige Kommunikation bei der Einführung gegenüber den Mitarbeitern (was, warum, mit welchem Ziel, wer usw.).
- Sorgen Sie bei sich und bei Ihren Mitarbeitern für die erforderlichen Kompetenzen und Informationen (eine Schulung von Führungskraft und Mitarbeitern ist hilfreich).
- Vereinbaren Sie nicht zu viele allgemein definierte Ziele, sondern auch individuelle Ziele.
- Halten Sie das System flexibel für Änderungen. Rahmenbedingungen und auch Unternehmensziele können sich ändern (moving targets!).
- Achten Sie darauf, dass für die verschiedenen Ziele Messkriterien festgehalten werden.
- Vereinbaren Sie nicht zu viele Ziele (vier bis sechs pro Mitarbeiter). Beachten Sie bei der Anzahl den Umfang der Ziele. Bei sehr umfangreichen Zielen können Sie nicht so viele vereinbaren wie bei weniger komplexen Zielen.
- Gestalten Sie das System so, dass die Zielerreichung abgestuft einschätzbar ist, also nicht nur „erreicht“ - „nicht erreicht“.
- Führen Sie in jedem Fall Zwischengespräche und terminieren Sie diese.

- Erreichte Ziele führen zu Erfolgserlebnissen und steigern damit wiederum Motivation und Leistungsbereitschaft.
- Der Austausch über Bereichs-, Abteilungs-, und Unternehmensziele erweitert das Wissen und das Verständnis der Mitarbeiter für die Komplexität von Prozessen.
- Herausfordernde Ziele, die an der oberen Grenze der Kompetenzen des Mitarbeiters ansetzen, führen zu neuem Lernen. Dies und Feedback zu Verhalten und Leistung fördert die Entwicklung der Mitarbeiter.

Was vor einem Zielvereinbarungsgespräch zu klären ist

Bevor Sie in das Zielvereinbarungsgespräch mit Ihrem Mitarbeiter gehen, sollten Sie die Ziele, die Sie mit ihm vereinbaren wollen, für sich klären. Dabei ist Ihnen anzuraten, sich auch mit einigen Anforderungskriterien, die wirksame Zielvereinbarungen erfüllen müssen, auseinander zu setzen. Die nachfolgende Checkliste enthält alle Fragen, die Sie im Vorfeld klären, und alle Kriterien, die Sie bei einer Zielvereinbarung beachten sollten.

Checkliste 54: Fragen zur Zielklärung und Anforderungskriterien für Ziele

CD-ROM

Kriterium	Anmerkung	Erfüllt?
Verfüge ich über klar formulierte Unternehmensziele?	Aus ihnen sollten die Mitarbeiterziele abgeleitet werden der Bezug muss dem Mitarbeiter deutlich sein, damit er seinen Beitrag zu den Unternehmenszielen erkennen kann.	
Verfüge ich über klar formulierte Bereichs- (Abteilungs-/Gruppen-) Ziele? Welche Aufgaben und Veränderungen stehen in meinem Verantwortungsbereich an?	Im besten Fall sind sie aus den Unternehmenszielen abgeleitet. Auch hier erkennt der Mitarbeiter klar den Beitrag, den er mit der Erreichung seiner Ziele leistet. Zusammenhänge und Abhängigkeiten sind ihm klar.	
Kennt der Mitarbeiter die übergeordneten Ziele und das Zielvereinbarungsverfahren?	Nur wenn er beides kennt, kann er Ziele für sich selbst definieren und sich auf das Gespräch vorbereiten.	
Zu welchen Bereichszielen (Abtl./Gruppe) oder Aufgaben kann der Mitarbeiter einen wirkungsvollen Beitrag leisten?		

Welche Ziele möchte ich mit dem Mitarbeiter vereinbaren?		
Welche Ziele für das direkte Aufgabengebiet und welche darüber hinausgehenden Ziele kann ich vereinbaren?	Streben Sie eine Mischung an. Achten Sie darauf, dem Mitarbeiter mit den Zielen wirklich neue Herausforderungen und Anreize zu geben.	
Kann ich diese Ziele mit dem Mitarbeiter vereinbaren?	Erst das Commitment macht Ziele wirkungsvoll. Es beinhaltet das Einverständnis des Mitarbeiters, die vereinbarten Ziele als die eigenen anzuerkennen.	
Sind die Ziele sinnvoll?	Das Erkennen der Sinnhaftigkeit ist der Schlüssel zur Motivation. Das Sinnstiftungsproblem (Warum ist es sinnvoll, dass wir dieses oder jenes so tun?) ist also bei jeder Zielvereinbarung zu lösen.	
Sind die Ziele für den Mitarbeiter herausfordernd?	Ohne Herausforderung bestehen weder Reiz noch Ansporn. Das „Gummiband" muss so gestrafft sein, dass der Mitarbeiter das Ziel als schwierig, aber lösbar empfindet. Dies ist der Fall, wenn das Ziel seine Kompetenzgrenzen betrifft. Nur so kann er lernen und sich weiterentwickeln.	
Sind die Ziele klar terminiert?	Kein Ziel ohne klar definierten Anfang und klar definiertes Ende. Nur wenn der Mitarbeiter weiß, wann er die Leistung erbracht haben muss, kann er seine Kapazitäten entsprechend einplanen.	
Sind die Ziele eindeutig messbar?	Messbar müssen Ziele sein, um sie überprüfen zu können. Denn ohne Überprüfbarkeit sind Ziele wirkungslos. Messkriterien für den Erfolg sind leicht für quantitative Ziele zu beschreiben (Umsatz-, Ertrags-, Budgeteinhaltungs- oder Profitabilitätszahlen).	

	Schwieriger ist es bei qualitativen Zielen (Innovations-, Verhaltens- oder persönliche Entwicklungsziele). Hier geht es um die Beschreibung des „Wie“ des Endzustands: Was werden wir haben/was wird anders sein, wenn das Ziel erreicht ist?	
Habe ich Kriterien zur Beurteilung des Zielerreichungsgrads?	Bewerten Sie die Zielerreichung nicht nur nach „erreicht“ oder „nicht erreicht“, besser ist es hier, mehrere Stufen anzubieten, z.B.: ► überschritten ► vollständig erreicht ► knapp erreicht oder ► verfehlt Beschreiben Sie, bei welchem Ergebnis welcher Erfüllungsgrad gilt.	
Kennt der Mitarbeiter die Konsequenzen der Zielerreichung und Nicht-Erreichung?	Das „Was-passiert-wenn“ sollte dem Mitarbeiter bekannt sein, damit er die Verantwortung für die Zielerreichung übernehmen kann.	
Ist das Ziel konkret beschrieben?	Vermeiden Sie Missverständnisse, indem Sie das Ziel mit Detailinformationen beschreiben. Je genauer die Beschreibung, desto besser weiß der Mitarbeiter, was er zu tun hat.	
Hat der Mitarbeiter die notwendigen Qualifikationen und die erforderliche Motivation?	Überprüfen Sie beide Aspekte. Bei fehlendem Können sollten Sie dem Mitarbeiter entsprechende Qualifikationshilfen geben. Bei fehlendem Wollen fragen Sie, warum das so ist. Können Sie an den Bedingungen nichts ändern, übertragen Sie das Ziel vielleicht besser einem anderen Mitarbeiter.	
Sind alle erforderlichen Ressourcen vorhanden?	Wenn dem Mitarbeiter Ressourcen fehlen, brauchen Sie auch nicht erwarten, dass er das Ziel erreicht.	
Welche Rahmenbedingungen müssen für die Zielerreichung beachtet werden?		

Ist mit Veränderungen/ Schwierigkeiten bei der Zielerreichung zu rechnen? Wann können diese auftreten?		
Habe ich dem Mitarbeiter für das Ziel und die zu erledigenden Aufgaben die notwendige Verantwortung übertragen?	Nutzen Sie die Delegation von Verantwortung im Zielvereinbarungsprozess als wichtigen Motivationsfaktor: Wenn sich Ihre Mitarbeiter verantwortlich fühlen, werden sie sich auch mehr anstrengen, das Ziel zu erreichen.	
Ist die Zielerreichung realistisch?	Sind alle erforderlichen Bedingungen erfüllt? (klares Zielverständnis, Messbarkeit, Termine, Ressourcen, Qualifikation) Stehen Anzahl und Umfang der Ziele im richtigen Verhältnis	
Wer erhält Kenntnis von der Zielvereinbarung?		

Was brauche ich für ein Zielvereinbarungsgespräch?

1. **Sie brauchen Zeit.**

   Rechnen Sie zu Beginn mit mindestens 1 ½ Stunden für eine vollständige Zielvereinbarung.

2. **Sie brauchen Ruhe.**

   Wählen Sie einen Raum nur für sich und den Mitarbeiter. Sorgen Sie dafür, dass Sie nicht gestört werden.

3. **Sie brauchen Geduld**

   mit sich und dem Mitarbeiter, insbesondere wenn Sie in dem Verfahren nicht geübt sind.

4. **Sie brauchen selbst Ziele,**

   damit Sie bestimmte Bestandteile davon herunterbrechen können.

6. **Sie brauchen die alleinige Herrschaft über bestimmte Themenbereiche oder Arbeitsfelder,**

   damit Sie überhaupt Ziele vereinbaren können.

Wie führe ich ein Zielvereinbarungsgespräch?

Die Verantwortung für die Gesprächsführung liegt bei Ihnen als Führungskraft.

- Sorgen Sie für eine angenehme Gesprächsatmosphäre und ausreichend störungsfreie Gesprächszeit
- Übernehmen Sie die Gesprächssteuerung, ohne im Gespräch zu dominieren
- Treffen Sie Vereinbarungen über Gesprächsziele, Vorgehensweise und Zeitrahmen.
- Erläutern Sie die einzusetzenden Formulare.
- Besprechen Sie die Zielerreichung der letzten Periode.
- Fragen Sie den Mitarbeiter nach seiner Einschätzung der Zielerreichung und teilen Sie ihm dann die Ihre mit.
- Erläutern Sie die Unternehmensziele (Bereich-, Abteilungs-, Gruppenziele).
- Fragen Sie den Mitarbeiter nach seinen Zielen.
- Sprechen Sie mit ihm über die Ziele, die Sie mit ihm vereinbaren wollen.
- Erarbeiten Sie gemeinsam Ziele für das Folgejahr und legen Sie diese fest.
- Legen Sie ggf. unterstützende Maßnahmen zur Förderung der Zielerreichung fest.
- Erarbeiten Sie persönliche Entwicklungsziele und Maßnahmen zu deren Umsetzung.
- Fassen Sie die Ergebnisse des Gesprächs schriftlich zusammen, unterschreiben Sie beide den Zielvereinbarungsbogen.
- Vereinbaren Sie Termine für Zwischengespräche und Zwischenbilanzen.
- Vermeiden Sie, selbst zu viel zu sprechen – halten Sie keine Monologe.
- Beziehen Sie den Mitarbeiter immer wieder mit ein.
- Hören Sie zu und greifen Sie die Interessen des Mitarbeiters auf.
- Seien Sie Vorbild, zeigen Sie Respekt und Anerkennung.

Checkliste 55: Durchführung eines Zielvereinbarungsgesprächs

Ablauf	Zu beantwortende Fragen	To Do Führungskraft	To Do Mitarbeiter	Gesprächsverhalten Führungskraft
Gesprächsbeginn	Was ist das Ziel dieses Gesprächs?	Gesprächsanliegen benennen, positive Atmosphäre		muss das Gespräch strukturieren
Ist-Soll-Zustände beschreiben	Wo liegt das Problem? Was soll erreicht werden?	Darstellung des Problems aus seiner Sicht, Rahmen- und Zielbestimmungen aus seiner Sicht erläutern	Sicht zum Problem und der Zieldefinition äußern, Aufgabengebiet des Mitarbeiters klären	aktiv zuhören, bei Unklarheiten ggf. nachfragen, Gedanken des MA spiegeln
Zielvereinbarung	Machen Sie mit? Was schlagen Sie vor?	Sichtweise des MA nachvollziehen, seine Widerstände ernst nehmen, Konzentration auf das Arbeitsfeld des MA und diesen zu Vorschlägen animieren	nachfragen, Alternativvorschläge, Ideen und Bedenken zum Lösungsansatz erarbeiten	Gesagtes zusammenfassen und präzisieren
Konkretisierung	Was wollen wir genau erreichen und bis wann? Welche Priorität hat diese im Vergleich zu anderen Aufgaben?	Resümieren der Vorschläge des MA und weiterentwickeln zu konkreten Arbeitsaufträgen	Konkrete Aufgabenstellungen vorschlagen	Gedanken wiedergeben, resümieren und auf den Punkt bringen
Abschluss des Gesprächs	Was wurde vereinbart? Wann erfolgen Ergebniskontrollen? Wie erfassen wir das Maß „erfolgreich“?	Vereinbarungen zusammenfassen und schriftlich festhalten, Folgetermin vereinbaren	Zielvereinbarung verbindlich und verpflichtend anerkennen	Ergebnisse noch einmal strukturieren und zusammenfassen

Sollte ich Aktivitätenpläne zur Zielerreichung auch für meine Mitarbeiter aufstellen?

Nach dem Zielvereinbarungsgespräch gilt der Satz: „Das Ziel ist fix - der Weg ist frei."

Das Wie der Zielerreichung muss im Entscheidungsbereich Ihres Mitarbeiters liegen. Trotzdem sollten Sie den Mitarbeiter bei der Planung nun notwendiger Aktivitäten nicht allein lassen. Fragen Sie ihn, wie er an die Zielerreichung herangehen will. Bei komplexen Zielen kann es für den Mitarbeiter hilfreich sein, Teilziele abzuleiten, zu denen jeweils ein Feedbackgespräch mit Ihnen erfolgt, sowie einen Aktivitätenplan durchzusprechen. Das erleichtert Ihrem Mitarbeiter den Start und vermeidet Fehlentwicklungen.

Darüber hinaus sollten Sie auch bei weniger komplexen Zielen bereits im Zielvereinbarungsgespräch Termine für erste Feedbackgespräche mit dem Mitarbeiter vereinbaren.

Mitarbeiterbeurteilung – Verhalten und Leistungen einschätzen

In Herrn Bergs Unternehmen ist es üblich, Beurteilungsgespräche mit den Mitarbeitern zu führen. Da Herr Berg bisher noch keine Erfahrungen mit Beurteilungsgesprächen gesammelt hat, wendet er sich mit folgenden Fragen an seinen Mentor Herr Weigert:

Was ist die Zielsetzung von Beurteilungsgesprächen?

Im Beurteilungsgespräch kommunizieren Sie Ihre Einschätzung der Mitarbeiterleistung an Ihre Mitarbeiter. Ihr Ziel ist dabei immer, das Beurteilungsgespräch so zu gestalten, dass die Mitarbeiter die Beurteilung verstehen und nachvollziehen können, sie akzeptieren und gemeinsam mit Ihnen an einer Leistungsstabilisierung und -verbesserung arbeiten. Beurteilungsgespräche können mit folgender Zielsetzung geführt werden:

Ziele von Beurteilungsgesprächen

- einen Austausch der Bewertungen hinsichtlich Leistungsergebnis und Leistungsverhalten ermöglichen
- Aufgaben, Ziele und Arbeitsergebnisse durchsprechen und gemeinsame Schlüsse daraus ziehen
- Akzeptanz der Beurteilung durch den Beurteilten erreichen
- Leistungssteigerungen und Verhaltensänderungen bewirken
- die weitere Entwicklung der Mitarbeiter fördern
- die Transparenz und Nachvollziehbarkeit des Beurteilungsverfahrens erhöhen
- Diskrepanzen diskutieren und evtl. korrigieren
- Mitarbeitern den Bewertungsmaßstab und Ihre Erwartungen vermitteln

Welchen Nutzen bringt mir das Beurteilungsgespräch?

Der Nutzen eines Beurteilungsgesprächs kann aus zwei verschiedenen Blickwinkeln betrachtet werden.

Sie als Führungskraft

Nutzen für die Führungskraft

- können Ihre eigenen Ziel- und Wertvorstellungen gegenüber den Mitarbeitern transparent machen,
- gewinnen Klarheit über die Erwartungen, Werte und Einstellungen des Mitarbeiters,
- können eine Rückmeldung zu Ihrem Führungsverhalten vom Mitarbeiter erfragen,
- gewinnen Impulse, Hinweise und Vorschläge der Mitarbeiter zu möglichen Verbesserungen in Ihrem Bereich.

Die Mitarbeiter

Nutzen für die Mitarbeiter

- wissen, wo sie bezüglich ihrer Leistungen stehen,
- erhalten eine differenzierte Rückmeldung über ihr Verhalten, persönliche Stärken und Entwicklungsfelder,
- erhalten Anregungen für ihre zukünftige Arbeit,
- erhalten eine klare Orientierung hinsichtlich ihrer Aufgaben und Ziele,
- erhalten Raum, situative und persönliche Anliegen anzusprechen und Vorschläge zu machen,
- erhalten Klarheit über Konsequenzen und mögliche Veränderungen, die in der Zusammenarbeit eintreten sollen,
- können Fragen und Wünsche ihrer persönlichen beruflichen Weiterentwicklung ansprechen.

Wie kann ich Mitarbeiter fair und möglichst objektiv beurteilen?

Bei der Mitarbeiterbeurteilung müssen Sie sich immer darüber im Klaren sein, dass nicht alle Mitarbeiter gleich gut oder gleich schlecht sind und sein können. Stellen Sie fest, dass Ihre Beurteilungen sehr ähnlich sind, sind Sie eventuell einem Beurteilungsfehler zum Opfer gefallen - Sie waren zu streng mit allen, zu gutmütig zu allen oder haben allen Mitarbeitern eine mittlere Beurteilung gegeben.

Ganzheitlicher und ganzjähriger Prozess

Realistische Mitarbeiterbeurteilungen setzen einen ganzheitlichen und ganzjährigen Prozess aus Beobachten, Beschreiben und Bewerten voraus. Wenn Sie sich an diese drei Prozessschritte halten, vermindern Sie die Gefahr, Ihre Beurteilung durch Beobachtungs- und Wahrnehmungsfehler zu verfälschen.

CD-ROM

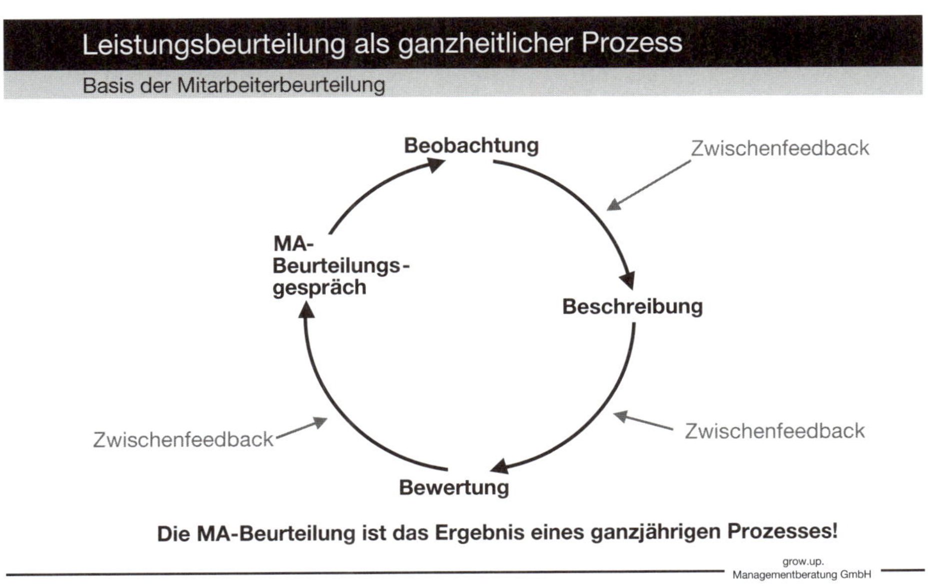

CD-ROM

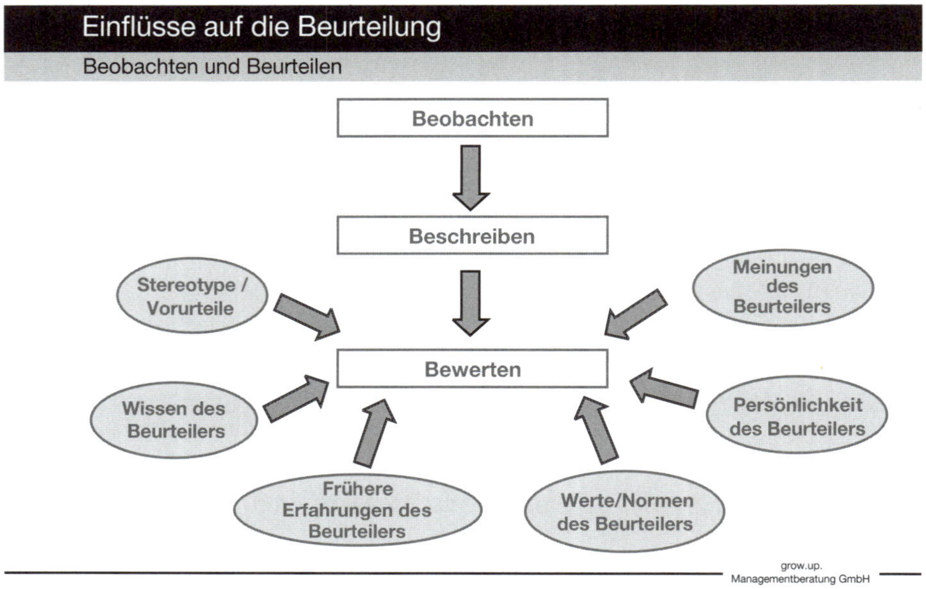

Welche Wahrnehmungsfehler können meine Beurteilung beeinflussen und wie kann ich diese Fehler vermeiden?

Überprüfen Sie Ihre Beurteilungen selbstkritisch, ob sie den Leistungen Ihrer Mitarbeiter wirklich gerecht werden. Weder zu wohlwollende noch zu kritische Beurteilungen helfen Ihnen und Ihren Mitarbeitern, die Leistungen in Ihrem Verantwortungsbereich zu optimieren. Auch eine Nivellierung aller Beurteilungen hin zu mittleren Bewertungen nützt weder dem Unternehmen noch dem Mitarbeiter - sie bleibt für alle Beteiligten ohne verwertbare Aussage.

Einflussreiche Tendenzen und Effekte

Folgende Tendenzen und Effekte können unsere Wahrnehmung und Beurteilung beeinflussen:

1. Die Mildetendenz

Hier tendiert der Beurteiler dazu, den zu beurteilenden Mitarbeiter eher wohlwollend einzuschätzen, da er

- einen bereits gewonnenen positiven Eindruck nicht gefährden möchte,
- einen relativ niedrigen Leistungsstandard zugrunde legt.

2. Die Strengetendenz

Der Beurteiler tendiert dazu, den zu beurteilenden Mitarbeiter eher kritisch einzuschätzen, da er

- einen bereits gewonnenen negativen Eindruck nicht gefährden möchte,
- einen relativ hohen Leistungsstandards zugrunde legt.

3. Die Tendenz zur Mitte

Wie Sie bereits vermuten werden, tendiert der Beurteiler in diesem Fall dazu, den zu beurteilenden Mitarbeiter auf einem mittleren Niveau zu beurteilen, da er

- sich hinsichtlich einer Einschätzung des zu beurteilenden Mitarbeiters unsicher ist.
- eine Begründung seines Urteils eher vermeiden möchte.

WAS DIE DREI TENDENZEN BEWIRKEN

Durch die Mildetendenz kommt es zu einer Verschiebung in Richtung hoher Beurteilungswerte, die Strengetendenz bewirkt entsprechend eine Verschiebung in Richtung niedriger Beurteilungswerte. Durch die Tendenz zur Mitte befinden sich die Beurteilungswerte auf einem mittleren Niveau.

4. Der Sympathie-Effekt

Der Eindruck, den Sie sich als Beurteiler von dem zu beurteilenden Mitarbeiter bilden, wird stark vom Grad der gegenseitigen Sympathie beeinflusst. Bei starker Sympathie kommt es zu einer Verzerrung der Beurteilung in Richtung zu wohlwollend, bei eher geringer Sympathie zur zu kritischen Beurteilung. Beides wird der tatsächlichen Leistung des Mitarbeiters nicht gerecht.

5. Der Stimmungseffekt

Auch Ihre Stimmung als Beurteiler beeinflusst die Beurteilung eines Mitarbeiters. Eine gute Stimmung wird zu eher positiven, eine schlechte zu eher negativen Einschätzungen führen.

7. Der Umgebungseffekt

Die Umgebung, innerhalb derer ein Beurteilungsgespräch geführt wird, beeinflusst sowohl den Beurteiler als auch den Mitarbeiter. So ist es vorstellbar, dass dunkle, triste Räume oder eine starke Geräuschkulisse sich u. a. negativ auf die Stimmung auswirken und auf diese Weise zu dem bereits beschriebenen Stimmungseffekt führen können.

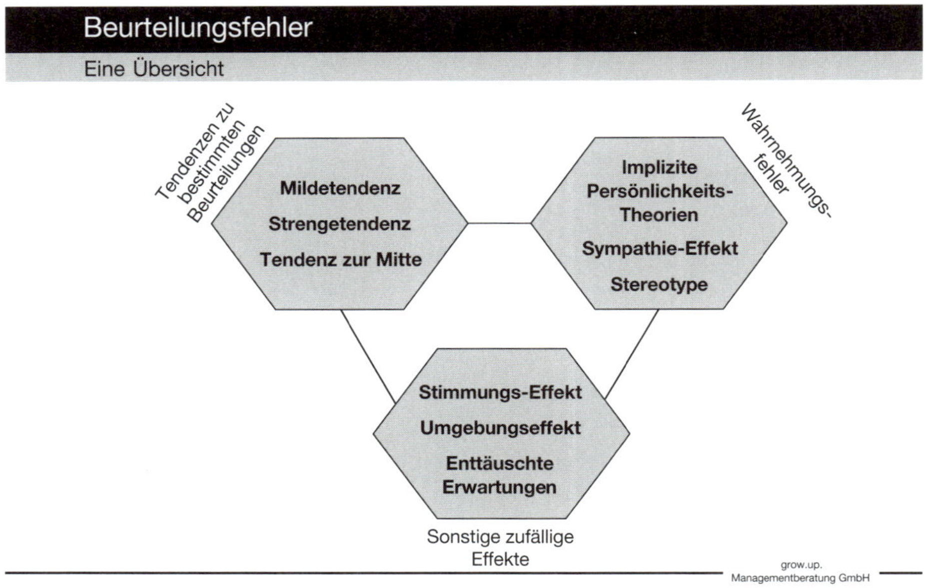

Wie kann ich mich auf ein Beurteilungsgespräch vorbereiten?

Zur Vorbereitung auf Ihre Beurteilungsgespräche können Sie die nachfolgende Checkliste nutzen. Sie enthält wichtige Fragen, um sich vor der Beurteilung ein genaues Bild über den Mitarbeiter, seine Aufgaben und die an ihn gestellten Anforderungen zu erarbeiten. Beurteilen Sie vor dem Gespräch Ihren Mitarbeiter in den dafür vorgesehenen Dimensionen.

Checkliste 56: Fragen vor und zur Mitarbeiterbeurteilung

Fragen	Antworten
Klären Sie im ersten Schritt die Anforderungen an die Mitarbeiter	
Welche Aufgaben umfasst die Position?	
Was genau tut der Mitarbeiter?	
Welche Verantwortung umfasst die Position?	

Welche Kompetenzen benötigt der Mitarbeiter für seine Tätigkeit bzw. welche sind weniger erforderlich?	
Wie stark müssen die einzelnen Kompetenzen ausgeprägt sein, um die Anforderungen zu erfüllen?	
Welche Anforderungen stelle ich für die Aufgabenerfüllung an den Mitarbeiter?	
Was erwarte ich für eine gute Aufgabenwahrnehmung von dem Mitarbeiter?	
Welches Verhalten erfüllt die Anforderungen in vollem Umfang?	
Mit welchem Verhalten übertrifft der Mitarbeiter die Anforderungen?	
Mit welchem Verhalten sind die Anforderungen nicht immer erfüllt?	
Notieren Sie sich nun konkrete Beispiele für die Erfüllung bzw. Nichterfüllung Ihrer Anforderungen	
Habe ich regelmäßig und fortlaufend beobachtet?	
Kann ich meine Bewertung mit einer ausreichenden Anzahl von Beispielen aus dem Alltag begründen?	
Kann ich meine Beurteilung durch sachliche, stichhaltige und abgesicherte Daten und Fakten begründen, die aus eigener Beobachtung stammen?	

CD-ROM

Kann ich Beurteilerfehler weitgehend ausschließen?	
Habe ich dem Mitarbeiter zwischendurch ausreichend Feedback zu seinem Verhalten und zu seinen Leistungen gegeben?	
Weiß der Mitarbeiter aus der bisherigen Zusammenarbeit, wie ich ihn einschätze, oder wird meine Beurteilung überraschend für ihn sein?	
Habe ich dem Mitarbeiter genügend Zeit gegeben, um sich seinerseits auf das Gespräch vorzubereiten?	
Welches sind die wichtigsten Punkte der Beurteilung und wie sollen sie im Gespräch angesprochen werden?	
Mit welchen Einwänden ist im Gespräch zu rechnen?	
Welche Ziele will ich mit der Beurteilung erreichen?	

Vorbereitung des Mitarbeiters

Eine gute Vorbereitung eines Beurteilungsgesprächs umfasst nicht nur Ihre Vorbereitung, sondern auch die des Mitarbeiters. Geben Sie dem Mitarbeiter ca. zwei Wochen vor dem vereinbarten Termin den Beurteilungsbogen mit der Bitte, zum Gespräch eine Selbsteinschätzung mitzubringen.

Welche Struktur und Vorgehensweise wähle ich für meine Beurteilungsgespräche?

Nachfolgend finden Sie einen Leitfaden, der Ihnen bei der Strukturierung Ihrer Beurteilungsgespräche helfen wird:

TO DO

- Wählen Sie einen Raum mit angenehmer Atmosphäre und achten Sie darauf, dass Sie nicht gestört werden.

- Beginnen Sie das Gespräch damit, dass Sie eine angenehme Gesprächsatmosphäre herstellen und eventuelle Bedenken und offene Fragen des Mitarbeiters klären.
- Besprechen Sie mit dem Mitarbeiter die Gesprächsziele, die Vorgehensweise und den Zeitrahmen zu Beginn des Gesprächs.
- Klären Sie, ob Sie und Ihr Mitarbeiter über ein einheitliches Verständnis der einzelnen Beurteilungsstufen verfügen.
- Erläutern Sie evtl. noch einmal den Beurteilungsbogen und klären Sie Fragen des Mitarbeiters zum Beurteilungsprozess.
- Tauschen Sie sich über die Arbeitsergebnisse des Mitarbeiters aus, indem Sie gemeinsam über jede Dimension sprechen.
- Fragen Sie den Mitarbeiter im ersten Schritt nach seinen Einschätzungen einer Dimension und den Begründungen für diese Einschätzungen.
- Erläutern Sie Ihre Einschätzung des Verhaltens und der Leistungen anhand von Beispielen, warum Sie es so sehen und wie Sie es bewerten.
- Tauschen Sie sich über Differenzen in der Einschätzung einer Dimension aus:
  - Wo genau liegen die Differenzen?
  - Wie werden sie jeweils begründet?
- Versuchen Sie, dem Mitarbeiter Ihre Einschätzung seiner Leistungen anhand von Beispielen nachvollziehbar zu machen.
- Sprechen Sie Ihre Beurteilung nur mit Bezug zu Leistung, konkretem Arbeitsverhalten und Arbeitsumfeld an und vermeiden Sie es, die Persönlichkeit des Mitarbeiters anzugreifen.
- Drücken Sie Wertschätzung und Anerkennung für erbrachte Leistungen aus.
- Geben Sie dem Mitarbeiter die Möglichkeit, Wünsche, Anregungen oder Kritik zu formulieren. Gestehen Sie eigene Fehler und Versäumnisse ein.
- Nehmen Sie Denkanstöße, Wünsche und Vorschläge des Mitarbeiters ernst.
- Sprechen Sie kritische Punkte klar und eindeutig an und suchen Sie gemeinsam mit dem Mitarbeiter nach Lösungen und Verbesserungsmöglichkeiten.
- Besprechen Sie Maßnahmen zur gewünschten Leistungsverbesserung sowie den Förder- und Qualifizierungsbedarf und legen Sie entsprechende Maßnahmen fest. Beachten Sie dabei auch die Qualifizierungs- und Entwicklungswünsche Ihrer Mitarbeiter.
- Vereinbaren Sie Termine, wann besprochene Maßnahmen eingeleitet, umgesetzt und kontrolliert werden.
- Dokumentieren Sie die Ergebnisse, unterschreiben Sie den Bogen und lassen Sie ihn vom Mitarbeiter gegenzeichnen.
- Finden Sie einen positiven und motivierenden Gesprächsabschluss.

Was sollte ich zusätzlich beachten?

Die Aufgabe als Basis der Beurteilung

Für alle Beurteilungen gilt: Basis der Beurteilung ist die Aufgabe! Prüfen Sie für jede einzelne Beurteilungsdimension und jeden Mitarbeiter, ob und inwieweit er diese Kompetenzen in seinem Aufgabenbereich zeigen kann und benötigt.

Sie können nur beurteilen, was der Mitarbeiter wirklich tut oder tun sollte. Unterschiedliche Aufgaben stellen unterschiedliche Anforderungen an Ihre Mitarbeiter. Deswegen können die einzelnen zu beurteilenden Kompetenzen für den einen Mitarbeiter zur Ausübung seiner Tätigkeit sehr wichtig, für den anderen jedoch weniger wichtig sein. Auch der Maßstab, was in einer Position gut ist und was nicht, variiert von Position zu Position. Beurteilungen sind nur für Mitarbeiter mit exakt gleichen Aufgaben vergleichbar.

TIPP

Klären Sie für sich, was welche Beurteilungsstufe bedeutet - nur so können Sie mit einer einheitlichen Sichtweise an die Beurteilung Ihrer Mitarbeiter herangehen.

Mitarbeiterbeurteilungssysteme sind je nach Unternehmen sehr unterschiedlich aufgebaut. Zumeist finden Sie Verhaltens- und Leistungsdimensionen, anhand derer die Mitarbeiter beurteilt werden. Die Beurteilung erfolgt in unterschiedlichen Abstufungen, z. B.: „erfüllt die Anforderungen der Position und Aufgabe nicht/zum Teil/den Anforderungen entsprechend/über die Anforderungen hinausgehend/deutlich über die Anforderungen hinausgehend".

Beurteilungsdimensionen transparent halten

Es ist wichtig, dass Ihre Mitarbeiter die Beurteilungsdimensionen kennen und lernen, ihr Verhalten und ihre Leistungen in diesen Dimensionen selbst einzuschätzen. Das erreichen Sie, wenn Sie auch in Ihren Feedbackgesprächen immer wieder auf die Beurteilungsdimensionen zurückgreifen und mit dem Mitarbeiter besprechen, wie Sie ihn zum jetzigen Zeitpunkt bzw. wie Sie die aktuell besprochene Leistung bewerten würden.

DIE RICHTIGEN VORAUSSETZUNGEN SCHAFFEN

Die Beurteilung wird nur zu Leistungssteigerungen und Verhaltensänderungen beitragen, wenn die Mitarbeiter verstehen, warum der Vorgesetzte bestimmte Leistungen und Verhaltensweisen als Stärke oder Schwäche bewertet. Sie müssen Ihre Maßstäbe langsam einander angleichen. Es geht um eine gemeinsame Sicht dessen, was als gut, als normal oder als nicht ausreichend betrachtet wird.

Gesprächsführung unter erschwerten Bedingungen – das Trennungsgespräch

Herr Berg hat seine Mitarbeiterin Frau König aufgrund ihres unfreundlichen Verhaltens gegenüber den Kunden des Unternehmens bereits zweimal verwarnt. Da Frau König extrem uneinsichtig ist und bereits des Öfteren erklärt hat, dass sie nicht dazu bereit sei, etwas an ihrem Verhalten zu ändern, steht Herr Berg nun vor der Situation, ein Trennungsgespräch führen zu müssen. Er wendet sich mit folgenden Fragen an seinen Mentor Herrn Weigert:

Wie gehe ich mit meiner Unsicherheit um?

Mit emotionaler Reaktion rechnen

Dass Sie sich in dieser Situation unsicher und unwohl fühlen, ist nachvollziehbar und auch nicht ungewöhnlich. Sie befürchten, mit der emotionalen Reaktion des Betroffenen nicht angemessen umgehen zu können. Sie sind der Überbringer einer schlechten Nachricht und in dieser Situation wäre es unrealistisch, auf einen Konsens, einen Kompromiss oder einen harmonischen Gesprächsverlauf zu hoffen.

Trennung bedeutet in der Regel für den Betroffenen nichts Positives. Auch wenn Sie bisher als Führungskraft akzeptiert und geschätzt wurden, kann es in dieser schwierigen Gesprächssituation dazu kommen, dass der Betroffene Ihre Kompetenz und Ihre Persönlichkeit angreift. Nicht selten kommt es zu verletzenden Äußerungen wie: „Ich habe noch nie viel von Ihnen gehalten“ oder: „Ich bin wirklich enttäuscht von Ihnen“. Versuchen Sie, die emotionale Reaktion des Betroffenen nachzuvollziehen und zu akzeptieren, ohne sich in Ihrem Selbstwert angegriffen zu fühlen.

Als Führungskraft sind Sie dafür verantwortlich, dass das Trennungsgespräch professionell verläuft. Stellen Sie sich der Verantwortung und erfüllen Sie sie so gewissenhaft und kompetent wie möglich.

Worauf muss ich beim Führen eines Trennungsgesprächs besonders achten?

Kommunikationsregeln

Gerade bei einem Trennungsgespräch kommt der Beachtung der im ersten Kapitel diesese Buches bereits genannten Kommunikationsregeln eine besondere Bedeutung zu. Es ist sehr wichtig, dass Sie

- klar und eindeutig,
- offen und ehrlich,
- verständlich und stimmig,

kommunizieren.

Eine weitere Grundvoraussetzung für das Führen eines erfolgreichen Trennungsgesprächs ist eine respektvolle, wertschätzende und achtungsvolle Haltung gegenüber dem Betroffenen. Sie sollten hierbei jedoch nicht vergessen, dass der Betroffene ein erwachsener und mündiger Mensch ist, dem Sie eine negative Botschaft zutrauen können. Wichtig ist, in welcher Form die Botschaft übermittelt wird.

Wie eröffne ich ein Trennungsgespräch?

Trennungsbotschaft schnell und klar übermitteln

Im Rahmen eines Trennungsgesprächs ist die Gesprächseröffnung besonders wichtig. Wie bei einer guten Rede sollten Sie genau wissen, mit welchen Worten Sie das Gespräch eröffnen wollen. Vermeiden Sie den sonst üblichen Gesprächseinstieg über eine Frage, wie z. B. „Wie gefällt Ihnen denn der neue Trakt unseres Hauptgebäudes?“. Eine solche Frage könnte vom Betroffenen im Nachhinein als unehrlich eingestuft werden. Reden Sie nicht lange „um den heißen Brei herum“, sondern kommunizieren Sie die Trennungsbotschaft klar und eindeutig innerhalb der ersten fünf Sätze. Nutzen Sie z. B. die Formulierung:

„Frau König, ich habe Sie zu mir gebeten, um Ihnen die Aufhebung Ihres Arbeitsvertrags zum Jahresende zu verkünden.“

Ich-Botschaften

Nutzen Sie in jedem Fall Ich-Botschaften, um deutlich zu machen, dass Sie sich mit der Entscheidung und der Maßnahme identifizieren und die volle Verantwortung für Ihre Worte übernehmen.

Wie gehe ich mit der Reaktion des Betroffenen um?

Selbstverständlich gibt es nicht die Reaktion, auf die Sie sich als Führungskraft einstellen können. Jeder Mensch reagiert anders auf eine Trennungsbotschaft. Dennoch gibt es einige grundlegende Praxistipps für Ihr professionelles Verhalten innerhalb eines Trennungsgesprächs.

TO DO

- Strahlen Sie keine Anspannung aus, sondern vermitteln Sie Ruhe und Gelassenheit.
- Geben Sie dem Betroffenen Zeit, die Nachricht zu realisieren.
- Signalisieren Sie durch Gestik und Mimik, dass Sie offen sind für eine Reaktion des Betroffenen.
- Falls keine Reaktion erfolgt, ermutigen Sie dazu, aber versuchen Sie nicht, sie gewaltsam hervorzurufen.
- Kritisieren Sie die Reaktion des Betroffenen nicht, sondern versuchen Sie, sie zu verstehen und zu akzeptieren.

- Wiederholen Sie Ihre Worte, wenn Sie das Gefühl haben, dass Ihre Botschaft nicht angekommen ist.
- Stellen Sie Fragen, um herauszubekommen, was bei dem betroffenen Mitarbeiter noch unklar ist.
- Hören Sie aktiv zu.
- Bleiben Sie in Ihrer Sprache sachlich.
- Stillen Sie das Informationsbedürfnis des Mitarbeiters und protokollieren Sie Ihre Aussagen.
- Geben Sie keine Versprechungen ab, die Sie nicht einhalten können.
- Halten Sie die Fragen des Betroffenen, die Sie nicht beantworten können, fest, um im nächsten Gespräch darauf eingehen zu können.
- Geben Sie dem Mitarbeiter eine Orientierung, indem Sie die nächsten Schritte klar und strukturiert vorgeben.
- Entlassen Sie den Betroffenen erst, wenn keine Unklarheiten mehr bestehen und Sie alle weiteren Schritte konkret vereinbart haben.

Wie begründe ich die Trennung?

Bei der Wahrheit bleiben

Nennen Sie genau die Gründe, aus denen die Trennung erfolgt. Sie tun Ihrem Mitarbeiter keinen Gefallen damit, wenn Sie ihm nicht die Wahrheit sagen. Wichtig ist hier wiederum die Art und Form, in der Sie die Gründe mitteilen. Die folgende „ToDo"-Liste hilft Ihnen bei der Formulierung der Trennungsbegründung.

TO DO

- Legen Sie die Art der Begründung fest.
- Formulieren Sie eine individuelle Begründung.
- Achten Sie darauf, dass der Kern der Botschaft klar und eindeutig ist.
- Schreiben Sie die Begründung zunächst auf und üben Sie sie dann, indem Sie sie laut vortragen.
- Benutzen Sie ein Diktiergerät, damit Sie Ihre Formulierung und Ihre Stimme im Nachhinein überprüfen können.
- Achten Sie darauf, wirklich immer Ich-Botschaften zu benutzen.

Wie gehe ich mit Fragen und Einwänden um?

Hilfreich und sinnvoll ist es, mögliche Fragen und Einwände des Betroffenen vorher durchzuspielen und sich zu notieren. Die folgende Checkliste kann Ihnen dabei helfen.

Checkliste 57: Fragen- und Einwandbehandlung in Trennungsgesprächen

Fragen und Einwände	Mögliche Reaktion
Wer hat diese Entscheidung getroffen?	Ich habe diese Entscheidung sorgfältig vorbereitet und sie mit ... abgestimmt.
Wann läuft mein Vertrag aus?	Wir werden die Kündigungsfrist einhalten, die in Ihrem Arbeitsvertrag steht, d.h. in Ihrem Fall ...
Bin ich endgültig entlassen?	Ja, ich werde das Arbeitsverhältnis mit Ihnen zum ... auflösen.
Ist Herr Muster auch betroffen?	Diese Information möchte ich nicht an Sie weitergeben.
Ich möchte mit Ihrem Vorgesetzten über diese Entscheidung reden.	Natürlich ist es Ihr Recht, mit meinem Vorgesetzten zu reden. An der Entscheidung wird sich dadurch jedoch nichts ändern.
Ich wusste, dass ich früher oder später von Ihnen gekündigt werden würde. Sie konnten mich ja noch nie leiden.	Die Trennung hat nichts mit Ihnen als Person zu tun, sondern mit ...
Ich bin von Ihnen als Mensch wirklich enttäuscht.	Diese Entscheidung hat nichts mit meiner Person zu tun, sondern mit meiner Rolle als Führungskraft.
Meine Arbeit ist alles, was ich habe. Das können Sie mir doch nicht so einfach nehmen.	Ich weiß, dass Sie sich sehr für Ihre Arbeit engagiert haben. Ich biete Ihnen Folgendes an, um Ihnen bei der Stellensuche behilflich zu sein.
Kann ich mich innerhalb der Firma um eine andere Stelle bewerben?	Ich habe die Möglichkeiten, Sie innerhalb unseres Unternehmens weiter zu beschäftigen, eingehend geprüft. Leider kann ich Ihnen derzeit keine andere Stelle anbieten.
Ich kann doch jetzt nicht umziehen, wo ich mir hier gerade eine Existenz aufgebaut habe.	Müssen Sie denn zwangsläufig umziehen? Lassen Sie uns doch einmal gemeinsam überlegen, welche Möglichkeiten Ihnen offen stehen.
...	...
...	...

Wann kann ich ein Trennungsgespräch beenden?

Auch die Beendigung des Gesprächs sollten Sie genau planen. Sie können das Gespräch beenden, wenn Sie alle notwendigen Informationen an den Betroffenen weitergegeben haben. Vergewissern Sie sich durch Fragen, was bei dem Betroffenen angekommen ist und was er wie aufgenommen hat. Bitten Sie ihn, das zu wiederholen, was er verstanden hat. Lassen Sie sich die Gesprächsführung nicht dadurch aus der Hand nehmen, dass Sie sich von dem Betroffenen in endlose Diskussionen verwickeln lassen. Sie wecken damit nur falsche Hoffnungen.

Die folgende Checkliste hilft Ihnen dabei, zu überprüfen, ob Sie wirklich alle wesentlichen nächsten Schritte und Termine mit dem Betroffenen festgehalten haben.

Checkliste 58: Nächste Schritte und Termine nach einem Trennungsgespräch

Schritte und Termine	Anmerkungen
Zu welchem Termin ist die Beendigung des Arbeitsverhältnisses geplant?	
Soll eine Freistellung erfolgen und wenn ja, wann?	
Geht der Mitarbeiter unmittelbar nach dem Gespräch zurück an seinen Arbeitsplatz oder wird er direkt freigestellt?	
Wie lange dauert die Restlaufzeit des Vertrags?	
Wann findet der nächste Gesprächstermin statt?	
Welche sonstigen Fristen und Termine sind noch einzuhalten	
Welche Projekte müssen noch beendet oder übergeben werden?	
...	...
...	...

Teil 3 Führungstechniken

Problemanalyse – eine wesentliche Führungsaufgabe

Wie in jedem betrieblichen Alltag stehen auch Herr Berg und seine Mitarbeiter und Kollegen immer wieder vor neuen Herausforderungen und Problemen. In der Regel wird auch eine Lösung gefunden. Herr Berg ist sich aber nicht sicher, ob das Vorgehen im Rahmen der Problemanalyse und Lösungsfindung wirklich immer adäquat ist. Wird nicht langfristig die bekannte und bequeme Lösung bevorzugt oder eine schnelle, die bald wieder mit viel Mühe korrigiert werden muss? Um hier Optimierungsmöglichkeiten zu finden, spricht er mit Herrn Weigert über Wege einer effizienten Problemanalyse.

Wann brauche ich überhaupt eine differenzierte Problemanalyse?

Problemdefinition

Im Gesamtprozess Ihres Führungshandelns ist die Problembeschreibung und -analyse eine Ihrer wesentlichen Aufgaben. Von Problemen spricht man in der Regel dann, wenn in einem Bereich Ist-Soll-Abweichungen auftreten, z. B. Sollabweichungen im Ergebnis einer Aufgabenerfüllung. In solch einem Fall muss dringend geklärt werden, was genau die Differenz zwischen dem Ist- und dem Soll-Wert ausmacht, wie also das Problem konkret zu beschreiben ist.

Checkliste 59: Ist- und Soll-Analyse

CD-ROM

Ist	Soll	Differenz

Häufig stehen Sie in Ihrem betrieblichen Alltag vor Problemstellungen, die in ihrer Komplexität, ihrem Umfang und in ihren Auswirkungen nicht in vollem Umfang bekannt sind. Andere Probleme wiederum lassen sich nicht bewältigen, da sie unklar definiert sind. Schnelles und häufig unkoordiniertes „Ad-hoc"-Handeln wird kaum die richtige Lösung bringen. Vor solchen kurzfristigen „Scheinlösungen" sollten Sie sich im eigenen Interesse als Führungskraft schützen, denn die Folgen liegen auf der Hand: ständiges Nachkorrigieren, erhöhte Kosten und wachsende Unzufriedenheit über ein Problem, das immer und immer wieder Ressourcen und Aufmerksamkeit beansprucht. Aus diesem Grund zahlt sich die Zeit, die Sie in eine vorgeschaltete Problemanalyse investieren, um ein Vielfaches wieder aus.

CD-ROM

Problemanalyse

Leitfrage: *Worum geht es hier wirklich?*

Die größte Falle ist...

...eine zwar plausible, aber nur unvollständige oder nur teilweise richtige Definition des Problems.

Deshalb...

...muss man zu den Tatsachen und Ursachen hinter den Symptomen und Meinungen vorstoßen.

Wichtig dabei zu beachten ist, ...:

...plausible aber nicht unbedingt richtige Antworten nicht zu schnell und zu leichtfertig zu geben!

...dass man von einem falsch verstandenem Problem nie zu einer richtigen Lösung kommen kann!

grow.up.
Managementberatung GmbH

VORTEILE DER SITUATIONSANALYSE

- Arbeitssitzungen und Meetings werden auf diese Weise systematisch und effektiv gestaltet.
- Man erhält ein um die Analyseergebnisse erweitertes Grobkonzept..
- Die Ist-Situation wird konkret abgebildet, Ziele für das weitere Handeln werden leicht gefunden.
- Komplexere Sachverhalte können besser beurteilt und in überschaubare Komponenten zerteilt werden.
- Für Problembestandteile, Ursachen und Problem- wie Ursachenbehebung können Prioritäten gesetzt werden.
- Pläne können systematisch entwickelt werden.
- Die richtigen Werkzeuge zur Bewältigung des Problems können zielsicher ausgewählt werden.

Was macht systematische Problemanalysen im betrieblichen Alltag so schwer?

Häufig hindert uns an der Problemlösung unsere innere Haltung. Aus diesem Grund gilt es, diese kritisch zu hinterfragen.

Situation kritisch hnterfragen

- Für ein Problem gibt es immer mehr als eine Lösung.
- Manchmal hilft es, den Bereich der Logik zu verlassen und sich durch unlogisches Denken inspirieren zu lassen.
- Werfen Sie ruhig mal ein paar Regeln wie „Das haben wir schon immer ..." über Bord.
- Geben Sie der Ideenfindung Zeit und Raum, seien Sie kreativ.
- Fehler sind erlaubt, wenn daraus gelernt wird.
- Nicht-Experten können über ihre unvoreingenommene Betrachtung oft wichtige Anregungen geben.

Generell gilt: Die verwendeten Methoden zur Problemanalyse müssen nicht aufwändig und kompliziert sein, sie sollen Sie und Ihr Team aber anleiten, eine gegebene Situation kritisch zu hinterfragen. Die klare Beschreibung eines Problems ist oft schon die halbe Lösung.

Welche alltagstauglichen Methoden der Problemanalyse stehen mir zur Verfügung?

Nachfolgend sind für Sie einige im betrieblichen Alltag leicht zu handhabende Methoden beschrieben, die Ihnen bei Ihrer individuellen Problemanalyse hilfreich sein können.

W-Fragen-Methode

Es ist schwieriger, die richtige Frage zu stellen, als tausend Antworten zu geben.

Problem differenziert betrachten

W-Fragen ermöglichen eine differenzierte Betrachtung des Problems und geben die Gelegenheit, Einzelheiten zu hinterfragen und die Gesamtsituation in kleinere und konkretere Einzelteile zu zerlegen, für die sich dann leichter und schneller die richtigen Lösungen generieren lassen, als dies für eine komplexe Gesamtsituation möglich wäre.

BEISPIEL: FEHLERANALYSE

Stellen Sie sich folgende Situation vor: Im Prozess der Rechnungserstellung haben sich in letzter Zeit Fehler gehäuft. Auf den ersten Blick ist es völlig unklar, wodurch der Fehler entsteht - alle Beteiligten können glaubhaft ihr Handeln nach bestem Wissen und Gewissen versichern. Es ist nicht erkennbar, ob der Fehler im System oder im Kommunikationsprozess zu suchen ist. Fest steht allerdings, er muss schnellstens behoben werden, da es schon zu ersten Kundenbeschwerden gekommen ist.

Um das Problem und seine Ursachen zu klären, werden mit der W-Fragen-Methode so viele offene Fragen (W-Fragen) zum Problem formuliert wie möglich. Der Prozess des Fragenformulierens und -beantwortens wird so lange fortgeführt, bis sich die Situation klärt, Ursachen erkannt werden und Abhilfe geschaffen werden kann.

Checkliste 60: Die W-Fragen

Beispiel W-Fragen zur Fehleranalyse	Antwort
Was genau ist der Fehler?	
Wer ist von dem Fehler betroffen?	
Was kennzeichnet den Fehler?	
Wie wird der Fehler erkennbar?	
Wo tritt der Fehler auf?	
Was bewirkt der Fehler?	
Wann tritt der Fehler auf?	
Wann trat der Fehler zu ersten Mal auf?	
Was passiert genau, wenn der Fehler auftritt?	
...	

Woraus, wovon, womit, wogegen, woher, wohin, woran und worin sind ebenfalls mögliche W-Fragen. Auch negative Frageformen sind gestattet und bringen Sie der Lösung näher, z. B.: „Wann tritt der Fehler nicht auf?“

- Stellen Sie lieber zu viele als zu wenig Fragen, auch wenn Sie nicht jede Frage der Lösung näher bringt. Dies bemerken Sie jedoch schnell, wenn Sie die Frage einmal gestellt und beantwortet haben.
- Notieren Sie sich sowohl die gestellten Fragen als auch die jeweiligen Antworten. Sie können zu neuen Anstößen führen oder im Team besprochen, weiterentwickelt und diskutiert werden.

Situationsanalyse

Abgrenzung von Teilbereichen

Eine Situationsanalyse ermöglicht es Ihnen, komplexe Situationen in überschaubare und besser zu bearbeitende Bereiche zu gliedern. Das Problem wird also ein- und abgegrenzt, Ursachen werden erkannt und klare Aufgabenstellungen herausgearbeitet. Die gebotene systematische Herangehensweise basiert ebenfalls auf Fragetechniken, bietet im Vergleich zur W-Fragen-Methode aber ein umfassenderes und strukturierteres Vorgehen.

Schritt 1: Problem beschreiben

Am Anfang steht eine erste Beschreibung des Problems. Sie hilft dabei, das Problem zu konkretisieren und mögliche Informationslücken aufzudecken. Die Beschreibung erfolgt anhand vorbereiteter Fragen, die der Reihe nach beantwortet werden.

Checkliste 61: Situationsanalyse – Problembeschreibung

Beschreibung des Problems
Was für ein Problem liegt vor?
Wo liegt das Problem vor?
Wann liegt es vor?
In welchem Ausmaß liegt es vor (z. B. Anzahl der betroffenen Bereiche)?
Welche Informationen fehlen noch, um das Problem vollständig bestimmen zu können?
Wie gelange ich zu den notwendigen Informationen?

Im zweiten Schritt wird das Problem konkretisiert. Das Problem wird in seinem Ausmaß eingegrenzt und die aktuelle Situation hinsichtlich der Abweichung vom Idealzustand bestimmt (IST-SOLL-Vergleich). Das Problem wird in einzelne Bereiche aufgeteilt, für die Prioritäten bestimmt werden.

Schritt 2: Problem konkretisieren

Diese Konkretisierung erfolgt mithilfe des zweiten Teils der vorbereiteten Fragen.

Checkliste 62: Situationsanalyse – Problemkonkretisierung

Konkretisierung des Problems
Was IST das Problem? Was IST es NICHT?
An welchen Stellen treten Abweichungen in der Aufgabenerfüllung auf?
Wie groß sind die Abweichungen vom Idealzustand (IST-SOLL-Differenz)?
Aus welchen verschiedenen Unterpunkten setzt sich das Problem zusammen?
In welchen Bereichen äußert sich das Problem?
Welche Priorität haben die einzelnen Problembereiche?
In welchen Bereichen sollte sofort, bei welchen braucht nur mittel- oder langfristig gehandelt zu werden?

Beispiel: Abgrenzung und Konkretisierung des Problems

	ja	**nein**
Was	Lange Durchlaufzeiten von eingegangenen Aufträgen	Fehlerhafte Ergebnisse
Wo	Abteilung XY, die für die technische Abteilung zuständig ist	Alle übrigen Abteilungen
Wann	Seit etwa 2 Monaten	Vorher
Wie viel	Es sind etwa 60 % aller Aufträge betroffen. Die Durchlaufzeiten betragen etwa vier Tage.	Etwa 40 % aller Aufträge werden innerhalb eines Tages abgewickelt.

Schritt 3: Verlauf hinterfragen

Im dritten Schritt wird die Geschichte des Problems betrachtet. Den Verlauf eines Problems zu hinterfragen ermöglicht es Ihnen, die jetzige Problemsituation besser einzuschätzen und weitere Entwicklungen vorherzusagen. Dabei ist folgendes Schema hilfreich:

CD-ROM

Checkliste 63: Situationsanalyse – Verlauf des Problems

Verlauf des Problems			
Wie war der bisherige Verlauf des Problems?			
Wann?/Was?	Wann?/Was?	Wann?/Was?	Wann?/Was?
Was wurde bisher zur Problembewältigung unternommen?			
Wann?/Was?	Wann?/Was?	Wann?/Was?	Wann?/Was?
Wie könnte sich das Problem in Zukunft weiterentwickeln?			

Darauf aufbauend wird schließlich die Ursache des Problems erschlossen. Die Quelle des Problems wird durch ein systematisches Eingrenzen des Untersuchungsbereichs gesucht. Kennen Sie die eigentliche Ursache des Problems, ist es leichter, Maßnahmen zur Behebung des Problems zu treffen.

Schritt 4: Ursache aufdecken

Lokalisation des Problems

Ursachenanalyse – Wo liegt das Problem?

Das Problem wird in mehreren Schritten eingegrenzt und es wird lokalisiert, wo die Probleme entstehen. Dort liegt die Ursache des Problems.

Jedes System (z.B. Unternehmen, Abteilung, Gruppe) hat innere (z.B. Mitarbeiterstruktur, Arbeitsmittel) und äußere Faktoren (z.B. Informationsfluss, Vorarbeiten, Kultur, Marktbedingungen), die es beeinflussen.

Frage ist: Wird das Problem außerhalb des Gesamtsystems Unternehmen oder vom Gesamtsystem bzw. eines seiner Untersysteme erzeugt?

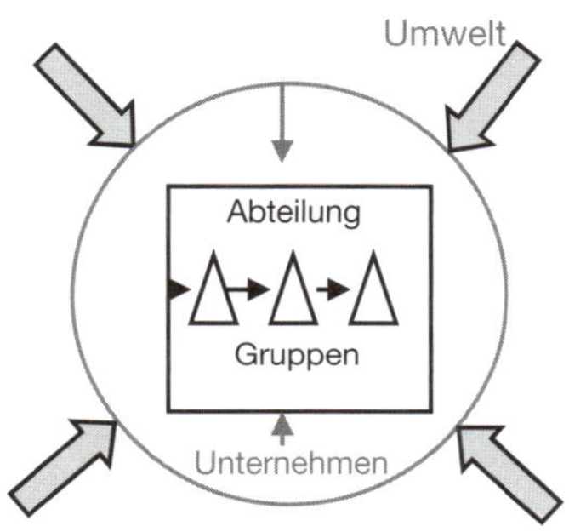

grow.up. Managementberatung GmbH

Um die Ursache eines Problems herauszufinden, ist es hilfreich, wenn Sie sich folgende Fragen stellen.

Checkliste 64: Situationsanalyse – Ursachen des Problems

<table>
<tr><td colspan="4">Ursachen des Problems
Liegen die Ursachen des Problems innerhalb des Systems (in meinem Unternehmen/in der Abteilung) oder liegen sie außerhalb (in Rahmenbedingungen, Marktentwicklung etc.)?</td></tr>
<tr><td>Umwelt</td><td>Unternehmen</td><td>Bereich/Abteilung</td><td>Gruppe/Team</td></tr>
<tr><td></td><td></td><td></td><td></td></tr>
<tr><td colspan="4">Woran könnte es liegen, dass das Problem gerade an dieser Stelle auftritt?</td></tr>
<tr><td colspan="4">An welcher Stelle im System treten zum ersten Mal Probleme auf, die nicht durch vorgelagerte Bereiche erklärt werden können?</td></tr>
</table>

Schritt 5: Problem bewerten

Zum Schluss wird das Problem selbst bewertet. Es wird abgeschätzt, welche Dringlichkeit besteht, das Problem zu lösen. Damit kann die Wichtigkeit und der Handlungsbedarf des Problems eingeschätzt werden.

In diesem Zusammenhang sollten Sie die folgenden Fragen beantworten:

Checkliste 65: Situationsanalyse – Problembewertung

Problembewertung
Welche Konsequenzen sind mit dem Problem verbunden?
Welche Bedeutung haben die Konsequenzen für die Zukunft?
Wie wahrscheinlich ist es, dass die Konsequenzen eintreten?
Welche Ressourcen stehen zur Verfügung, um das Problem zu lösen?
Welche anderen Probleme stehen mit dem aktuellen in Beziehung?

Situation verbildlichen

Häufig ist es hilfreich, wenn Sie eine Situation grafisch bzw. bildlich darstellen. Die bildliche Aufbereitung ermöglicht es Ihnen, Zusammenhänge, Abhängigkeiten und Vernetzungen schneller zu erkennen, woraus sich nicht selten neue Lösungsansätze ergeben. Hierfür können Sie z. B. ein Mindmap nutzen. Andere Formen der grafischen Unterstützung im Problemlösungsprozess sind der Problemanalysebaum und die Erstellung eines Fischgrätendiagramms.

Problemanalysebaum

Der Problemanalysebaum wird eingesetzt, um einen klaren und differenzierten Überblick über die gesamte problematische Situation zu erhalten. Dabei wird die Ausgangssituation in mehreren Schritten immer weiter in ihre einzelnen Bestandteile heruntergebrochen und differenziert. Die Bestandteile der Situation, die als ausschlaggebend für das Problem erachtet werden, können jetzt gezielt bearbeitet werden.

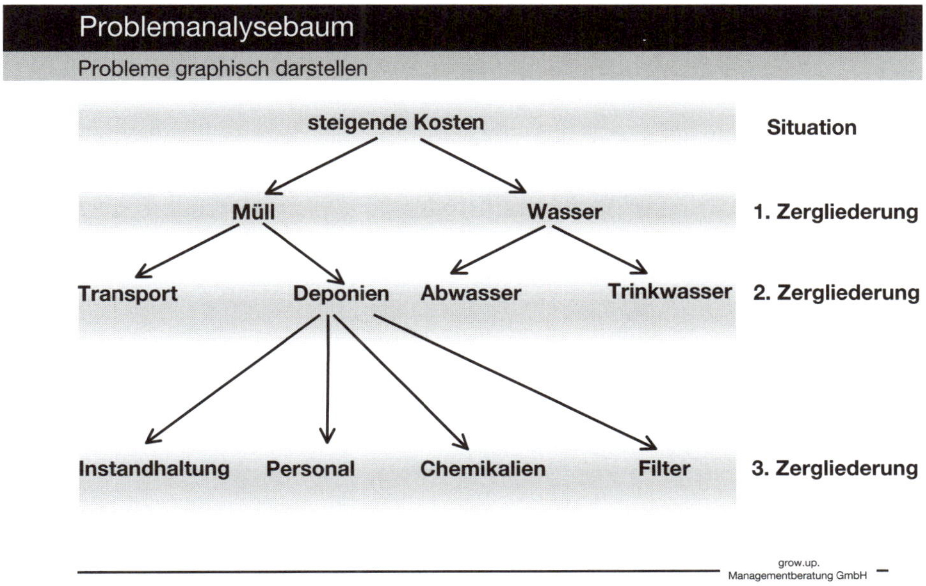

Fischgrätendiagramm

Das Fischgrätendiagramm ist ein Ursache-Wirkungs-Diagramm. Es dient dazu, systematisch die Ursachen eines Problems zu finden und zu visualisieren.

- Zunächst wird das Problem bestimmt und als Problemast visualisiert.
- Dann werden die Kriterien des Problems festgelegt und als Verzweigungen vom Problemast aufgezeichnet.
- Danach werden zu den einzelnen Kriterien die Haupt- und Nebenursachen des Problems gesucht und um die dazugehörigen Kriterien gruppiert.

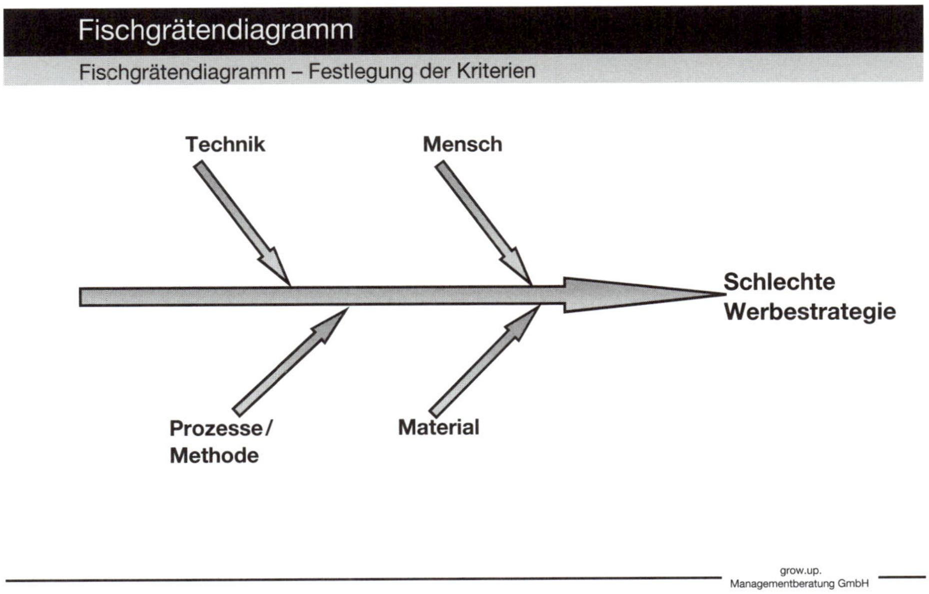

CD-ROM

Fischgrätendiagramm

Fischgrätendiagramm – Bestimmung der Ursachen

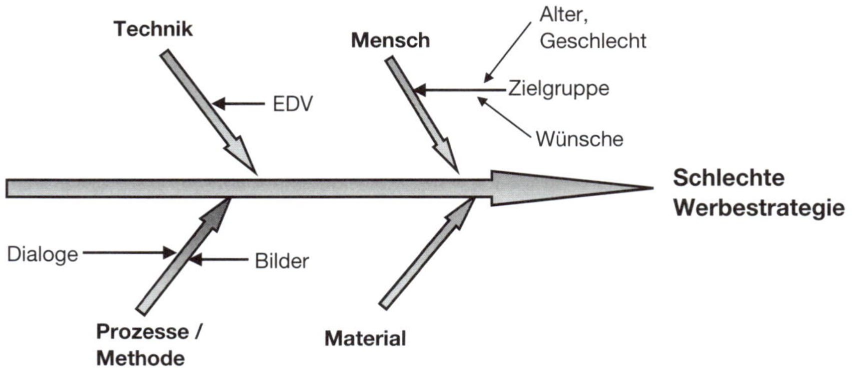

Die Ursachen können auch wieder in äußere (Umwelt) und innere (Organisation) Ursachen gegliedert werden.

grow.up. Managementberatung GmbH

Problemanalyse und Problemlösung sind durchaus kreative Prozesse. Kreativ handeln Sie und Ihr Team z. B. immer dann, wenn Sie eingefahrene Wege verlassen und nach neuen Möglichkeiten suchen. Kreativitätstechniken bieten hier weiterführende Hilfestellungen.

In Besprechungen effektive Ergebnisse generieren

Herr Berg ist als Führungskraft häufig gefordert, Besprechungen einzuberufen und zu leiten. Er verbringt einen recht großen Teil seiner Arbeitszeit in Meetings, in denen es eigentlich darum geht, effektive Ergebnisse zu generieren. Oft hat Herr Berg jedoch das Gefühl, dass er seine Zeit auch sinnvoller nutzen könnte. Dazu kommt noch, dass die Besprechungen meist doppelt so lange dauern wie angesetzt, hinterher alle Klarheiten beseitigt sind und die meisten Kollegen „genervt" wirken. Grundsätzlich ist Herr Berg vom Nutzen der Besprechungen überzeugt. Er ist aber nicht länger bereit, solch nutzlose Meetings zu unterstützen. In seinen Besprechungen will er etwas ändern. Er wendet sich an Herrn Weigert, um mit ihm das Problem zu besprechen und zu erfahren, wie er Besprechungen optimaler gestalten kann.

Was sollte ich grundsätzlich bei der Gestaltung von Besprechungen beachten?

Anlass und Ziele

Vor einer Besprechung sollten Sie sich ganz genau darüber im Klaren sein, was der eigentliche Anlass für das Meeting ist und welches Ziel Sie haben bzw. welches Ergebnis Sie erreichen wollen. Bedenken Sie an dieser Stelle nicht nur so genannte Nahziele, die am Ende der Besprechung vorliegen sollen, sondern auch Fernziele, die die Planung zukünftiger Aktivitäten mit einschließen.

Arbeitsblatt: Besprechungsziele

Besprechung am: zum Thema:
Mein Ziel:
Gemeinsames Ziel:
Anzusprechende Punkte:
Unbedingt zu treffende Entscheidungen:
Vertagbare Entscheidungen:

Neben der Zielklärung sollten Sie sich im Vorfeld unbedingt die folgenden Fragen im Hinblick auf einen positiven Verlauf der Besprechung und der angestrebten Zielerreichung beantworten.

CD-ROM

Checkliste 66: Besprechungsvorbereitung

Was	Notizen
Was ist das Ziel, der Anlass der Besprechung? Welches Ergebnis soll erreicht werden?	
Welche Aktivitäten/Arbeiten sind hierzu erforderlich?	
Wer muss informiert/eingeladen werden? Welche Fragen, Einwände sind zu erwarten?	
Wer wird welche Position vertreten? Worauf muss ich mich vorbereiten?	
Wer muss für eine effiziente Aufgabenerledigung eingeladen werden?	
Wer verfügt über welche benötigten Kompetenzen/ welches Wissen/welche Informationen?	
Wer kann welche Aufgaben übernehmen? Wer kann welche Verantwortung übernehmen?	
Welche organisatorischen Vorbereitungen müssen getroffen werden (Raum, Einladung, Material etc.)?	

Die Vorbereitung wird häufig zu sehr vernachlässigt, dabei hat sich immer wieder gezeigt: Der Erfolg einer Besprechung beginnt mit der Vorbereitung!

Ablaufplan erstellen

Um nicht den eigentlichen Sinn der Besprechung aus den Augen zu verlieren, ist es wichtig, das Meeting gründlich vorzubereiten. Erstellen Sie einen groben Ablaufplan, in dem Sie alle wichtigen Punkte berücksichtigen und der gleichzeitig Zeit für unvorhergesehene Themen sowie neu aufkommende Besprechungspunkte lässt.

Teilnehmer informieren

Informieren Sie vorab auf jeden Fall alle Teilnehmer über

- Datum und Urzeit der Besprechung
- Ort
- Dauer
- Teilnehmer
- Wer berichtet wie lange und zu welchem Thema?
- Welches Ziel besteht für ein Thema?

TIPP

Nehmen Sie sich für eine Besprechung nur so viele Themen vor, wie Sie innerhalb der angesetzten Zeit auch wirklich schaffen können!

Einladungsformular

Es ist wichtig, die Teilnehmer rechtzeitig zu informieren, damit sich jeder noch gut vorbereiten kann. Am besten nutzen Sie hierfür ein Einladungsformular. Einmal als Vorlage erstellt, nimmt es Ihnen viel Arbeit ab.

Vorlage: Einladung zu einer Besprechung

Einladung zur Besprechung
Ort:
Datum:
Uhrzeit:
Thema:
Teilnehmer:
Leitung:
Tagesordnungspunkte/Schritte der Problemlösung:

Hilfsmittel planen

Bei der Vorbereitung ist es auch wichtig zu überlegen, welche Hilfsmittel Sie nutzen wollen und können. Bei den Hilfsmitteln geht es primär um Visualisierung. Gerade bei langen Besprechungen und komplexen Themen hilft sie, den roten Faden zu halten und ungeliebte Ausschweifungen zu vermeiden.

Daran sollten Sie bei der Vorbereitung denken:

CD-ROM

Checkliste 67: Medien

	ja	nein
Gibt es Inhalte, deren Verständnis durch Visualisierung erleichtert wird?	☐	☐
Ist es für den weiteren Gesprächsverlauf hilfreich oder notwendig, verschiedene bereits erarbeitete Punkte auf einen Blick sehen zu können?	☐	☐
Kann Visualisierung helfen, den roten Faden hervorzuheben bzw. ihn nicht zu verlieren?	☐	☐
Legt die Länge der Besprechung (Ermüdung) das Einschieben von Beispielen per Bild oder Video nahe?	☐	☐

Gibt es eine Struktur, der eine Besprechung folgen sollte?

Eine Besprechung kann grundsätzlich in die fünf folgenden Phasen unterteilt werden, die Sie bereits bei der Vorbereitung Ihrer Besprechung berücksichtigen können:

Die fünf Phasen einer Besprechung

1. Info-Phase: Worum geht es?
   - Beschreibung des Problems/der Aufgabenstellung
   - Gemeinsames Problem- und Aufgabenverständnis schaffen und dieses schriftlich festhalten
2. Zielbestimmung für die Besprechung: Was wollen wir erreichen?
   - Gemeinsames Zielverständnis schaffen
   - Klare Zielfestlegung ermitteln und diese schriftlich festhalten
3. Bearbeitung der Probleme/Ziele/Aufgaben: Wie gehen wir vor?
   - Einigung über den Ablauf und das weitere Vorgehen
   - Klärung der Spielregeln, Rollen- und Aufgabenverteilung
   - Zielorientierte Sammlung und Bearbeitung von Informationen, Meinungen, Vorschlägen etc. – alle Punkte schriftlich festhalten!
   - Bewertung der Lösungsvorschläge

- Entscheidungsvorschläge, Prüfung und Einigung
- Entscheidungsfindung, Zielerreichung

4. Zusammenfassen und schriftliches Niederlegen der Ergebnisse: Wie informieren wir wen?
   - Protokoll erstellen und Informationsweitergabe an Dritte
5. Verteilung der weiter zu berarbeitetenden Aufgaben:
   - Wer macht was bis wann?
   - Wie erfolgt die Erfolgskontrolle?
   - Wie können wir es schaffen, die geplanten Besprechungszeiten einzuhalten?

Es empfiehlt sich, für die Besprechung einen Zeitplan in Abstimmung mit den zu besprechenden Themen aufzustellen. Grundsätzlich sollten Sie bei Ihrer groben Zeitplanung die 60:20:20-Regel beachten und für die jeweiligen Einzelbeiträge der Teilnehmer eine Sprechzeit festlegen, die drei Minuten nicht überschreiten sollte.

Die 60:20:20-Regel

Die 60:20:20-Regel besagt, wie viel Zeit Sie in einer Besprechung für die verschiedenen Phasen einplanen sollten. Dabei entfallen:

- 60 Prozent der Zeit auf
  Erarbeiten der Themen,
  Stellungnahmen der Teilnehmer,
  Situationsberichte aus den verschiedenen Geschäftsbereichen,
  eine mögliche Änderung der Tagesordnungspunkte.
- 20 Prozent der Zeit auf
  nicht vorhersehbare Themen,
  neu aufkommende Besprechungspunkte.
- 20 Prozent der Zeit auf
  Zwischenaktivitäten wie Pausen, Gespräche etc.

Ist es sinnvoll, in Besprechungen einen Moderator einzusetzen?

Immer wenn Sie eine Besprechung mit mehreren Teilnehmern einberufen, ist es ratsam, einen Moderator einzusetzen, der für die Einhaltung von Struktur, Stil und Zielerreichung verantwortlich ist. Der Moderator und die von ihm genutzten Moderationstechniken tragen entscheidend zum Gelingen einer Besprechung bei und können somit die Effektivität eines Meetings deutlich steigern.

Dabei gleicht die Aufgabe des Moderators einem ständigen Balanceakt zwischen zu gezielter Steuerung der Teilnehmer und dem erforderlichen Freiraum. Um seine Aufgabe erfolgreich ausüben zu können, ist es wichtig, dass der Moderator mit klar definierten Rechten ausgestattet wird. Zu diesen Rechten zählen vor allem, dass

Rechte eines Moderators

- der Moderator die Teilnehmer zur Ruhe auffordern darf,
- der Moderator die Teilnehmer bei Abschweifungen auf das eigentliche Thema zurückführen darf,
- der Moderator ermächtigt ist, zu lange Beiträge abzubrechen.

Die Rolle des Moderators kann jeder übernehmen. Für Mitarbeiter kann diese Rolle gleichzeitig eine Weiterqualifizierung bedeuten.

Was sind die Aufgaben eines Moderators während einer Besprechung?

Aufgaben eines Moderators

Der Moderator sorgt für das gute Gelingen einer Besprechung. indem er

- auf die Einhaltung des Zeitplans achtet, was den pünktlichen Beginn, das Einhalten der Zeiten für einzelne Beiträge und die vereinbarte Schlusszeit umfasst,
- einen roten Faden vorgibt und auf dessen Einhaltung achtet,
- Klarheit über die zu bewältigenden Aufgaben schafft,
- eine Einführung zu den einzelnen Punkten der Tagesordnung gibt und alle Teilnehmer auf den gleichen Informationsstand bringt,
- alle Ergebnisse als Zwischenbilanz oder am Ende der Veranstaltung zusammenfasst,
- einen Maßnahmenkatalog (Wer macht was bis wann?) erstellt,
- alle Beiträge und Diskussionen visualisiert.

Welchen Stellenwert hat die Dokumentation einer Besprechung?

Das Besprechungsprotokoll

Die Frage, ob ein Besprechungsprotokoll sinnvoll ist, ist immer nur mit Ja zu beantworten. Ein Protokoll dokumentiert die Ergebnisse Ihrer Besprechung. So kann in späteren Sitzungen auf dieses Protokoll zurückgegriffen werden, um zu überprüfen, ob die geplanten Maßnahmen in der Folgezeit umgesetzt wurden. Zum anderen erreicht man über ein Protokoll ein viel stärkeres Commitment der Teilnehmer mit den gemeinsam erarbeiteten Inhalten und kann die Inhalte und Ergebnisse strukturiert an Dritte kommunizieren.

Zusätzlich sollten Sie in diesem Zusammenhang nicht den Lernwert von Protokollen unterschätzen. Schließlich dokumentieren sie, wie Probleme in der Vergangenheit behandelt und welche Lösungen erarbeitet wurden. Somit haben alle Gelegenheit, aus den Vorgehensweisen der Vergangenheit für ihr weiteres Handeln in der Zukunft zu lernen.

GRUNDREGEL

Zu jeder Besprechung gehört ein Protokoll. Nur so ist zu gewährleisten, dass im nächsten Meeting

- überprüft werden kann, ob zu den besprochenen Themen Arbeitsfortschritte gemacht wurden,
- offen gebliebene Punkte gezielt thematisiert werden können, ohne bereits diskutierte Themen erneut zu erörtern.

Hilfreich ist es, bereits zu Beginn der Besprechung einen Protokollführer zu benennen.

Der Protokollführer

Der Protokollführer sollte sehr sorgfältig ausgewählt werden und es sollte sich dabei immer um jemanden handeln, der auch in hektischen Situationen noch ruhig bleiben und den Überblick behalten kann. Zudem muss es eine Person sein, die sich objektiv verhält und das Gesagte wertfrei dokumentiert. Ein Protokollführer muss aber vor allem in der Lage sein, der Besprechung und den verschiedenen Gedankengängen der Teilnehmer zu folgen und dabei Wichtiges von Unwichtigem zu unterscheiden. Um alle für den Sachverhalt wichtigen Ergebnisse identifizieren zu können, muss der Protokollführer über genügend Hintergrundinformationen verfügen. Trotzdem kann bei entsprechender Kompetenz der Anwesenden auch diese Rolle unter den Besprechungsteilnehmern wechseln.

Was gehört alles in ein Protokoll?

In einem Protokoll sollten sich in aller Regel einige formale Angaben, der eigentliche Protokolltext und, wenn erforderlich, einige ergänzende Angaben wieder finden.

Formale Angaben

Zu den formalen Angaben gehören Informationen zu:

- Unternehmen/Abteilung
- Besprechungsort/Datum/Zeit/Dauer
- Teilnehmer/Verteiler („Zur Information an ...")
- Thema/Ziel der Besprechung

Protokolltext

Der Protokolltext sollte enthalten:

- alle behandelten Themen
- Beiträge/Präsentationen etc. Einzelner
- Besprechungsverlauf
- Ergebnisse je Thema (Wer tut was bis wann?)
- Maßnahmenplanung

Ergänzende Angaben

Unter den ergänzenden Angaben können die nachfolgend genannten Informationen aufgeführt werden:

- Angaben zum Besprechungsleiter
- Beilagen (z. B. statistische Daten)
- offen gebliebene Punkte
- Termin der nächsten Zusammenkunft
- Unterschrift des Protokollführers

Sind bei der Erstellung eines Protokolls besondere Formvorschriften zu beachten?

Gliederung nach Sinnabschnitten

Es empfiehlt sich immer, ein Protokoll nach Sinnabschnitten zu gliedern. Um eine gewisse Übersichtlichkeit zu wahren, sollten Sie Orientierungshilfen wie Ziffern, Absätze und Unterstreichungen verwenden. Besondere Aufmerksamkeit sollten Sie der Formulierung von klaren und kurzen Sätzen zukommen lassen.

Für die Dokumentation kann Ihnen die nachfolgend abgedruckte Protokollvorlage hilfreich sein.

CD-ROM

Vorlage: Ergebnisprotokoll

<table>
<tr><td colspan="4">Besprechung am:
Anlass:</td></tr>
<tr><td colspan="4">Anwesende:</td></tr>
<tr><td colspan="4">Ort/Zeit:</td></tr>
<tr><td colspan="4">Protokoll durch</td></tr>
<tr><td colspan="4">Zur Information an:</td></tr>
<tr><td colspan="4">Thema/Ziel der Besprechung</td></tr>
<tr><td>1. Themen</td><td>2. Punkte/Inhalte</td><td>3. Maßnahmen</td><td>4. Nächste Termine/Aktivitäten</td></tr>
</table>

Was sollte ich bei der Aufgabenverteilung in einer Besprechung beachten?

Als kleine Hilfe für die Aufgabenverteilung in Besprechungen dienen die „7 W“. Diese stellen sicher, dass Sie alle wichtigen Punkte berücksichtigen und Ihnen am Ende keine Angaben fehlen.

Die „7 W“ der Aufgabenverteilung

- Was soll getan werden und mit welchem Ergebnis?

  Klärung von Themen, Problembeschreibung, Zielfestlegung (Nah- und Fernziele)
- Wann soll die Arbeit ausgeführt bzw. das Ziel erreicht sein?

  Nah- oder Fernziel?
- Wer übernimmt welche Aufgaben/Verantwortung?

  Erstellen eines Arbeitsplans
- Wie soll die Arbeit ausgeführt werden?

  Erstellen eines Arbeitsplans
- Wo soll die Arbeit getan werden?
- Womit soll die Arbeit getan werden?
- Warum soll die Arbeit getan werden?

Maßnahmenplan

Es bietet sich durchaus an, einen Maßnahmenplan zu erstellen, in dem die wichtigsten Vereinbarungen festgehalten werden. Ein solcher Plan könnte sich an der nachfolgend abgedruckten Vorlage orientieren.

Vorlage: Maßnahmenplan

CD-ROM

Was?	Wer?	Bis wann?	Mit wem?	An wen wird berichtet?

Was sind die Hauptprobleme, an denen eine Besprechung schon von vornherein scheitern kann, und wie kann ich diese lösen?

Acht Stolpersteine einer Besprechung

In vielen Besprechungen tauchen einige der nachfolgend aufgeführten Probleme auf, die ihre Effektivität deutlich beeinträchtigen können. Dabei ist die Vermeidung dieser Probleme meist gar nicht so schwierig.

1. **Es gibt keine klare Zielsetzung für die Besprechung.**

   Die Ziele für eine Besprechung sollten immer vor Beginn der Veranstaltung – sprich: bereits in der Planung – festgelegt werden. Ist dies der Fall, wird in der eigentlichen Besprechung nur noch über das Wie der Zielerreichung diskutiert und nicht mehr über das Ob!

2. **Die eigentlich relevanten Leute nehmen nicht teil, sondern haben ihre Vertretung geschickt.**

   Der Erfolg einer Besprechung richtet sich unter anderem nach den beteiligten Personen. Aus diesem Grund ist es ratsam, im Vorfeld darüber zu entscheiden, wer für das Meeting wirklich wichtig ist und gebraucht wird und dementsprechend eingeladen werden muss. Nehmen die eingeladenen Mitarbeiter nicht an der Besprechung teil oder schicken sie eine Vertretung, dann müssen sie sich im Klaren darüber sein, dass Entscheidungen und Maßnahmen, die während der Besprechung getroffen wurden, auch für Abwesende gelten und nicht rückgängig gemacht werden.

3. **Es ist kein Moderator vorhanden.**

   Setzten Sie in Besprechungen mit mehreren Teilnehmern immer einen Moderator ein, der die Leitung des Meetings übernimmt. Sie sollten nicht unbedingt selbst in die Rolle des Moderators schlüpfen, damit Sie in der Besprechung als „normaler" Teilnehmer integriert sind. Die Rolle des Moderators kann – wie gesagt – im Wechsel von allen Beteiligten übernommen werden.

4. **Es gibt keine klaren Regeln für die Besprechung.**

   Definieren Sie im Unternehmen oder für Ihren Einflussbereich einheitliche Regeln für Besprechungen und achten Sie darauf, dass diese konsequent eingehalten werden.

5. **Die aktuell thematisierte Fragestellung wird zu lange und uneffektiv diskutiert.**

   Jedem Diskussionspunkt auf der Tagesordnung wird eine genau definierte Zeitspanne zugeordnet. Ist die Diskussionszeit für diesen Punkt vorbei, wird das Thema ohne Wenn und Aber abgebrochen und die Diskussion wendet sich dem nächsten Punkt zu. Mit einiger Übung werden sich die Teilnehmer an diese Praktik gewöhnen und ihre jeweilige Redezeit dementsprechend einschränken.

6. **Die betroffene Zielgruppe wird bei der Lösung des Problems nicht angehört/berücksichtigt.**

   Ein schwerwiegender Fehler in Besprechungen, der aber immer wieder gemacht wird, ist, dass die Zielgruppe, für deren spezifisches Problem Lösungen ermittelt werden sollen, nicht befragt wird. Es wird also keine wirkliche Bedarfsanalyse durchgeführt. Besser und richtig ist es, bereits im Vorfeld der Besprechung Informationen zu dem Problem zu sammeln und evtl. bereits eine Managemententscheidung in Bezug auf das „Ob“ der Problemlösung zu erwirken. Das „Wie“ der Problemlösung sollte dann das Thema einer Besprechung sein

7. **Jeder darf uneingeschränkt reden.**

   Oft kommt es vor, dass Teilnehmer nur um des Redens willen reden und nicht, um etwas Konstruktives zur Problemlösung beizutragen. Das kann dazu führen, dass der Komplexitätsgrad des Themas so aufgebauscht wird, dass alle Klarheiten beseitigt werden und die Anwesenden keine Lösung mehr erwirken können.

8. **Niemand dokumentiert Zwischenergebnisse bzw. führt ein endgültiges Protokoll.**

   Zu jeder Besprechung gehört ein Protokoll, das in der nächsten Veranstaltung gewährleistet, dass

   - eine Überprüfung der Arbeitsfortschritte erfolgen kann,
   - noch offene Punkte identifiziert werden können.

Kreativitätstechniken – Prozesse effizient und treffsicher gestalten

In der letzten Zeit stand Herr Berg immer wieder vor der Herausforderung, Probleme lösen zu müssen, bei denen Standardlösungen nicht angewendet werden konnten. Häufig ging es darum, Dinge besser, einfacher und schneller zu erledigen. Somit waren Herr Berg und seine Angestellten immer wieder gefordert, neue Lösungen zu finden, die gleichzeitig bestimmten Qualitätsanforderungen gerecht werden sollten. Um diese Prozesse effizienter und effektiver gestalten zu können, wünscht sich Herr Berg ein breiteres Spektrum an Kreativitätsmethoden. Darüber spricht er heute mit Herrn Weigert.

Ist Kreativität in meinem betrieblichen Alltag überhaupt zielführend?

Kreativität für neue Wege und Lösungen

Kreativität im betrieblichen Alltag ist ein schwieriges Phänomen. Es soll etwas Neues entstehen, wo vorher noch nichts Bekanntes gegeben war. Dies ist eine schwierige Anforderung. Häufig reicht es aber schon aus, eine Kombination bereits bekannter Lösungen, Ideen und Ansätze auf eine neue Situation zu übertragen.

Die Frage aber, ob Kreativität im betrieblichen Alltag überhaupt eine Rolle spielt, ist deutlich mit Ja zu beantworten, denn in Zeiten ausgeprägten Wettbewerbs und schnellen Wandels auf allen Märkten kommt man immer seltener mit Standardlösungen weiter. Hier hilft Kreativität, aber Kreativität und das Finden der richtigen Lösung oder Strategie brauchen Zeit. Die Geschichte des Holzfällers ist hier ein gutes Beispiel:

NEHMEN SIE SICH ZEIT, DIE „SÄGE" ZU SCHÄRFEN!

Ein Spaziergänger geht durch den Wald und trifft auf einen Mann, der schwer daran arbeitet, einen Baum zu zersägen. Er quält sich regelrecht mit seiner Säge.
„Was machen Sie da?", fragt der Spaziergänger.
„Das sehen Sie doch", antwortet der Mann ungeduldig. „Ich zersäge den Baum."
„Das Sägen sieht sehr anstrengend aus. Wie lange sägen Sie denn schon?"
„Über sechs Stunden", sagt er, „und das ist harte Arbeit."
„Warum machen Sie dann nicht ein paar Minuten Pause und schärfen Ihre Säge? Würde es dann nicht leichter und schneller gehen?"
„Ich habe keine Zeit, die Säge zu schärfen", ruft der Mann. „Ich muss sägen, sonst werde ich nicht rechtzeitig fertig."

Das Beispiel des Holzfällers macht deutlich, wie wichtig es ist, das richtige Maß zwischen Strategie und operativer Ausführung zu finden. Den falschen Weg haben Sie eingeschlagen, wenn Sie den Eindruck gewinnen, dass operative Hektik geistige Ideenlosigkeit ersetzt. In den meisten Fällen können Sie davon ausgehen, dass wir uns alle zu wenig Zeit nehmen, die Säge zu schärfen.

Vorhandene Potenziale nutzen

Kreativität und damit der Prozess, den besten Weg zu finden, ist nicht unbedingt etwas, was einfach so über einen kommt. Die meisten Menschen müssen sich entsprechende Rahmenbedingungen schaffen und Hilfsmittel benutzen, um aus dem operativen Druck herauszukommen und ihre vorhandene Kreativität zu entfalten. Dabei gibt es in nahezu allen Unternehmen kreative Mitarbeiter. Sie müssen die vorhandenen Potenziale nur richtig nutzen.

Kann man Kreativität lernen?

KREATIVITÄT LERNEN

„Ich glaube nicht, dass Kreativität die Gabe einer guten Fee ist. Ich glaube, sie ist eine Fertigkeit, die wie Autofahren geübt und gelernt werden kann."

De Bono

Als Führungskraft sind Sie gefordert, Ihr Mitarbeiterteam auf den richtigen Weg zu führen und auch im Kollegenkreis die entsprechenden Impulse zu setzen. Die nachfolgend vorgestellten Methoden können Sie sowohl in Ihren Team-Meetings als auch in Workshops nutzen, um Lösungen für aktuelle Fragen zielgerichtet zu generieren. Dabei sollten Sie immer bedenken, dass gute Ideen nur aufkommen, wenn

Kreativität braucht Raum

1. **man ihnen Zeit lässt.**

   Wirklich kreative Arbeit ist nicht zu beschleunigen. Es nutzt also nichts, für wirklich kreative Aufgaben einen zu eng begrenzten Zeitraum zu reservieren.

2. **man ihnen Raum gibt.**

   Räume und Umgebung können Gedanken anregen oder abblocken. Stille, Ruhe und Rückzug helfen im Allgemeinen. Manchmal ist es einfach der Spaziergang im Wald.

3. **man sie zulässt, und zwar ohne sie direkt zu bewerten.**

   Trennen Sie Ideengenerierung und Bewertung strikt voneinander.

Welche Voraussetzungen sollten gegeben sein, um im Mitarbeiter- oder Kollegenteam kreativ arbeiten zu können?

Team darf nicht zu groß sein

Wenn Sie kreativ arbeiten wollen, sollten Sie sich eher ein kleineres Team mit ca. fünf Mitgliedern zusammenstellen als ein zu großes Team. Denn ist die Mitgliederzahl zu hoch, finden sich immer eine große Anzahl von „Geht nicht, weil…“-Vertretern. Darüber hinaus sind wenige Mitarbeiter in einem Unternehmen in der Lage, auch einmal „über den Tellerrand hinaus“ zu denken und sich die Frage zu stellen, was wäre, wenn Dinge einmal ganz anders gemacht würden. Diese eher unschöne Tatsache ist sicherlich auch auf jahrelanges Training zurückzuführen, in denen den Mitarbeitern ihr heutiges Verhalten „anerzogen“ wurde. Außerdem brauchen Sie für einen Workshop Zeit, je nach Problem einen halben Tag bis zwei Tage. Sie brauchen einen Rahmen, in dem Sie frei arbeiten können. Gehen Sie gegebenenfalls aus dem Unternehmen raus. Bei bedeutungsvollen Inhalten und wichtigen Konsequenzen empfiehlt sich ein neutraler Moderator.

Welche Techniken kann ich nutzen, um kreatives Arbeiten im Team zu fördern?

Kreativitätstechniken für den betrieblichen Alltag

Um einen kreativen Prozess unter Ihren Mitarbeitern anzuregen, ist eigentlich alles erlaubt. Vom Spaziergang im Wald, über gemeinsames Malen bis hin zu anderen ungewöhnlichen Aufgabenstellungen. Hauptsache, Sie befreien den Kopf und den Bauch vom immer gleichen Denken und dem operativen Druck. Häufig wird Ihr betrieblicher Rahmen Ihnen allerdings keine absolute Freiheit bei der Wahl eines Settings für kreatives Arbeiten lassen. Aus diesem Grund finden Sie nachfolgend einige im betrieblichen Alltag erprobte und bewährte Methoden.

Brainstorming

Brainstorming ist eine der ältesten, bekanntesten und dementsprechend verbreitetsten Kreativitätstechniken. Zudem wird diese Technik, wenn auch nur in Ansätzen, oft verwendet, ohne dass sich die Handelnden darüber im Klaren sind, dass sie die Methode gerade nutzen.

Wertungsfreies Sammeln von Ideen

Der Kerngedanke des Brainstormings ist die zunächst wertungsfreie Sammlung von Ideen. Wertungsfrei bedeutet in diesem Fall, dass alles an Einfällen erlaubt und gewünscht ist, denn im Brainstormingprozess steht Quantität vor Qualität. Bedenken Sie auch, dass es einem oft leichter fällt, eine Idee abzuwandeln als sie zu entwickeln, was durch die Tatsache belegt wird, dass in der Praxis Gedanken, die zunächst abwegig erschienen, schließlich doch zur Lösung eines Problems führten.

STRIKTE REGEL

Erst nach Abschluss der Sammlungsphase erfolgt die Bewertung der einzelnen Ideen.

Das Brainstorming ist sehr gut für die alltägliche Lösungs- und Ideensuche geeignet und sollte vor allem bei konkreten Fragestellungen eingesetzt werden, wenn man noch am Anfang der Lösungssuche steht. Dementsprechend sollten Sie bei komplexen Problemen und in Situationen, in denen ein bestimmtes Spezialwissen erforderlich ist, auf andere Methoden zurückgreifen.

Moderation: Voraussetzung für erfolgreiches Brainstorming

Ein Brainstorming ohne Moderator überfordert wahrscheinlich die diszipliniertestе Gruppe. Wenn Sie oder ein Mitarbeiter die Moderation übernehmen, tragen Sie die Verantwortung für

- die richtige Eingabe und Formulierung der Aufgabe bzw. Fragestellung,
- die Strukturierung des Prozesses,
- das Einhalten der vereinbarten Regeln:
  1. Urteile und Bewertungen in Phase 1 (s. u.) sind untersagt. Es darf keine Kritik oder kein Urteil geäußert werden, solange nicht alle Ideen vorgetragen worden sind.
  2. Alle Ideen sind willkommen. Wild, kreativ, originell. Alles, was entwickelt wird, sei es noch so unvorstellbar, kann zu weiteren Ideen anregen. Ideen abschwächen ist einfacher, als sie zu generieren.
  3. Teilnehmer zu umfangreicher Sammlung von Lösungsideen motivieren: Quantität vor der Qualität.
  4. Ideen anderer werden genutzt, um über Kombination, Verformung und Weiterentwicklung neue Ideen zu produzieren.
- die Beachtung der Zeitvorgaben,
- das Einbeziehen aller Teilnehmer,
- das wertungsfreie Sammeln von Vorschlägen,
- die Steuerung der späteren Bewertung der einzelnen Vorschläge

CD-ROM

Checkliste 68: Vorgehen bei Brainstormings

Vorgehen	ja	nein
Der Moderator stellt das Thema vor und erklärt die Fragestellung.	☐	☐
Die Zeiten für die einzelnen Bearbeitungsphasen werden festgelegt.	☐	☐
Phase I: Ideensammlung		
Die Ideensammlung kann frei durch Zuruf an den Moderator erfolgen oder so, dass jeder Teilnehmer seine Ideen selbst auf Moderationskarten schreibt und diese zur Sammlung an den Moderator weitergibt.	☐	☐
Jede Idee wird stichpunktartig, groß und deutlich auf jeweils eine Moderationskarte geschrieben.	☐	☐
Sämtliche Karten werden für alle sichtbar auf Pinnwände geheftet. Das Sehen der Ideen anderer soll die Kreativität aller anregen. Aus vorhandenen Ideen sollen neue generiert werden.	☐	☐
Am Ende der Zeit für Phase I oder wenn keine neuen Ideen mehr produziert werden, wird die Ideensammlung abgeschlossen.	☐	☐
Phase II: Bewertung der Ideen		
Es werden Kategorien gebildet, denen die Karten zugeordnet werden. Die Kategorien können thematisch sein oder die Realisierbarkeit der Ideen betreffen, z. B.:	☐	☐
► praktikabel, gut umsetzbar,	☐	☐
► schwierig umzusetzen und	☐	☐
► nicht umsetzbar.	☐	☐
Die als praktikabel bewerteten Ideen werden entweder		
► mit weiteren Problemlöse- oder Entscheidungstechniken überprüft,	☐	☐
► je nach betrieblichen Regeln weiteren Entscheidungsträgern vorgestellt oder	☐	☐
► sofort entschieden.	☐	☐
Besteht eine definitive Entscheidung über die praktikablen Lösungsansätze, die umgesetzt werden sollen, wird ein Handlungsplan ausgearbeitet und erstellt (Wer macht was bis wann, wie und wo?).	☐	☐

VORTEILE DES BRAINSTORMINGS

- Jeder Teilnehmer kann spontan und wertungsfrei Ideen einbringen.
- Es können innerhalb relativ kurzer Zeit eine Vielzahl von Ideen gefunden werden.
- Ein auf den ersten Blick absurder Einfall kann für andere Teilnehmer einen zündenden Gedanken bringen.
- Sie erhalten Denkanstöße, originelle Ideen und Lösungen, die weiterverarbeitet werden können.

GEFAHREN DES BRAINSTORMINGS

- Regeln werden nicht eingehalten.
- Ideen werden zu früh bewertet, kritisiert und verworfen.
- die Ergebnisse sind unbefriedigend.

Das Arbeiten mit Mindmaps

Die Technik des „Mindmappings“ überzeugt durch eine breite Anwendbarkeit bei den verschiedensten Fragestellungen und Aufgaben. Es besteht eine große Freiheit in der Wahl der Gestaltungselemente, um zu der für Sie und Ihr Team besten Darstellung zu finden. Das Mindmap an sich ist die bildliche bzw. grafische Darstellung Ihrer Ideen und Gedanken. Während des Prozesses entsteht eine Ideenkarte, die fortlaufend ergänzt werden kann. Dabei soll die bildliche Darstellung die Grenze zwischen linksseitigem Denken (die linke, logisch denkende Seite des Gehirns wird gefordert) und rechtsseitigem Denken (die rechte, kreativ denkende Seite des Gehirns wird gefordert) überwinden und so das kreative Denken insgesamt fördern.

DER NUTZEN DES MINDMAPPINGS

- Es sind keine aufwendigen Übungs- und Lernzeiten erforderlich.
- Einsetzbar für die unterschiedlichsten Fragen und Aufgaben.
- Von Einzelpersonen und im Team nutzbar.
- Ermöglicht durch seine Grundstruktur Ordnung und Übersichtlichkeit.
- Bildlich-grafische Darstellung fördert Kreativität.
- Die Positionierung des zentralen Themas in der Mitte verhindert Abschweifen und führt immer wieder auf das Wesentliche zurück.
- Hervorhebungen, Abhängigkeiten, Hierarchien und Vernetzungen sind abbildbar und gehen so im Prozess nicht verloren.
- Mindmaps können jederzeit ergänzt werden.
- Mindmapping unterstützt die Bildung von Assoziationen, Folgerungen und Ableitungen.
- Mindmaps stehen für eine kurze und prägnante Darstellung der Gedanken.
- Arbeiten mit unterschiedlichsten Gestaltungselementen: Bilder, grafische Elemente (Pfeile etc.), verschiedene Farben und Linien.

Vorsicht bei zu komplexen Themen

In der Anwendung des Mindmappings ist etwas Vorsicht bei sehr komplexen Themengebieten geboten, denn ein Mindmap kann diese zu sehr vereinfachen bzw. verkürzen. Dieser Sachverhalt kann zwar oft ein Vorteil sein, sich aber ebenso gut auch negativ auswirken, z. B. wenn durch das Mindmap der Eindruck entsteht, man habe das Problem genau durchschaut und alle Facetten im Blick. Entspricht dieser Eindruck jedoch nicht der Realität, drohen Fehlentscheidungen.

Die nachfolgenden Arbeitsschritte und Abbildungen sollen Ihnen eine Hilfe für die Erstellung von Mindmaps sein.

TO DO

ARBEITSSCHRITTE ZUR ERSTELLUNG EINES MINDMAPS (I)

- Schreiben Sie den Schlüsselbegriff bzw. das Thema, um das es geht, in die Mitte eines Blattes. Am besten nutzen Sie dabei ein möglichst großes Blatt bzw. beim Arbeiten im Team eine Metaplanwand.
- Suchen Sie jetzt nach Aspekten, die dem Thema in zweiter Ebene zugeordnet sind. Jeder einzelne Aspekt bekommt eine Linie (einen Ast), der vom Schlüsselthema abzweigt. Schreiben Sie auf jeden Fall alle Aspekte zweiter Ebene auf, die Ihnen einfallen, und ergänzen Sie Ihre Zeichnung jederzeit.

Mindmaps erstellen

Bsp.: Erarbeitung eines Mindmaps zu Faktoren nonverbaler Kommunikation

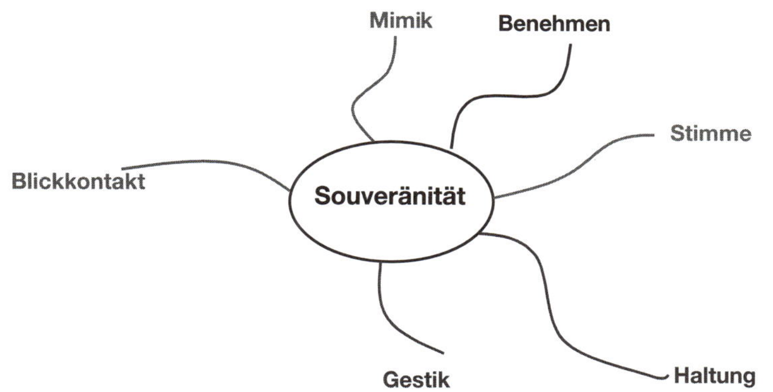

grow.up. Managementberatung GmbH

> **ARBEITSSCHRITTE ZUR ERSTELLUNG EINES MINDMAPS (II)**
>
> ► Die Linien der zweiten Ebene werden nun ihrerseits mit Verästelungen für die zugehörigen Aspekte versehen. Fahren Sie dann genauso für Aspekte der dritten und vierten Ebene fort.

Mindmaps erstellen

Bsp.: Erarbeitung eines Mindmaps zu Faktoren nonverbaler Kommunikation

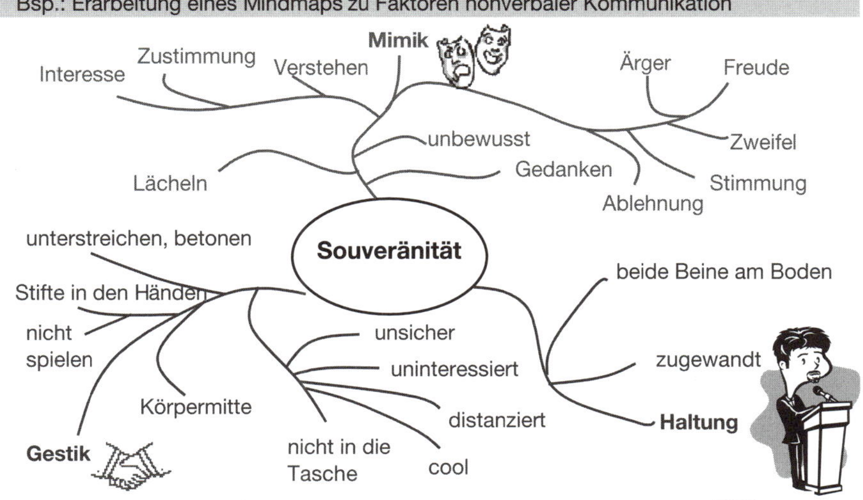

grow.up. Managementberatung GmbH

ARBEITSSCHRITTE ZUR ERSTELLUNG EINES MINDMAPS (III)

- Das Blatt wird sich schnell füllen. Wird ein Aspekt zweiter Ebene zu umfangreich, eröffnen Sie für diesen ein eigenes Mindmap, um die Übersichtlichkeit zu gewährleisten.
- Mit Symbolen (+ / – /↑/ ↓ / → / ← / ↕ / ☺ / ✓ usw.) können Sie einzelnen Aspekten eine besondere Bedeutung geben.
- Schließen Sie den Prozess ab, wenn Sie den Eindruck haben, dass Ihnen nichts mehr einfällt. Wenn Ihnen am nächsten Tag noch etwas einfallen sollte, ist das auch kein Problem – ergänzen Sie einfach Ihr Mindmap. Sie allein bestimmen, wann das Mindmap fertig ist.

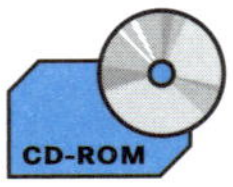

Demo-Version der Software Mind Manager auf der CD-ROM

Mindmaps erstellen

Bsp.: Erarbeitung eines Mindmaps zu Faktoren nonverbaler Kommunikation

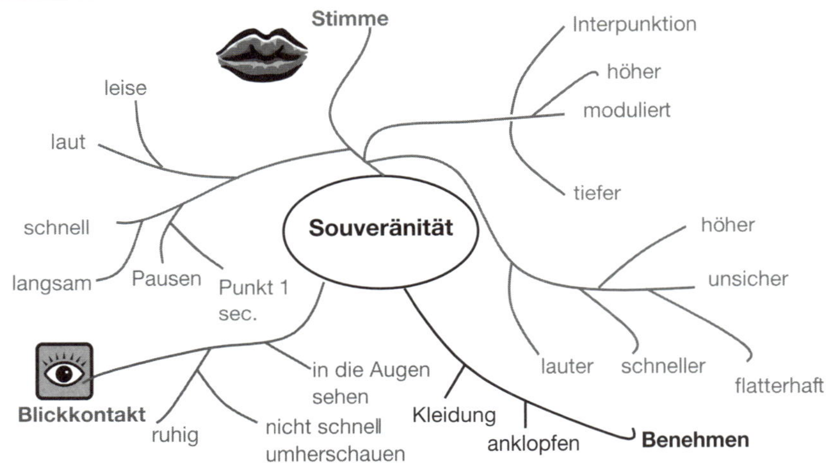

grow.up. Managementberatung GmbH

TIPPS

- Denken Sie nicht zu lange über die einzelnen Punkte nach, sondern schreiben Sie auf, was Ihnen jetzt einfällt. Ergänzungen sind jederzeit möglich, ebenso Streichungen.
- Beginnen Sie eventuell mit einem (farbigen) Bild in der Mitte.
- Wörter in Großbuchstaben wirken übersichtlicher.
- Arbeiten Sie mit Pfeilen, verbinden Sie Zusammenhänge, zeichnen Sie unterschiedlich dicke Linien.
- Verwenden Sie möglichst nur ein Stichwort pro Linie.
- Fügen Sie, wenn möglich, Bilder oder Symbole in das Bild ein.
- Benutzen Sie Farben (zur Priorisierung etc.).
- Legen Sie sich Ihre eigene Legende von Symbolen an (Minuszeichen, Ausrufezeichen etc. und ihre Bedeutung).
- Wenn es Ihnen zu unübersichtlich wird, legen Sie ein neues Mindmap an.

Die Basisfragen nach Osborn

Der Erfinder des Brainstorming, Alex Osborn, hat eine Reihe weiterer Kreativitätstechniken entwickelt. Die Basisfragen sind geeignet, aus bereits vorhandenen Lösungsansätzen weitere und neue Ideen zu entwickeln bzw. die vorhandenen Lösungen hinsichtlich ihres Optimierungspotenzials zu betrachten.

Vorhandene Ideen und Lösungen erweitern

Der Einsatzzweck macht bereits deutlich, dass es sich hierbei nicht um eine Methode zum Finden gänzlich neuer Ansätze handelt. Nutzen Sie die Basisfragen in Phase zwei der Ideengenerierung zur Überprüfung und Erweiterung bereits vorhandener Lösungen. Ziel der Basisfragen ist, durch die Auseinandersetzung mit bisher nicht gestellten Fragen und alternativen „Verwendungszwecken" neue oder erweiterte Lösungen zu finden. Aus bereits bestehenden, eventuell nur unbefriedigenden Lösungen können sich weitere Ideen herauskristallisieren. Es können Lösungen gefunden werden, die zuvor nicht sichtbar waren.

Osborns Checkliste enthält die Fragen, die Sie auf Ihre bereits vorhandene Lösung anwenden sollen. Es werden alle Fragen der Reihe nach beantwortet. Gehen Sie den Prozess vollständig durch, auch wenn es zu Anfang schwierig erscheint, Antworten zu finden.

Benennen Sie Ihre Idee, Ihre Lösung, Ihr Problem und versuchen Sie dann, es unter folgenden Gesichtpunkten zu betrachten. Ihre Antworten werden Ihnen neue Lösungsansätze geben.

Checkliste 69: Die Basisfragen nach Osborn

CD-ROM

Idee: ______________________	**Idee/Möglichkeiten**
1. Anders verwenden! ► Gibt es andere Gebrauchs-/Verwendungsmöglichkeiten dafür? ► Können Sie die Idee/Lösung woanders einsetzten?	
2. Anpassen! ► Was ähnelt dieser Idee? ► Gibt es Parallelen? ► Weist es auf andere Lösungen hin?	
3. Ändern! ► Was oder welche Eigenschaften lassen sich ändern/ umgestalten?	

4. Vergrößern! ► Können Sie etwas hinzufügen/vervielfältigen? ► Lässt sich etwas vergrößern (Häufigkeit/Stärke/Höhe/ Länge/Wert etc?)	
5. Verkleinern! ► Können Sie etwas wegnehmen/aufspalten? ► Lässt sich etwas verkleinern (tiefer/kürzer/ dünner/leichter/ heller?)	
6. Ersetzen! ► Was können Sie an der Idee austauschen? ► Welche Bedingungen können geändert werden?	
7. Umstellen! ► Können Sie Teile, Abschnitte austauschen? ► Lässt sich die Reihenfolge ändern? ► Können Ursache und Wirkung vertauscht werden?	
8. Umkehren! ► Können Sie das Gegenteil aus der Idee machen? ► Lassen sich Rollen tauschen? ► Lässt es sich drehen/spiegeln? ► Kann der Ablauf umgekehrt werden?	
9. Kombinieren! ► Können Sie die Idee mit anderen verbinden? ► Können Sie sie in Bausteine zerlegen und diese neu kombinieren? ► Können Sie die Idee mit anderen Personen verbinden?	
10. Transformieren! ► Können Sie es durchleuchten, ausdehnen, zusammenpressen, härten, verflüssigen, ...?	

De Bonos Denkhüte

Ideenbewertung und Problemlösung

Mit de Bonos „Denkhüten“ verlassen Sie die Ebene der Ideenproduktion und befassen sich mit einem Verfahren der Ideenbewertung und der Problemlösung. Obwohl sie auf den ersten Blick sehr ungewohnt anmuten mag, findet diese Imaginationstechnik in vielen Unternehmen, Managerkonferenzen, Krisensitzungen und Workshops Anwendung. Und das aus gutem Grund:

PERSPEKTIVENWECHSEL.

Wenn wir eine Entscheidung treffen, nehmen wir meist einen ganz bestimmten Standpunkt ein. Wir sind vorsichtig, aufgeschlossen, kritisch usw. Feste und gewohnte Haltungen schränken uns in unserem Lösungs- und Entscheidungsprozess ein. Zum Teil betrifft das ein ganzes Team oder eine Arbeitsgruppe, die mit der zur Gewohnheit gewordenen Haltung versucht, neue Wege zu finden, ohne dabei wirklich Neues zu erreichen.
Die Denkhüte von de Bono helfen dabei, Probleme und Entscheidungen aus verschiedenen Perspektiven zu durchdenken und dadurch zu einer besseren Lösung zu gelangen.

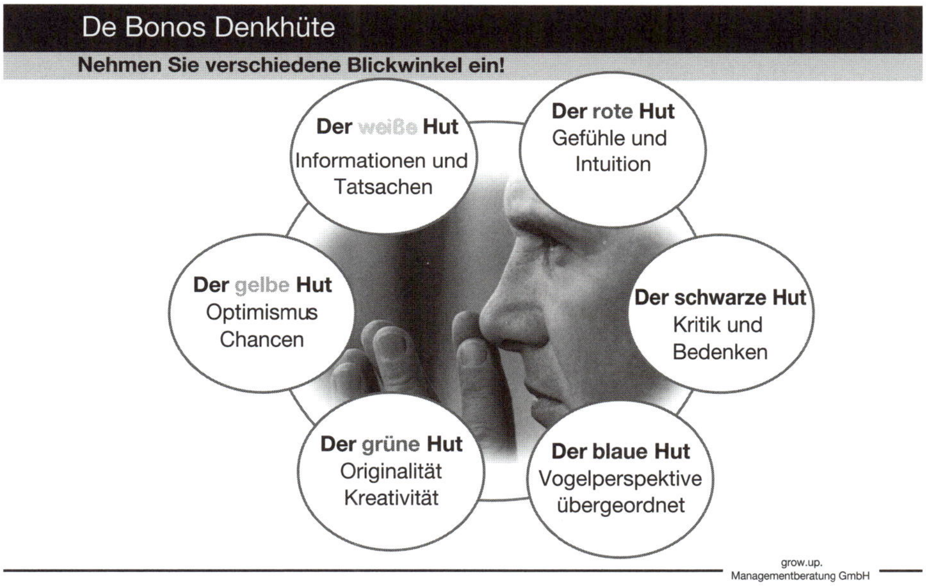

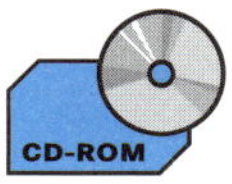

Eventuell ist es nötig, die Methode ein- bis zweimal auszuprobieren, bevor sie Ihnen nicht mehr künstlich oder schlicht merkwürdig erscheint. Immerhin zwingt diese Technik Sie zu etwas, das im Alltag nicht unbedingt von Ihnen gefordert wird – bewusst eine andere Rolle und Sichtweise einzunehmen. Es ist durchaus möglich, dass die Teilnehmer einige Zeit brauchen, um sich in die durch die Denkhüte vorgegebenen Rollen zu versetzen und sich von gewohnten Denkmustern zu befreien. Doch gerade in diesem Rollentausch liegt der Nutzen der Methode und die so gewonnen Arbeitsergebnisse werden Sie Ihre Skepsis schnell vergessen lassen.

TO DO

VORGEHENSWEISE:

- Nutzen Sie diese Methode, wenn Sie eine erste Vorentscheidung getroffen haben. Alle möglichen Alternativen mit den „Denkhüten“ durchzuarbeiten ist zu zeitaufwändig.
- Führen Sie das Problemlösungs-Meeting mit den „symbolischen Denkhüten“ mit einem Moderator durch. Dieser vereinbart zu Beginn mit allen Teilnehmern die Regeln der Sitzung, z. B. wann und unter welchen Bedingungen die Hüte gewechselt werden. Während der Sitzung achtet er auf die Einhaltung der Regeln und darauf, dass alle „Perspektiven“ zu Wort kommen und berücksichtigt werden.
- Verdeutlichen Sie zu Beginn, dass alle Perspektiven nicht nur gewünscht, sondern gefordert sind, um auch wirklich zur besten Problemlösung zu kommen. Nehmen Sie den Teilnehmern die Angst davor, eine bestimmte Perspektive einzunehmen.
- Die Denkhüte verkörpern verschiedene Standpunkte. Die Teilnehmer bekommen mit den symbolischen Hüten eine bestimmte Rolle bzw. Perspektive, aus welcher sie das Problem betrachten und bewerten sollen. Solange einem Teilnehmer ein „Hut“ zugewiesen ist, muss er diese Perspektive einhalten und vertreten.
- Die „sechs Denkhüte“ in verschiedenen Farben werden durch Zufallsprinzip (z. B. mithilfe von Würfeln oder Losziehen) unter den Teilnehmern verteilt.
- Das Zufallsprinzip verhindert persönliche Angriffe unter den Teilnehmern, da jeder aus seiner momentanen Rolle/Aufgabe heraus handelt.
- Zu einem vorher bestimmten Zeitpunkt kann veranlasst werden, dass die Hüte gewechselt werden, was neue Sichtweisen ermöglicht und für neue Diskussionen sorgt. Legen Sie vorher fest, wer den Wechsel vornimmt, z. B. „immer der Teilnehmer mit dem blauen Hut“.
- Alternativ können die Teilnehmer den Hut, unter dessen Perspektive sie das Problem gerade betrachten, auswählen und ihre Gedanken kommunizieren. Dies ermöglicht allen Teilnehmern, das Problem aus verschiedenen Perspektiven zu betrachten, ohne auf eine Sichtweise festgelegt zu werden. In diesem Punkt muss der Modertor noch stärker darauf achten, dass alle Sichtweisen genutzt werden.

Checkliste 70: De Bonos Denkhüte

CD-ROM

Farbe des Hutes	Bedeutung	Wichtige Fragen
Weiß (neutrale, objektive Sicht)	Es geht um beweisbare Tatsachen, Fakten und neutrale Informationen. Informationssammlung ohne Bewertung, Emotionen, Urteile, persönliche Meinung. Parteinahme und Meinungen sind nicht gestattet.	Welche Informationen sind gegeben? Wie sind sie beschaffen (Qualität, Quantität)? Was für Informationen werden noch gebraucht?
Rot (Intuition, Emotionalität)	Positives wie negatives persönliches Empfinden, Gefühle, Zweifel, Intuition, subjektive Meinung stehen im Vordergrund. Rationalität ist nicht gefragt. Vermutungen und Gespür werden geäußert, ohne begründet oder erklärt werden zu müssen.	Was spüre ich? Was für ein Gefühl habe ich dabei? Traue ich der Sache?
Grün (Kreativität, Wachstum)	Wachstum, neue Ideen, Originalität, der Kreative Suche nach Alternativen, neuen Gesichtspunkten, keine schnelle Festlegung Lässt Provokation und Widerspruch zu, kann alles formulieren, was zu neuen Ideen führt, egal wie verrückt oder undurchführbar es ist. Kritische Bemerkungen sind nicht erlaubt.	Was für Ansätze sind noch möglich? Was für Alternativen stellen sich? Was wäre eine ganz verrückte Lösung? Welche Gesichtpunkte wurden noch nicht betrachtet? Was kann an der bestehen Alternative geändert werden?
Schwarz (sachliche Risiken berücksichtigend)	Berücksichtigt und benennt alle sachlichen Gefahren und Risiken, Kritik und Bedenken, Zweifel. warnend, Fehler vermeidend Es geht um rein Sachliches, negative Gefühle gehören nicht zu dieser Perspektive.	Was spricht dagegen (Nachteile)? Haben wir alle Risiken bedacht? Sind die Pläne realistisch oder hochfliegend? Welche Probleme/ Risiken können auftreten?

Gelb (optimistisch, chancenorientiert)	Optimismus, die Vorteile und Vorzüge eines Plans sehend, verbessernd Mut machend, Chancen erkennend, benennt Pluspunkte und Ziele. Spricht an, was positiv für die Entscheidung spricht.	Welche Aspekte der Entscheidung/Lösung sind gut und sollten beibehalten werden? Wie kann man den Vorschlag umsetzen? Welche Verbesserungsmöglichkeiten ergeben sich aus der Realisierung? Was gewinnen wir dadurch? Was ist gut daran?
Blau (übergeordneter Standpunkt, Kontrolle)	Vogelperspektive, Orientierung, Priorisierung, Betrachtung des Gesamtprozesses aus übergeordneter Perspektive auch Moderatorenrolle (Einhalten der Spielregeln, Auseinandersetzungen klären) zusammenfassend, leitend	Was müssen wir noch bedenken? Was muss berücksichtigt werden? Wie kann es zusammengeführt werden? Passt es zusammen? Moderator: Wer ist an der Reihe? Welche Themen werden festgelegt? Wie wird strukturiert?

NUTZEN DER DENKHUT-METHODE:

- Diese Methode lässt die Teilnehmer das Problem aus mehreren unterschiedlichen Perspektiven betrachten.
- Die „Denkhüte“ fordern auf und erlauben, Aspekte zu bedenken und anzusprechen, die sonst unüblich und manchmal sogar unerwünscht sind.
- Die Beweglichkeit des Denkens wird gefördert.
- Es kann ein Anstoß in Richtung neuer Ideen gegeben werden.
- Die verschiedenen Rollen ermöglichen eine gewisse Distanz zu der Person, die gerade spricht. Es geht um die ganzheitliche Betrachtung aus unterschiedlichen Perspektiven, wobei jede einzelne wichtig und wertvoll ist. Konflikte werden so vermieden.
- Die Motivation der Teilnehmer wird durch den spielerischen Aspekt dieser Technik erhöht.

Abschließend sind für Sie noch einmal alle hier vorgestellten Techniken in einer Übersicht zusammenfassend dargestellt.

Checkliste 71: Kreativitätstechniken

Technik	Anwendungsgebiet	Was wird benötigt?
1. Brainstorming	► Kreativitäts- und Problemlösungsmethode ► intuitive Technik ► für Teamarbeit geeignet ► eine Teilnehmerzahl von 4–6 Personen ist ideal	► 4–6, maximal 12 Teilnehmer ► ein Moderator ► Moderationsmaterial, Flipchart, Pinnwände ► Dauer: ca.40–60 Minuten insgesamt
2. Mindmap	► Kreativitäts- und Problemlösungsmethode ► intuitive Technik ► Auch zur Vorbereitung komplexer Aufgaben, Zielklärung, Präsentationen und Vorträge ► bietet guten Überblick über komplexe Themen ► für Team- und Einzelarbeit geeignet	► ein Blatt Papier (mindestens DIN A4), im Team Flipchart/Pinnwand, Moderationsmaterial ► Stifte in verschiedenen Farben ► Dauer: ca. 20–30 Minuten (kann fortlaufend ergänzt und angepasst werden) ► im Team ist Moderator zu empfehlen
3. Die Basisfragen nach Osborn	► bei schon bestehenden Problemlösungen/kreativen Vorschlägen, die noch einmal überdacht oder verbessert, von einer anderen Seite beleuchtet werden sollen ► systematische Technik ► als Nachbereitung einer Brainstorm-Sitzung ► für originelle, kreative (Produkt-) Ideen ► für Team- oder Einzelarbeit geeignet	► eine bestehende Idee ► die Osborn-Checkliste ► Dauer: ca. 60 Minuten ► im Team ist Moderator zu empfehlen
4. Denkhüte	► Problemlösungsverfahren ► systematische Technik ► besonders für Teamarbeit geeignet ► kann auch bei Themendiskussion eingesetzt werden ► eine Teilnehmerzahl von 6 Personen ist ideal	► sechs Hüte oder unterschiedlich farbige Karten ► Dauer: abhängig von der Gruppengröße und Aufgabenstellung 30 Minuten bis zu 2 Stunden ► Moderator ist zu empfehlen

Entscheidungstechniken – Entscheidungen sicher treffen

In seiner Position als Führungskraft steht Herr Berg jeden Tag vor der Aufgabe, eine Vielzahl von Entscheidungen zu treffen - und das oft unter erheblichem Zeitdruck. Leicht fällt ihm das gerade bei größeren Entscheidungen nicht, besonders wenn deren Folgen nicht abzuschätzen sind. Häufig hängt auch viel für ihn und seine Mitarbeiter von seinen Entscheidungen ab. Herr Berg wendet sich an seinen Mentor Herrn Weigert, um diesen nach Hilfsmitteln für den Weg zu einer richtigen Entscheidung zu fragen und um zu erfahren, ob er zumindest das Risiko, eine Fehlentscheidung zu treffen, minimieren kann.

Was muss ich in Bezug auf Entscheidungen generell wissen?

Das Auswahlproblem

Wenn Ideen und Lösungen für unterschiedliche Vorgehensweisen generiert sind, müssen diese bewertet werden, Sie stehen also vor einem Auswahlproblem. Aus verschiedenen alternativen Vorgehensweisen, Themen oder Ideen müssen eine oder wenige bestimmt werden. Die Notwendigkeit einer Auswahl impliziert bereits, dass Entscheidungstechniken auch immer Problemlösetechniken sind oder umfassen.

Entscheidungen sind nie risikofrei

Entscheiden steht immer für zukunftsorientiertes Handeln unter Unsicherheit. Unsicherheit heißt zum einen, dass Sie nie genau wissen, ob der gewählte Weg der richtige ist, um das Ziel zu erreichen. Zum anderen heißt Unsicherheit, dass oft mit beschränkten Ressourcen - Zeit, Wissen, Man-Power - entschieden werden muss.

Sie können das Risiko, Fehlentscheidungen zu treffen, über eine differenzierte Problemanalyse, den Einsatz von Kreativitätstechniken zur Lösungsfindung und eine systematische Lösungsbewertung verkleinern. Generell ausschließen können Sie das Risiko jedoch nicht. Vielleicht ist es genau dieser Punkt - das Restrisiko -, der einem eine Entscheidung häufig so schwer macht.

Zufallsentscheidungen

Sich nicht zu entscheiden bedeutet, den Zufall entscheiden zu lassen. Dabei mag der Zufall durchaus kreative Entscheidungen hervorbringen, die Folgen müssen Sie jedoch selbst tragen. Sich nicht zu entscheiden bedeutet aber auch einen Stillstand und Lähmung für jedes Unternehmen. Vollkaskoversicherungen gibt es im Führungshandeln leider nicht.

GENERELL GILT: JE BEDEUTSAMER DIE ZU TREFFENDE ENTSCHEIDUNG IST, DESTO LANGSAMER UND GRÜNDLICHER IST U FÄLLEN

Je bedeutsamer die zu treffende Entscheidung ist, desto höher sollte auch die Expertise der Entscheider sein. Es kann durchaus sinnvoll sein, zu bestimmten Themen externes Know-how hinzuzuziehen, wenn es intern nicht oder nicht im ausreichenden Maße verfügbar ist.

Woran erkenne ich eine Entscheidungssituation?

Ist-Soll-Abweichung

Eine Entscheidungssituation ist immer eine vorhandene Ist-Soll-Abweichung. Sie veranlasst Sie zu handeln - zum Treffen einer Entscheidung. Das Ziel dieses Handelns ist eine Minimierung der Abweichung oder ein Gewinn in irgendeiner Form wie z. B. Kosten, Ertrag, Zeit, Wissen, Leistung, Spaß usw.

Der Gewinn einer Entscheidung ist immer eng mit einem Risiko verbunden, dem Risiko, dass der gewünschte Gewinn ausbleibt.

ENTSCHEIDEN IST UND BLEIBT EINE ZENTRALE FÜHRUNGSAUFGABE

Wichtig ist es zu wissen, was man mit seiner Entscheidung erreichen will - was das Ziel ist.

Entscheidungskriterien

Um eine Entscheidung zwischen verschiedenen Alternativen treffen zu können, brauchen Sie Kriterien, an denen Sie die Güte einer Lösung messen können. Solche Kriterien können sein: Finanzierbarkeit, Machbarkeit, Verfügbarkeit der erforderlichen Kompetenzen, Risikopotenzial etc.

Intuition ist bei Entscheidungen sicher ein schlechter Ratgeber. Genau hier setzen Entscheidungstechniken an.

Die Wahl Ihrer Vorgehensweise ist von verschiedenen Faktoren abhängig. Die folgende Checkliste soll Ihnen eine Abschätzung der Situation ermöglichen.

CD-ROM

Checkliste 72: Handlungsbedarf

Kriterien	
Die **Dringlichkeit** des Problems ► Gibt es einen Termin, zu dem das Problem gelöst/die Entscheidung getroffen sein muss?	
Die **Wichtigkeit** des Problems ► Wie groß sind die Auswirkungen bei Nichtentscheiden und -handeln?	
Die **Entwicklung** des Problems ► Verschärft sich das Problem, wenn länger nichts unternommen/nicht entschieden wird?	
Verfügbare **Ressourcen** ► Welche Kapazitäten haben wir, um das Problem zu lösen/die Entscheidung umzusetzen?	
Die **Abhängigkeit** ► Ist die Lösung des Problems Voraussetzung zur Lösung anderer Probleme/für das Treffen anderer Entscheidungen?	
Die **Konsequenzen** der Entscheidung ► Wie wird sich die Entscheidung auf die derzeitige oder künftige Situation auswirken?	

Worin liegt der Nutzen von Entscheidungstechniken?

Denk- und Strukturierungshilfen

Entscheidungstechniken treffen nicht die Entscheidung. Eine Entscheidung bleibt immer subjektiv und muss individuell und situationsbezogen abgewogen werden. Entscheidungstechniken sind Denk- und Strukturierungshilfen. Diese Techniken leiten Sie an, eine Entscheidung gründlicher zu analysieren, vorzubereiten und zu hinterfragen. An dieser Stelle greifen Problemanalyse- und Entscheidungstechniken ineinander. Des Weiteren dienen diese Techniken dazu, die bestehenden Risiken zumindest besser analysieren und einschätzen zu können, eine gänzliche Vermeidung ist nicht möglich.

ZUSÄTZLICHER NUTZEN

Durch die Dokumentation des Entscheidungsprozesses, der die Nutzung von Entscheidungsschritten impliziert, ist die Entscheidung leichter an Dritte kommunizierbar und für diese nachvollziehbarer.

Wie sieht ein Entscheidungsprozess aus?

Entscheidungen sind immer Teil eines Gesamtprozesses. Der Prozess umfasst in der Regel die in der nachfolgenden Abbildung aufgezeigten Schritte.

Phasen der Entscheidung

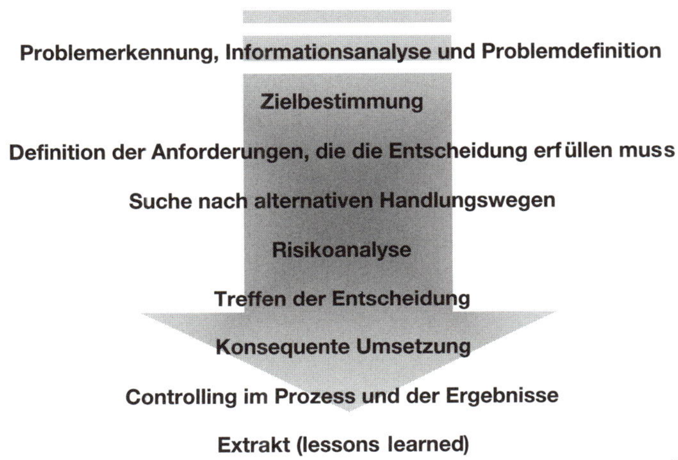

grow.up. Managementberatung GmbH

Welche Instrumente, Methoden oder Techniken Sie im Prozess einsetzen, ist von der Art der zu treffenden Entscheidung, aber auch von den Rahmenbedingungen abhängig. Einen Überblick bietet die nachfolgende Übersicht.

Checkliste 73: Entscheidungstypen und -techniken

Entscheidungstyp		Entscheidungsebene	Entscheidungstechnik
Regelmäßige Anpassung	Kleinere oder routinemäßige Entscheidungen, z.B. regelmäßige Planabstimmung	Delegation auf Arbeits-/operative Ebene	Keine oder standardisierte einfache Techniken
Außergewöhnliches	Entscheidungen mit weitreichenden, langfristigen Konsequenzen, z.B. Investitionen, Reorganisationen	Oberstes Management	Problemanalyse-, Kreativitäts- und Entscheidungstechniken

Entscheidungen unter zeitlichem Druck	Bei Nichthandeln sind deutliche negative Konsequenzen zu erwarten, Lieferverzug, Abwanderung von Kunden, Personal- und Know-how-Verlust	Oberstes Management	Problemanalyse-, Kreativitäts- und Entscheidungstechniken
Unternehmensgrundsätze	Entscheidungen mit großer und langfristiger Tragweite, z. B. Fusionen, Käufe, Verkäufe, Vertriebskonzepte, unternehmensweite Reorganisationen	Unternehmensleitung oberstes Management	Problemanalyse-, Kreativitäts- und Entscheidungstechniken

Was für Entscheidungstechniken gibt es?

Entscheidungstechniken zur Unterstützung des Entscheidungsprozesses gibt es viele – sowohl einfache als auch komplexe. Zu diesen Techniken gehören:

- CAF – Consider All Facts
- Entscheidungsbaum
- Entscheidungskarten
- Nutzwertanalyse
- Pro und Contra-Analyse
- Worst Case Szenario
- GAP-Analysen
- PMI – Plus-Minus-Interesting
- Mind-Mapping
- Ranglistenverfahren
- Kosten-Nutzenanalyse
- Stärken-Schwächen Analysen
- Risikoanalyse
- Immaginationstechniken

Im Folgenden finden Sie die Techniken der Nutzwertanalyse, des Entscheidungsbaums und des Ranglistenverfahrens aufbereitet.

Die Nutzwertanalyse

Antworten auf das Warum einer Entscheidung

Mittels einer Nutzwertanalyse sind Sie in der Lage, den Nutzen verschiedener vorhandener Lösungsalternativen anhand von zuvor durchgeführten qualitativen Bewertungen zu bestimmen. Für die einzelnen Lösungsalternativen wird mit Zahlenwerten festgelegt, in welchem Umfang sie der Erreichung der zuvor gesetzten Ziele dienen. Auch wenn die Bewertungen der Alternativen im Prozess subjektiv bleiben, wird die Entscheidung durch die Differenzierung qualifizierter. Darüber hinaus kann Dritten das Warum der Entscheidung leicht verständlich verdeutlicht werden.

SCHRITTE DER NUTZWERTANALYSE

- Ermittlung der Ziele (Muss-/Kann-Ziele)
- Gewichtung der Ziele: Maximal 100 Punkte können auf die vorhandenen Ziele verteilt werden. Je bedeutsamer ein Ziel ist, desto mehr Punkte bekommt es
- Als Nächstes werden die Lösungsalternativen aufgeführt.
- Die einzelnen Alternativen werden danach bewertet, wie gut sie zur Zielerreichung beitragen. Hierfür wird Ihnen ein Wert von 1 bis 10 zugeordnet, d. h. sie werden gewichtet.

Nutzwertanalyse

Nutzwertanalyse Schritte 1 und 2

Ziele sammeln

Ziele gewichten

Kostenziele	30
Leistungsziele	50
Personale Ziele	20

Wie wichtig sind die einzelnen Ziele?

Verteilung von insgesamt 100 Punkten auf die verschiedenen Ziele

Varianten bewerten

		A	B	C
Kostenziele	30	2	5	8
Leistungsziele	50	9	7	2
Personale Ziele	20	5	0	10

Was trägt die Variante zu den einzelnen Zielen bei?

Bewertung der Varianten A–C mit Punkten (1–10) hinsichtlich ihrer Zielerreichung

grow.up.
Managementberatung GmbH

Nutzwertanalyse

Nutzwertanalyse Schritte 3 und 4

Gewicht _ Punktwert

		A	B	C
Kostenziele	30	60	150	240
Leistungsziele	50	450	350	100
Personale Ziele	20	100	0	200

Wie hoch ist der Nutzen der einzelnen Varianten für das jeweilige Erreichen meiner Ziele?

Die Punktwerte der Varianten werden mit den Gewichten der Ziele multipliziert.

Varianten bewerten

		A	B	C
Kostenziele	30	60	150	240
Leistungsziele	50	450	350	100
Personale Ziele	20	100	0	200
		510	**500**	**540**

Wie hoch ist der Gesamtnutzen meiner Varianten?

Addition der Nutzen der Varianten für verschiedene Ziele

grow.up.
Managementberatung GmbH

Im Anschluss: Sensitivitätsanalyse

Als zusätzliche Absicherung können Sie im Anschluss an die Nutzwertanalyse eine Sensitivitätsanalyse durchführen. Dabei werden die Gewichte und Punktzahlen variiert, um die Auswirkungen dieser Veränderungen auf die bewertete Rangfolge der Varianten zu überprüfen. Es wird geprüft, ob die favorisierte Lösung veränderten Annahmen standhält.

Kosten-Nutzen-Analyse

Haben die Kosten oder die monetären Ziele gegenüber den übrigen Nutzenwerten einen relativ hohen Stellenwert, bietet es sich an, die Nutzwertanalyse um eine Kosten-Nutzen Analyse zu ergänzen.

CD-ROM

Kosten-Nutzen-Analyse

Beispiel einer Kosten-Nutzen-Analyse

	Varianten		
	A	B	C
Investitionskosten/5 Jahre	80.000	400.000	500.000
Personalkosten pro Jahr	2.100.000	1.900.000	2.000.000
Raumkosten pro Jahr	20.000	100.000	200.000
Kosten pro Jahr	2.200.000	2.400.000	2.700.000
Bereinigte Punktwerte (aus Nutzwertanalyse)	450	350	300
Kosten pro Qualitätspunkt (Preis-Leistungs-Verhältnis)	**4.888**	**6857**	**9.000**

grow.up. Managementberatung GmbH

Die Kosten-Nutzen-Analyse baut auf der Nutzwertanalyse auf, trennt aber bei der Nutzenberechnung monitäre von nichtmonitären Größen. Dies entspricht dem wirtschaftlichen Denken, da Entscheider fast immer die Kosten der Lösungsvarianten kennen wollen.

Es werden folglich zwei Werte für jede Alternative berechnet:

- Kosten pro Periode (z. B. ein Jahr)
- Nutzen (gemäß der Nutzwertanalyse)

TO DO

So gehen Sie bei der Kosten-Nutzen Analyse vor:

- Für jede Alternative werden die relevanten Kosten ermittelt.
- Umfasst die Nutzwertanalyse Kostenziele, werden die Gesamtpunkte der Alternativen um die Punktwerte vermindert (bereinigte Punktwerte), die aufgrund der Kostenziele erreicht wurden.

- Die bereinigten Punktwerte werden durch die Kosten pro Jahr dividiert. Damit erhält man einen Wert für den finanziellen Aufwand pro Qualitätspunkt. Dieser Wert drückt das Preis-Leistungsverhältnis jeder Alternative aus.

Der Entscheidungsbaum

Bildliche Darstellung von Entscheidungen

Manche Entscheidungen werden Ihnen leichter fallen, wenn Sie sie bildlich darstellen. Zusammenhänge werden so deutlicher und Prozesse klarer strukturiert. Das kann Ihnen dabei helfen, Fehleinschätzungen frühzeitig zu erkennen. Bei der Anwendung dieser Technik werden alle Ereignisse in ihrer Auftretenswahrscheinlichkeit eingeschätzt. Es werden Konsequenzen gesucht, die bei einem bestimmten Ereignis eintreffen könnten. Auch in diesem Punkt wird versucht, die Wahrscheinlichkeit zu bestimmen, mit der eine Konsequenz eintreffen könnte.

- Dabei ist es wichtig, dass Sie alle Konsequenzen einer Entscheidung auflisten.
- Dann sollten Sie die Konsequenzen in eine Reihenfolge bringen (günstig, ungünstig) oder auch Punkte vergeben von 1 (ungünstig) bis 10 (sehr günstig).
- Werden mehrere Ziele verfolgt, können getrennt für jedes Ziel Entscheidungsbäume generiert werden.

In der folgenden Abbildung hat der Entscheidungsbaum die Ebenen Fragestellung, Entscheidungen, Ereignisse, Konsequenzen.

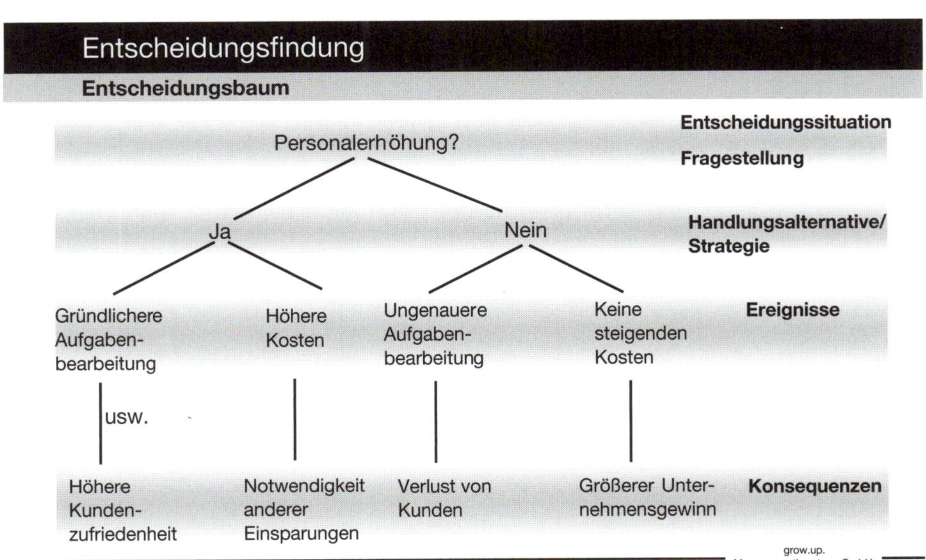

Ranglistenverfahren

Bewertung von Alternativen

Ranglistenverfahren und andere Vergleichverfahren unterstüzen Sie bei der Bewertung unterschiedlicher Alternativen zum einen hinsichtlich verschiedener Zielkriterien (s. Abb. 43) oder in Bezug auf deren Wichtigkeit (A ist wichtiger als B). Gleiches können Sie durchaus auch für die Konsequenzen einer Alternative machen, um deren Bedeutung besser einschätzen zu können. Vergleichsverfahren sind leicht zu handhaben und auch in Besprechungen einfach einzusetzen.

CD-ROM

Entscheidungsfindung mit Ranglistenverfahren

Rangliste

Beurteilungskriterien	**Anzahl der Alternativen**										
	1	2	3	4	5	6	7	8	9	10	11
Kosten											
Dauer der Umsetzung											
Umfang des Projekts											
Zielgruppengerechtigkeit											
Effektivität											
Planungsaufwand											
…											
…											
Gesamtwertung Rangplatz											

grow.up. Managementberatung GmbH

ENTSCHEIDEN IST MEHR ALS TECHNIKEN ANWENDEN

Zukunftsweisende Entscheidungen brauchen mehr als die richtige Technik. Kompetenz und Persönlichkeit der am Prozess Beteiligten sind ebenso gefordert. Entscheidungen treffen erfordert Disziplin und chancenorientiertes Denken im Prozess. Die Pros und Kontras müssen den Beteiligten bewusst sein und sie müssen dafür die Verantwortung übernehmen. Denn wie gesagt, es gibt keine Vollkaskoversicherung. Sie brauchen Mut zum Handeln. Seien Sie ehrlich und offen zu sich selbst und zu den Beteiligten, um zu einer realistischen Situationseinschätzung zu kommen. Nur so können Sie in der Zusammenarbeit Synergien und Expertenwissen optimal nutzen.

Wirksam präsentieren

Herr Berg ist es in seiner Rolle als Führungskraft gewohnt, Präsentationen zu halten. In der Regel bereitet er sich auf eine Präsentation nicht großartig vor. Bei Kundenpräsentationen greift er gerne auf einen Satz Folien zurück, den er sich schon vor einiger Zeit zusammengestellt hat. Er schätzt an diesen Folien besonders, dass sie keine feste Reihenfolge haben, sodass er während seiner Präsentationen immer gerade die Folie auf den Tageslichtprojektor legen kann, die zu dem passt, was er gerade sagt. Aktuelle Zahlenwerte oder neuere Informationen, die auf den Folien nicht enthalten sind, bringt er dann ergänzend ein, indem er sie seinem Publikum vorliest. Er ist ganz zufrieden mit seinen Präsentationen, hat aber manchmal den Eindruck, dass sein Publikum unruhig wird und es ihm nicht gelingt, Begeisterung für seine Themen zu erwecken. Dies führt er darauf zurück, dass er „eben nicht der geborene Redner" sei. Heute hat er erfahren, dass seiner Abteilung schwerwiegende Budgetkürzungen drohen und er in einer Vorstandssitzung in einigen Wochen die Chance haben wird, diese abzuwenden. Für diesen Anlass möchte er eine gut durchdachte Präsentation vorbereiten, um einen Weg zu finden, den Vorstand zu überzeugen, das Budget nicht zu verändern. Hierüber spricht er seinem Mentor Herrn Weigert.

Was ist das Geheimnis einer wirkungsvollen Präsentation?

Worum geht es bei einer Präsentation?

Das Ziel einer Präsentation ist es, Wissen, Informationen oder Inhalte weiterzugeben. Sie präsentieren dabei neben den Inhalten aber immer auch sich selbst. Zwischen Ihnen und dem Publikum findet also ein Informations- und Kommunikationsprozess statt. Da das Publikum in der Regel weniger über den Inhalt der Präsentation weiß als Sie, ist es wichtig, dass Sie die Inhalte leicht verständlich, anschaulich und spannend vermitteln. Entscheidend für das Gelingen ist dabei, dass Sie eine Form der Präsentation wählen, die sowohl dem Publikum als auch den Umständen und vor allem dem Zweck angemessen ist.

Für eine wirkungsvolle Präsentation gibt es nicht „das Geheimrezept" schlechthin. Vielmehr gibt es viele verschiedene Gesichtspunkte, deren Beachtung dazu beiträgt, dass Ihre Präsentation Ihre Zuhörer überzeugt und ihnen nachhaltig im Gedächtnis bleibt.

Wichtig: gut vorbereiten

Zunächst einmal ist es wichtig, dass Sie sich gut vorbereiten. Dazu müssen Sie sich als Erstes darüber klar werden,

- welches Ziel Sie mit Ihrer Präsentation verfolgen,
- wer Ihre Zuhörer sind und
- was diese an Informationen erwarten.

Fragen Sie sich, was für die Zuhörer ein Thema ist und wie Sie auf deren Anliegen eingehen können. Steht das Thema fest, können Sie Ideen und Informationen zusammenstellen, die Sie nutzen wollen.

Struktur ausarbeiten

Anschließend geht es darum, eine Präsentationsstruktur auszuarbeiten und die geeigneten Präsentationsmittel auszuwählen. Schließlich ist es auch wichtig, sich einen geeigneten Einstieg zurechtzulegen, denn der erste Eindruck, den die Zuhörer von Ihnen bekommen, trägt entscheidend zur Gesamtwirkung der Präsentation bei.

MERKE:

Um Erfolg zu haben, sollten Sie den Standpunkt des Gegenübers einnehmen und die Dinge mit dessen Augen betrachten.

Warum ist die Vorbereitung wichtig?

Gute Ideen verkaufen sich in den seltensten Fällen alleine. Es ist notwendig, dass Sie die Ideen gut präsentieren, dass Sie Ihre Idee/Meinung Ihren Zuhörern im wahrsten Sinne des Wortes „vor Augen" führen. Durch eine gründliche Vorbereitung gewinnen Sie auch selbst ein Mehr an Informationen, Detailkenntnis und Klarheit. Zudem können Sie sich gezielt überlegen, wie Sie bestimmte Inhalte am besten visualisieren. Indem Sie den organisatorischen Ablauf der Präsentationsveranstaltung im Vorhinein durchdenken, erhöhen Sie die Chance einer störungsfreien Durchführung, können eventuell auftretenden Problemen im Vorfeld entgegenwirken und gewinnen letztendlich mehr Sicherheit im Auftreten.

MERKE:

Eine gute Vorbereitung ist nur durch eines zu ersetzen - eine bessere Vorbereitung!

Wie kann ich das Präsentationsziel genau definieren?

Einer Präsentation können verschiedene Zielsetzungen zugrunde liegen.

Sachliche Ziele

- Zum einen können Sie sachliche Ziele verfolgen. Sie können Informationen oder Wissen weitergeben, Einstellungen verändern sowie Überzeugungen schaffen wollen.

Persönliche Ziele

- Zum anderen können Sie mit einer Präsentation auch persönliche Ziele verfolgen. So wollen Sie vielleicht Verständnis für Ihre Anliegen wecken, Zustimmung erzielen, Anerkennung gewinnen oder sich rechtfertigen.

Persönliche und sachliche Ziele schließen sich natürlich gegenseitig nicht aus, sondern werden meist gleichzeitig verfolgt.

Um Ihr Ziel klar zu definieren, können Sie sich an folgenden Leitfragen orientieren:

Leitfragen zur Zieldefinition

- Warum halte ich die Präsentation?
- Welches Thema behandle ich?
- Welche Ziele verfolge ich damit?
- Gibt es versteckte Ziele?
- Gibt es konkurrierende Ziele?
- Wer sind die Zuhörer?
- Wissen die Zuhörer von den Zielen?
- Wo halte ich die Präsentation?
- Welche Ziele können die Zuhörer oder die Auftraggeber noch haben?

Wie wähle ich die Inhalte aus, die ich präsentiere?

Inhalte gewichten

Zweck einer Präsentation ist es nicht, all das zu präsentieren, was Sie an Material finden können, sondern ein genau umrissenes Ziel in der zur Verfügung stehenden Zeit zu erreichen. Dazu müssen Sie Ihre Inhalte gewichten. Unterscheiden Sie zwischen

- den Kernaussagen, die zum Erreichen des Präsentationsziels unbedingt notwendig sind, und
- den Hintergrundinformationen, welche die Kernaussagen begleiten oder eher vertiefen und im Notfall auch weggelassen werden könnten.

Checkliste 74: Prüfen des gesammelten Materials

CD-ROM

Prüfen des Materials	**ja**	**nein**
Gehört es zu meinem Schwerpunkt?	☐	☐
Beschreibt es einen sachlichen Aspekt, der notwendig für die Bearbeitung des Themas ist?	☐	☐
Was könnte ohne weiteres weggelassen werden?	☐	☐
Passt es in einen größeren Zusammenhang?	☐	☐
Können die Zuhörer es verstehen?	☐	☐
Lässt sich alles im vorgegebenen Zeitrahmen unterbringen?	☐	☐
Anmerkungen:		

Wie kann ich mich auf die Zuhörer einstellen?

Um die Zielgruppe zu analysieren, können Sie sich folgende Fragen beantworten:

- Wer ist zu überzeugen?
- Was wissen die Zuhörer bereits?
- Was kann ich an Wissen voraussetzen und was nicht?
- Haben alle den gleichen Kenntnisstand?
- Haben alle die gleiche Zielsetzung/die gleichen Interessen?
- Welche Informationen sind für die Zuhörer besonders wichtig?
- Welche Schwierigkeiten könnten auftreten?

Situation der Zuhörer

Die Situation der Zuhörer wird unter anderem durch deren Stellung in der Unternehmenshierarchie, die Funktion im Unternehmen, den Wissensstand zu dem Präsentationsthema sowie das Anspruchsniveau der Zuhörer bestimmt. Auch haben die Zuhörer sicher unterschiedliche Erwartungen an die Inhalte und Ergebnisse der Präsentation sowie deren Konsequenzen. Womöglich unterscheiden sich die Einstellungen der Zuhörer zum Präsentationsanlass, zum Präsentationsziel und auch Ihrer Person gegenüber - also dem Präsentierenden.

CD-ROM

Checkliste 75: Analyse der Rahmenbedingungen

Rahmenbedingungen	
► Wer ist der Auftraggeber?	
► Wer ist für die Organisation der Präsentationsveranstaltung verantwortlich?	
► Wo findet die Präsentation statt?	
► Wann findet die Präsentation statt?	
► Welcher Zeitrahmen ist für die Präsentation gedacht?	
► Gibt es ein Rahmenprogramm?	
► Gibt es bestimmte Gepflogenheiten?	
► Wie groß ist der Veranstaltungsraum?	

Wie behalte ich meine Präsentationsziele bei der Ausarbeitung konsequent vor Augen?

Schriftlich festhalten

Damit Sie Ihre Ziele nicht aus den Augen verlieren, sollten Sie diese in jedem Fall schriftlich festhalten. Formulieren Sie dabei so konkret wie möglich. Rufen Sie sich die Ziele immer wieder ins Gedächtnis und lassen Sie alle Hilfsmittel weg, die Ihren Zielen nicht dienen. Überprüfen Sie ruhig auch immer wieder die Liste mit Ihren Zielen. Möglicherweise kommen Sie zwischenzeitlich zu dem Schluss, dass Sie einige davon doch wieder wegstreichen können, da sie weniger wichtig sind oder sich mit anderen Zielen überschneiden. Auch auf Zielkonflikte, d. h. sich widersprechende Ziele, sollten Sie achten und diese soweit wie möglich beseitigen.

Wie baue ich meine Präsentation auf?

Hilfreich ist es, nach dem folgendem Fünf-Schritte-Schema vorzugehen:

Fünf-Schritte-Schema

TO DO

1. Stellen Sie Thesen auf.

Pro Präsentation sollten Sie maximal fünf bis sieben Thesen aufstellen. Was genau mit einer These gemeint ist, macht ein Beispiel am besten deutlich.

BEISPIEL

Angenommen, das Thema der Präsentation lautet: „Steigerung der Profitabilität des Unternehmens“. Die entsprechenden Thesen in diesem Fall könnten lauten:

- Steigerung der Umsätze im Außendienst um x Prozent
- Trennung vom unrentablen Geschäftsfeld y
- Kosteneinsparungen durch Outsourcing der Dienstleistungen

Thesen sind wichtige Botschaften, die das Thema der Präsentation auf konkrete Ziele herunterbrechen. Mit diesen Thesen wird immer die Frage beantwortet, „wo die Reise hingeht“, und nie die Frage „Was oder wie ist die Situation heute?“. Thesen sind Behauptungen, die ruhig polarisierend oder extrem formuliert sein dürfen.

2. Skizzieren Sie den Weg.

Zu jeder These beantworten Sie anschließend die Frage, wie Sie oder das Unternehmen zu dem benannten Ziel kommen. Dabei ist es wichtig, praktische Wege zu beschreiben, die noch zu gehen sind. Damit die Zuhörer nachvollziehen können, wie diese Wege genau aussehen können, sollten Sie konkrete „ToDos“ formulieren. Wenn es viele verschiedene mögliche Wege gibt, sollten Sie sich auf die zwei oder drei beschränken, die am plausibelsten sind. Zu den Thesen, die gerade als Beispiel genannt wurden, wären das die folgenden drei Wege:

BEISPIEL

Weg 1: Minimieren unrentabler Kundenbeziehungen
Weg 2: Zusammenfassen kleiner Vertriebsgebiete zu größeren Einheiten
Weg 3: Verlagerung umsatzschwacher Kunden auf einen Direktvertriebskanal

3. Belegen Sie den Weg.

Jeder Weg wird mit einem Beleg versehen, damit die Zuhörer verstehen, warum Sie das, was Sie sagen, für richtig befinden. Hier brauchen Sie Beispiele, die z. B. demonstrieren, dass andere Unternehmen, andere Abteilungen o. Ä. dem genannten Weg entsprechend gehandelt haben und damit erfolgreich wurden. Sie liefern also einen Beweis dafür, dass der von Ihnen genannte Weg bereits zum Erfolg geführt hat. Zu dem ersten Weg, der gerade als Beispiel genannt wurde, wäre das möglicherweise:

BEISPIEL

„Das Unternehmen X stand vor fünf Jahren vor einer ähnlichen Situation wie wir heute und hat sich damals entschlossen, die Beziehungen zu den unrentablen Kunden auslaufen zu lassen und gleichzeitig die Beziehungen zu den rentablen Kunden zu intensivieren".

4. Formulieren Sie einen Merksatz.

Das bisher Gesagte wird nun durch einen Merksatz verfestigt. Ein solcher Merksatz kann eine Anekdote oder ein Bild sein, das in jedem Fall leicht eingängig und einprägsam ist. Sie können an dieser Stelle z. B. ein Zitat einbauen oder ein passendes Bild als Hintergrund für Ihre Folie wählen. Ein Beispiel für einen Merksatz zu dem gerade erwähnten Beleg wäre:

BEISPIEL

„Stärken stärken, nicht Schwächen kompensieren." Es wäre in der Situation des Unternehmens X ein Fehler gewesen, die unrentablen Kundenbeziehungen beizubehalten oder sogar die Vertriebsanstrengungen zu verstärken, um aus den unrentablen Kunden rentable zu machen. Stattdessen wurden die Beziehungen zu den rentablen Kunden intensiviert. Die Umsätze wurden deutlich besser.

Ein Merksatz muss die Bedingung erfüllen, in einer großen Anzahl von Situationen wahr zu sein. Damit verstärkt er die Richtigkeit des von Ihnen vorgeschlagenen Weges. Merksätze öffnen die Augen für die einfache, grundlegende Regel, die hinter Ihrem vorgeschlagenen Weg steckt.

5. Machen Sie die Resultate deutlich.

Nachdem Sie einen Weg beschrieben haben, beantworten Sie den Zuhörern die Frage: „Was passiert, wenn dieser Weg eingeschlagen wird?". In kurzen Worten erklären Sie, was das Ergebnis sein wird und wie Sie mit Ihrem Weg dem genannten Ziel näher kommen. Zu dem Weg aus unserem Beispiel könnte das sein:

BEISPIEL

Beim Unternehmen X konnte durch konsequenten Verzicht auf das margenschwache Geschäft eine Rentabilitätssteigerung von xy Prozent in drei Jahren erreicht werden.

Nachdem Sie die den Weg 1 belegt, den entsprechenden Merksatz gebildet und das Resultat klar gemacht haben, gehen Sie ebenso mit Weg 2 vor und anschließend mit Weg 3.

Eine solche Struktur erleichtert es Ihnen, klar am Thema zu bleiben, und die Zuhörer wissen immer, wo Sie gerade sind.

„EIN REDNER SOLLTE DREI DINGE BEACHTEN:

- was er vortragen will,
- in welcher Reihenfolge er es vortragen will,
- auf welche Weise er es vorträgt."

Cicero

Wie wähle ich geeignete Präsentationsmittel aus?

Inhalte leicht verständlich und eingängig gestalten

Präsentationsmittel helfen Ihnen, Ihre Inhalte so aufzubereiten und zu gestalten, dass sie den Zuhörern zum einen leicht eingängig sind und zum anderen Ihre Botschaften unterstützen. Bedenken Sie jedoch, dass auch ansprechend gestaltete Inhalte erst durch die Art und Weise Ihrer Präsentation wirklich überzeugend auf die Zuhörer wirken.

In den meisten Fällen werden Sie evtl. Folien für Ihre Präsentation erstellen, die entweder mit einem Overhead-Projektor oder mit einem Beamer in Form einer Multimedia-Show dargeboten werden. Weitere Medien, die zum Einsatz kommen können, sind z. B. Flipchart, Tafel oder Pinnwand, falls Sie spontan etwas vor den Augen des Publikums aufschreiben oder entwickeln möchten.

TO DO

Bei der Gestaltung von Folien (oder PowerPoint-Charts) gelten einige Gestaltungsregeln:

Gestaltung von Folien

- Nutzen Sie den oberen Bereich eines Charts, um das Thema der Präsentation durchgängig vor Augen zu halten. Eine Ebene darunter lassen Sie die jeweiligen Thesen erscheinen. Auch diese bleiben während des gesamten Argumentationsdurchlaufs (vom Weg bis zum Resultat) bestehen.
- Denken Sie daran, auf die Charts nur Dinge zu schreiben, die Ihre Aussagen unterstützen. Verwenden Sie kurze Formulierungen und bekannte Wörter.
- Ein Bild sagt mehr als tausend Worte - sofern es treffend ausgewählt wurde. Zu viele oder zu bunte Bilder lenken dagegen eher vom Inhalt ab - die visuellen Hilfsmittel sollten den Inhalt des Charts unterstützen, aber nicht „erschlagen". Seien Sie vorsichtig mit dem Einsatz so genannter „Clip-Arts", denn sie wirken häufig billig und unprofessionell.
- Charts, die mit Text oder Zahlen voll geschrieben sind, erschweren dem Zuhörer, Ihnen zu folgen. Hier gilt: „Das Auge liebt die leere Fläche".
- Wählen Sie nur eine Schriftart, die Sie durchgängig verwenden. Achten Sie darauf, dass die Schriftgröße zwischen 16 und 24 liegt, und setzen Sie Hervorhebungen (Fett- oder Kursivsetzung sowie Unterstreichung) sparsam ein.

GRUNDSÄTZE FÜR DEN MEDIENEINSATZ

- Kein Einsatz ohne Grund
- Weniger ist mehr
- Nur Medien verwenden, die Sie beherrschen
- Konkret bleiben
- So einfach wie möglich
- Gefühle ansprechen
- Den Zuhörern Zeit zum Aufnehmen lassen
- Text und Bilder abwechselnd kombinieren
- Die Struktur muss immer erkennbar sein
- Oberstes Prinzip: Lesbarkeit
- Maximal drei Farben verwenden
- Nur Stichworte, keine ganzen Sätze

Wie wähle ich den richtigen Einstieg?

Grundstein der Akzeptanz

Mit der Einleitung zu einer Präsentation stellen Sie den ersten Kontakt zu den Zuhörern her. Sie machen das Publikum damit aufmerksam für Ihre Präsentation und legen den Grundstein dafür, dass Sie als Person akzeptiert werden. Geben Sie einen Ausblick darauf, was gleich folgen wird, und machen Sie Ihre Zuhörer neugierig.

EINE EINLEITUNG BESTEHT AUS

- Anrede und Begrüßung,
- Vorstellung der eigenen Person,
- organisatorische Anmerkungen (Dauer der Präsentation, Pausen, Fragen während der Präsentation oder am Schluss, Handouts),
- dem eigentlichen Einstieg ins Thema.

Sachlich/rhetorische Frage

Es gibt verschiedene Möglichkeiten, wie Sie in das Thema Ihrer Präsentation einsteigen können. Sie können sachlich beginnen oder eine rhetorische Frage wählen („Sie werden sich sicher fragen, warum wir heute zusammen gekommen sind“). Beide Einstiege sind aber nicht sehr originell und so gehen Sie das Risiko ein, dass Ihre Zuhörer schon vor Beginn der Präsentation nicht wirklich aufmerksam sind, weil sie schon glauben zu wissen, was jetzt kommt.

Provokation/aktueller Bezug/Erlebnis

Eine andere Möglichkeit ist eine Provokation. Damit können Sie jedoch möglicherweise auch eine verärgerte Grundstimmung hervorrufen, die Ihnen den weiteren Fortgang erschwert. Versuchen Sie es besser mit einem aktuellen Bezug (Geschehnisse in Ihrem Unternehmensumfeld, der Branche, der Wirtschaft) oder einem persönlichen Erlebnis („... als ich feststellte, wie das Unternehmen X mit dem Thema Y umgeht, kam mir der Gedanke ...“). Auch können Sie an etwas anknüpfen wie z. B. eine Schlagzeile, eine Werbung o. Ä.

Im Einzelnen gilt für den Einstieg Folgendes:

TO DO

- Starten Sie mit Schwung (aber zuerst stehen, dann reden).
- Begrüßen Sie kurz die Zuhörer, bedanken Sie sich eventuell für die Einladung.
- Stellen Sie sich selbst so vor, dass den Zuhörern klar wird, warum Sie zu dem Thema etwas Wesentliches beitragen können, machen Sie deutlich, worin Ihre Beziehung zu dem Thema besteht.
- Geben Sie einen kurzen und bündigen Abriss zum gesamten Ablauf. Zum Beispiel: „Ich habe einige Thesen vorbereitet zu dem Thema ‘Wie steigern wir die Profitabilität unseres Unternehmens’. Zur Realisierung schlage ich verschiedene Wege vor und bringe Belege für meine Ausführungen.“

- Beginnen Sie mit dem eigentlichen Einstieg ins Thema und folgen Sie der Struktur: These, Weg, Beleg, Merksatz, Resultat.

Wie schließe ich die Präsentation gekonnt ab?

MERKE:

„Eine gute Rede hat einen guten Anfang und ein gutes Ende – und beide sollten möglichst dicht beieinander liegen."

Mark Twain

Genauso wie der Anfang Ihrer Präsentation, wird auch das Ende von den Zuhörern stärker bewertet als der Mittelteil. Selbst Zuhörer, die während des Hauptteils gedanklich „ausgestiegen" sind, werden wieder aufmerksam, wenn Sie zum Schluss kommen.

Der Schluss bleibt in Erinnerung

Der Schluss einer Präsentation bleibt den meisten Zuhörern in Erinnerung, da er nicht von nachfolgenden Informationen überlagert wird. Ein gekonnter Abschluss kann oft die Gesamtwirkung einer Präsentation verstärken. Kündigen Sie den nahenden Schluss Ihrer Präsentation ca. zwei bis drei Minuten vor Präsentationsende an, denn sonst könnten die Zuhörer von einem plötzlichen Ende überrascht sein und den Aufrüttelungseffekt des Schlussteils verpassen.

WIE SIEI IHRE PRÄSENTATION NACHHALTIG ABSCHLIESSEN

- Fassen Sie die entscheidenden Punkte Ihrer Ausführungen knapp zusammen.
- Appellieren Sie ggf. an die Zuhörer, falls Sie zu konkretem Handeln auffordern wollen.
- Keine nichtssagenden Schlussformeln („So, jetzt sind wir durch – das war's").
- Bedanken Sie sich für die Aufmerksamkeit Ihrer Zuhörer.
- Falls eine Diskussionsrunde oder eine weitere Präsentation folgt, übergeben Sie das Wort an den Diskussionsleiter bzw. weiteren Präsentierenden.

Worauf muss ich beim Sprechen achten?

Das Wichtigste: verständlich sprechen

Es ist vor allem wichtig, dass Sie verständlich sprechen. Das bedeutet: kein Schriftdeutsch verwenden, sondern kurze Sätze, die maximal 15 Wörter in einem Satz und nur einen Nebensatz pro Satz enthalten. Verschachteln Sie Ihre Sätze nicht und verwenden Sie Fremdwörter sparsam.

Benutzen Sie so genannte „aktive“ Formulierungen. Sagen Sie z. B. „Ich werde dieses Thema später noch ansprechen“ anstatt: „Dieses Thema wird nachher noch angesprochen werden.“ Anstatt den Konjunktiv zu verwenden, wie z. B. „Ich würde meinen...“, „Dürfte ich Sie bitten...“ usw., sagen Sie besser „Ich meine...“ und „Ich bitte Sie...“.

Seien Sie vorsichtig mit Modewörtern wie z. B. „megacool“ oder „voll der Hit“. Versuchen Sie auch, von so genannten Füllwörtern wie z. B. „äh“, „mh“, „eigentlich“, „sozusagen“, „also“, „halt“ Abstand zu nehmen.

Anschaulich sprechen

Durch anschauliche Sprache machen Sie es Ihren Zuhörern leichter, Ihnen zu folgen, und tragen dazu bei, dass das Gesagte länger in Erinnerung bleibt. Um das zu erreichen, sprechen Sie in Vergleichen, Gegensätzen, Bildern und Beispielen. Bildhafte Sprache wäre z. B. „ein Herz aus Stein haben“ oder „einen Floh ins Ohr setzen“. Benutzen Sie Metaphern wie z. B. „schnell wie eine Rakete“, „kämpfen wie ein Löwe“, „die Datenautobahn“. Wenn Sie lebendig erzählen können, sind Anekdoten aus Ihrem persönlichen oder beruflichen Leben, die zum Thema passen, sehr auflockernd und wirksam. Auch passende Zitate sind geeignet.

DIE KRAFT DES WORTES

„Wer so spricht, dass er verstanden wird, spricht gut.“

Molière

Wie trete ich sicher auf?

Kommunikation beginnt, bevor Sie auch nur ein Wort gesprochen haben. Wenn Sie den Raum betreten, bilden sich die, die Sie wahrnehmen, einen ersten Eindruck, ein erstes Urteil. Mit Ihrer nonverbalen Wirkung kommunizieren Sie Überzeugungskraft, Sicherheit, Selbstbewusstsein, Dominanz und vieles mehr oder das Gegenteil davon.

MEINUNG UND EINDRUCK ENTSTEHEN ZU 80 PROZENT NONVERBAL

Jeder Mensch nimmt ständig viele verschiedene Informationen über die Sinneskanäle Hören, Fühlen, Sehen, Riechen und Schmecken auf. Die Worte und Aussagen, die wir hören, sind nur 20 Prozent der Gesamtinformation, die wir permanent aufnehmen. Gleichzeitig sehen wir die Gestik, Mimik und Körperhaltung des Präsentierenden. Auch die Umgebung sehen, riechen und hören wir. Wir hören nicht nur die Worte, die gesprochen werden, sondern achten gleichzeitig auf den Tonfall, die Lautstärke und die Betonung.

Signale für sicheres oder unsicheres Auftreten

Wenn Sie sicher stehen, mit dem Schwerpunkt auf beiden Beinen, ruhigen Blickkontakt mit den Zuhörern und eine freundliche Mimik haben, wirkt Ihr Auftreten sicher.

Pendeln Sie dagegen von einem Bein auf das andere, ziehen Ihre Schultern beim Gestikulieren hoch, vermeiden Blickkontakt, spielen unruhig mit Ihren Händen oder einem Gegenstand herum und haben einen verbissenen Gesichtsausdruck, wirken Sie unsicher.

Nicht zu viel vornehmen

Sind Sie nicht sehr geübt im Abhalten von Präsentationen, sind sehr aufgeregt oder haben sich bisher noch nie Gedanken über die Art und Weise Ihres Auftretens gemacht, ist es nicht sinnvoll, dass Sie sich vor einer Präsentation eine lange Liste von Dingen vornehmen, auf die Sie achten wollen bzw. was Sie dieses Mal nicht machen wollen (z. B. „Dieses Mal werde ich nicht die Hände in die Hosentaschen stecken, ganz ruhig an einem Platz stehen bleiben, ...“). Effektiver ist es, sich einen oder maximal zwei Punkte vorzunehmen, die Sie bei dieser Präsentation verbessern möchten: Übung macht den Meister.

CD-ROM

Checkliste 76: Überprüfung des eigenen Vortragsstils

Verbesserungspotenzial	ja	nein
Keine Monologe	☐	☐
Außerordentlich höflich	☐	☐
Gelöst und nicht schwerfällig	☐	☐
Souverän, nicht affektiert	☐	☐
Nicht gekünstelt, nicht zu lässig	☐	☐
Natürlich und authentisch	☐	☐
In Tonfall und Sprechgeschwindigkeit variiert	☐	☐
Deutlich und laut	☐	☐
Angemessene Gesten	☐	☐
Ruhiges Agieren	☐	☐
Keine Füllfloskeln (nicht wahr...)	☐	☐
Nicht belehrend	☐	☐
Nicht arrogant	☐	☐
Den Blickkontakt mit den Zuhörern gesucht	☐	☐
Hohe Qualität der Aussagen	☐	☐
Wichtiges betont	☐	☐

Angemessene Pausen	☐	☐
Keine Füllwörter (äh)	☐	☐
Farbig und gefühlsbetont	☐	☐
Ironie klar gekennzeichnet (z. B. mit einem Lächeln)	☐	☐
Zuhörer einbezogen	☐	☐
Bei Overheadnutzung nicht den Blick verstellt	☐	☐
Nicht gehetzt (unter Zeitdruck)	☐	☐
Zwischenrufe offen aufgenommen	☐	☐
Bei Präsentationen: Blick nicht auf die Folien gerichtet	☐	☐
Präsentationsstil gewechselt	☐	☐
Fremdwörter vorsichtig eingesetzt bzw. erklärt	☐	☐
Interessante/verblüffende Fakten geliefert	☐	☐
Wichtiges durch Wiederholungen verdeutlicht	☐	☐
Sprache visualisiert	☐	☐
Anmerkungen:		

Checkliste 77: Beurteilung der eigenen Präsentation

CD-ROM

Fragen	**Beurteilung**
Hatte ich zu viel, zu wenig oder genau richtig viel Material?	
Wie kam ich mit der Zeit zurecht?	
War ich gründlich genug vorbereitet?	
Was hätte besser vorbereitet sein können?	
Welche technischen Hilfsmittel haben gefehlt?	

Was war organisatorisch gut, was war schlecht?	
Welche Informationen haben mir gefehlt?	
Welche Themen waren für die Zuhörer besonders nützlich?	
Welche Themen habe ich zu oberflächlich behandelt?	
Welche meiner Beispiele sind gut angekommen?	
Was erzeugte besonderen Applaus/besondere Zustimmung?	
Was erzeugte Widerstand?	
Welche meiner Fragen brachten die meisten Anregungen?	
Welche verbalen Aussagen kann ich zukünftig visualisieren?	
Welche Themen fehlten den Zuhörern?	
Was sollte ich an meinem Vortragsverhalten ändern (Auftreten, Kleidung, Gestik, Mimik, ...)?	
Welche Ideen von Zuhörern sollte ich in meinen nächsten Vortrag einbauen?	

Erfolgreiches Zeitmanagement

Herrn Bergs Aufgabenbereich hat sich rasant vergrößert. Er hat das Gefühl, immer weniger Zeit zu haben und dafür umso mehr Aufgaben bewältigen zu müssen. Deshalb sucht er Rat bei seinem Mentor Herrn Weigert, wie er mit seiner Zeit besser umgehen kann.

Was bedeutet Zeitmanagement?

Zeitmanagement beinhaltet das systematische und disziplinierte Planen Ihrer Zeit. Ziel dabei ist, Ihre Zeit optimal zu gestalten – und zwar nicht nur im Beruf, sondern in allen Lebensbereichen –, um mehr Zeit für die wichtigen Dinge zu haben. Sie können durch eine systematische Zeitplanung erstaunlich viel Zeit gewinnen.

Definition

ZEITMANAGEMENT WIRD DEFINIERT ALS

- die Fähigkeit, die Zeit möglichst effektiv einzusetzen,
- die Fähigkeit, die eigene Zeit und Arbeit zu beherrschen, anstatt von ihnen beherrscht zu werden,
- das Finden einer eigenen Struktur zur effizienten Erledigung anstehender Aufgaben und Aktivitäten,
- das Bewusstsein der eigenen Ziele im Privat- und Berufsleben sowie das Erreichen einer persönlichen Balance,
- ein Kernstück jeglicher Arbeitsmethodik sowie eines erfolgreichen Selbstmanagements.

Welchen Nutzen bringt mir Zeitmanagement?

Die wesentlichen Dinge in weniger Zeit

Zeitmanagement hilft Ihnen nicht nur dabei, Zeit zu gewinnen, sondern unterstützt Sie auch dabei, die wirklich wesentlichen Dinge zu erledigen. Mit einem systematischen Zeitmanagement behalten Sie immer die wichtigen Dinge im Blick.

VORTEILE KONSEQUENTEN ZEITMANAGEMENTS

- Konzentration auf das Wesentliche
- Entscheidung über Prioritäten und Delegation
- Erledigung der wichtigsten Dinge in der richtigen Zeit
- Reduzierung von Verzettelung
- Reduzierung von Stress und Zeitdruck
- Steigerung der Leistungsfähigkeit
- Steigerung der Arbeitsproduktivität und -effizienz
- Rationalisierung durch Aufgabenbündelung
- Förderung der Zufriedenheit, weil Dinge pünktlich und korrekt erledigt werden
- Überblick und Klarheit über die Tagesanforderungen
- Selbstdisziplin in der Aufgabenerledigung
- Ausschaltung von Vergesslichkeit
- Abbau und Handhabung von Störungen
- Gelassenheit bei unvorhergesehenen Ereignissen
- Höhere Zufriedenheit und Motivation
- Schaffung von Freiräumen für Kreativität und Nachdenken

In welchen Zusammenhang stehen Planung und Zeitmanagement?

Exkurs: Planung

Planung ist der Versuch, aus einer intransparenten Zukunft konkrete Realität zu machen. Dazu müssen wir Annahmen treffen, Szenarien voraussetzen und Erfahrungen der Vergangenheit einfließen lassen. Um zu überprüfen, ob die reale Entwicklung der geplanten Entwicklung (und damit der Vorannahme) entspricht, muss ein zeitlicher Verlauf definiert werden.

Dabei umfasst Planung deutlich mehr als reines Zeitmanagement. Je nach Zielsetzung, Aufgabe oder Projekt gilt es, folgende Aspekte in der Planung zu berücksichtigen:

Aspekte der Planung

- Organisation, Kompetenzen, Verantwortungen, Entscheider und Entscheidungswege
- Kommunikation, Information
- Beteiligte und Zielgruppen (Mitarbeiter, Berater, Kunden, Lieferanten, Interessengruppen, Öffentlichkeit etc.)
- Berichtswesen, Dokumentation
- Aktivitäten, Aufgaben
- Personaleinsatz, Verfügbarkeit
- Qualifikation, Ausbildungen

- Ressourcen, Ausstattungen, Rahmenbedingungen (intern und extern)
- Budget
- Qualitätssicherung, Controlling
- Risikoplan, Katastrophenpläne, Änderungsverfahren
- Termine

Herausfordernd wird eine Planung dadurch, dass Sie für verschiedene Variabeln in der Regel keine festen Kenngrößen haben: Wie viel Zeit braucht die Arbeit wirklich? Mit wie viel „Man-Power“ können die Aufgaben gelöst werden? „Wie viel Budget brauchen wir?“ und viele dieser Fragen mehr.

Trotzdem wird nur die möglichst exakte Schätzung der Variablen den Erfolg und eine effiziente Durchführung der Aufgabe gewährleisten. Hilfreich sind hierbei:

- feste Vorgabewerte
- Daten aus vergangenen Projekten
- und in manchen Fällen auch Intuition, Erfahrung, „Gefühl“

Techniken und Trendanalysen

Um mögliche Entwicklungen einschätzen zu können, bieten sich Techniken an, wie z. B. die Szenariotechnik –, mit denen Sie versuchen können, mögliche Entwicklungen einzuschätzen, oder Trendanalysen, um frühzeitig erkennen zu können, ob Ihre Projekte noch der Planung entsprechen und wann Sie gegensteuernde Maßnahmen ergreifen müssen.

Fragen Sie immer, welche Auswirkung die Änderung einer Variablen (z. B. Zeit) auf die anderen hat (Kosten, Qualität, „Man-Power“ etc.).

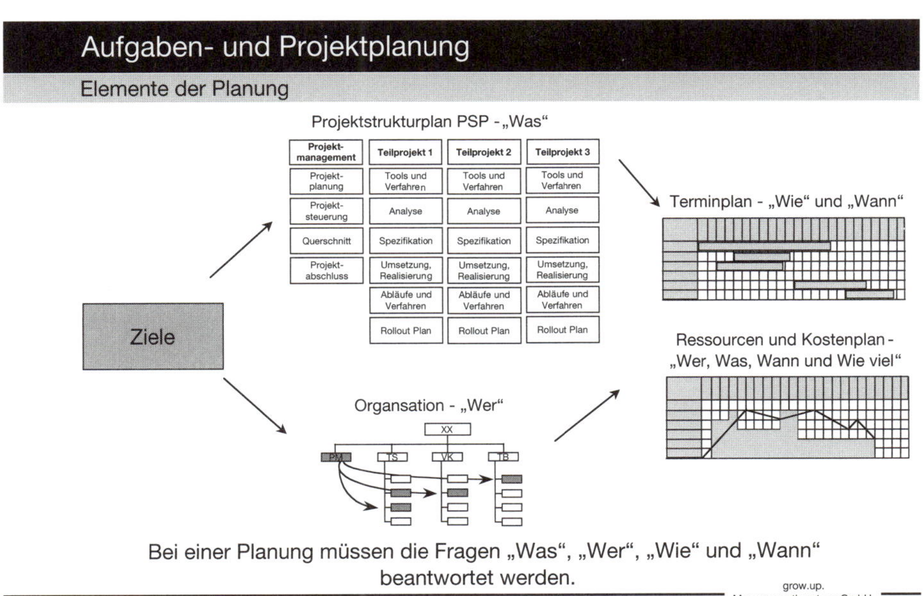

Bei einer Planung müssen die Fragen „Was“, „Wer“, „Wie“ und „Wann“ beantwortet werden.

Planungshilfen

Umfassende Planungshilfen kommen aus dem Projektmanagement. Im Alltag und für kleinere Aufgaben bieten einfache Checklisten oft schon große Unterstützung.

CD-ROM

Einfache Planungshilfen

Maßnahmenplan

wer	macht was	mit wem	bis wann	an wen wird berichtet

grow.up. Managementberatung GmbH

„Mentales Training“

Planung hat also ausschließlich positive Effekte. Man setzt sich geistig mit einer kommenden Situation auseinander. Nichts anderes vollzieht sich bei einem der wesentlichen Trainingselemente im Hochleistungssport, dem „mentalen Training“. Mit Planung und der mentalen Auseinandersetzung „trainieren“ Sie die Situation im Vorfeld, Sie bereiten sich vor.

Durch die Planung und das geistige Vorwegnehmen können Sie erkennen, welche Chancen, aber auch Probleme oder Gefahren mit den kommenden Situationen verbunden sind. Sie können sich frühzeitig darauf einstellen und verschiedene Verhaltensalternativen „im Kopf“ ausprobieren, ja sogar üben. Dadurch gewinnen Sie Sicherheit. Sie müssen nicht so stark „ad hoc“ reagieren, sondern gewinnen Zeit, um Schwachstellen im Vorfeld zu beseitigen. Das verändert letztendlich Ihr Auftreten und Handeln in der realen Situation und führt dazu, dass Sie solche Situationen erfolgreicher meistern.

Neben dem „mentalen Trainieren“ des Verhaltens wirkt die gedankliche Auseinandersetzung mit einer Situation neben der bewussten auch über eine unbewusste Ebene auf das Handeln. Stellen Sie sich vor, Sie sind eine kommende, für Sie sehr wichtige Besprechungssituation einige Male „mental“ durchgegangen und haben alle Schritte Ihrer Überzeugungsrede „geplant“ und „durchgespielt“. Sie fühlen sich gut gewappnet und denken: „Ich kann andere von meinen Ideen überzeugen, also wird es mir auch bei meinem Chef gelingen". Diese Meinung wirkt auf Ihr Verhalten: Sie gehen entspannt mit hohem Glauben an Ihre Überzeugungskraft an die Situation heran – und werden sich entsprechend verhalten. Unsere innere, bewusste und unbewusste Haltung beeinflusst so auch das Gelingen oder Nichtgelingen in einer Situation. Dieses viel beobachtete Phänomen nennt man eine „sich selbst erfüllende Prophezeiung", die beschreibt, dass die positive – aber auch die negative – Auseinandersetzung mit einer Situation dazu führt, dass die Situation wie erwartet eintritt.

„Egal, ob du glaubst, du kannst es oder du kannst es nicht – du hast auf jeden Fall Recht."

„CONTROLLER-FEHLER" VERMEIDEN

Der Plan ist nicht das wirkliche Leben – machen Sie nicht den „Controller-Fehler". Verlieben Sie sich nicht in Ihren Plan, sonst fangen Sie irgendwann an zu glauben, dass der Plan die Wahrheit sei. Sie fangen an zu verzweifeln, wenn sich Dinge nicht wie geplant entwickeln. Ein Plan soll eine Richtlinie sein, soll Rahmen und Eckpunkte setzen. Nur wenn Sie etwas tun, was sehr gut durchgetestet und geübt ist, kann ein Plan sogar zur Ausführungsregelung werden.

Insgesamt gilt:

- Lieber ein ganz kleiner und unvollständiger Plan als gar keiner.
- Wichtiger als die Feststellung der Planabweichung ist die Untersuchung der Gründe und die Arbeit an der Ursache der Abweichung.
- Pläne sollen unser Handeln leiten, aber nicht rigide einengen. Im Zweifel muss man einen Plan aufgeben oder modifizieren.

Wie kann ich den Umgang mit meiner Zeit verbessern?

Folgende zehn Regeln führen zu einem besseren Zeitmanagement:

1. Erstellen Sie ein Zeitprotokoll

TO DO

Wenn Sie den Umgang mit Ihrer Zeit verbessern wollen, sollten Sie zuerst schauen, wo Ihre Zeit eigentlich bleibt. Ein Zeitprotokoll ermöglicht einen exakten Überblick über den tatsächlichen Zeitverbrauch. Schreiben Sie einen Tag oder eine Woche lang auf, wie viel Zeit Sie für welche Aktivitäten brauchen.

2. Machen Sie die „Zeitdiebe“ dingfest

Das ständig klingelnde Telefon, eine unklare bzw. fehlende Zielsetzung, ein überhäufter Schreitisch, Unterbrechungen, eine schlechte Tagesplanung – all diese Dinge zählen zu den Zeitdieben. Sie stehlen erbarmungslos Ihre Zeit, sodass Sie am Ende eines Tages oft sagen: „Ich war den ganzen Tag beschäftigt, zu den wirklich wichtigen Dingen bin ich aber gar nicht gekommen.“ Oft mogeln sich Zeitdiebe dazwischen und nehmen Sie in Beschlag. Finden Sie heraus, welches Ihre persönlichen Zeitdiebe sind und machen Sie sie „dingfest“.

3. Setzen Sie Prioritäten

Entscheiden Sie, was wichtig ist und was nicht. Lassen Sie sich nicht von Aufgaben blenden, die „ganz dringend“ sind, aber eben nicht wichtig. Handeln Sie nach der Devise: „First things first“. Kümmern Sie sich also zuerst um die wirklich wichtigen Angelegenheiten. Das sind übrigens nicht unbedingt die, die sich in den Vordergrund schieben. Halten Sie schriftlich fest, welches Ihre vorrangigen Ziele sind und welche auf der Prioritätenliste nach hinten rutschen können.

4. Planen Sie

Wer planlos seine Aufgaben beginnt, verschleudert viel Zeit. Legen Sie sich einen Plan zurecht, wie Sie was und vor allem in welcher Reihenfolge angehen wollen. Erfahrungen zeigen, dass sich Arbeit, die vorher geplant wurde, entscheidend in der Durchführungszeit reduziert.

5. Setzen Sie sich Fristen

Nutzen Sie die positive Kraft einer Deadline. Denn Arbeit hat die merkwürdige Angewohnheit, sich so lange hinzuziehen, wie man Zeit für sie eingeräumt hat. Wenn Sie jemanden um die Erledigung einer Aufgabe innerhalb von zwei Wochen bitten, dann wird derjenige mit hoher Wahrscheinlichkeit auch diese zwei Wochen benötigen. Setzen Sie sich selbst Zeitgrenzen. Das führt dazu, dass Sie sich während der Arbeit automatisch stärker und vor allem auf das Wesentliche und wirklich Wichtige konzentrieren. Ein ungeheurer Zeitgewinn!

6. Delegieren Sie

Delegieren Sie, wo es möglich ist. Alles, was andere tun könnten, sollten andere auch tun. Denken Sie aber daran, nicht nur unliebsame Aufgaben abzugeben. Sonst fühlen sich andere schnell missbraucht.

7. Agieren Sie vorausschauend

Langfristige Planung und Vorbereitung tragen dazu bei, Problemen und stressigen Situationen vorzubeugen. Handeln Sie rechtzeitig und versuchen Sie, auch lästige Aufgaben nicht ewig vor sich her zu schieben. So vermeiden Sie unnötige Engpässe.

8. Bündeln Sie Routineaufgaben

Wenn Sie „Kleinkram“ und Routinetätigkeiten in Serienfertigung erledigen, indem Sie gleichartige Aufgaben zu Arbeitsblöcken zusammenfassen, werden Sie Ihre Arbeit schneller als bisher bewältigen. Denn Sie brauchen die Arbeitsgänge insgesamt nur einmal vorzubereiten.

9. Legen Sie Pausen ein

Zu langes und intensives Arbeiten macht sich nicht bezahlt. Konzentration und Leistungsfähigkeit lassen nach und Fehler schleichen sich ein. Manch einer gönnt sich keine Pause, weil so viel zu erledigen ist. Dabei sind Pausen unerlässlich, wenn die Konzentration und Leistungsfähigkeit über einen längeren Zeitraum erhalten bleiben soll. Richtige Pausen sind keine Zeitverschwendung, sondern erholsames Auftanken von Energie. Wer nicht regelmäßig Pausen einlegt (etwa alle 90 Minuten), erreicht sehr schnell sein Leistungstief.

10. Vermeiden Sie ungeplante, impulsive Aktivitäten

Kennen Sie das? Plötzlich, während Sie am Schreibtisch arbeiten, fällt Ihnen etwas ganz anderes ein – dass Sie z. B. einen Bekannten unbedingt anrufen wollen, um etwas zu klären etc. Geben Sie diesen Impulsen nur nach, wenn die Unterbrechung für Ihre momentane Tätigkeit sinnvoll ist. Ansonsten lassen Sie sich vom Weiterarbeiten nicht abhalten. Schreiben Sie eine kurze Notiz, um den spontanen Gedanken nicht zu vergessen. Arbeiten Sie dann aber weiter, sonst benötigen Sie wieder einige Zeit, um in den Arbeitsprozess zurückzufinden.

Wie erstelle ich ein Zeitprotokoll?

Ein Zeitprotokoll ermöglicht Ihnen einen Überblick, wo Ihre Zeit eigentlich bleibt. Um Zeitfresser ausmerzen zu können, müssen Sie erst wissen, was Ihnen Ihre Zeit stiehlt.

Überprüfen Sie: Wofür verbrauche ich wie viel Zeit?

Um einen exakten Überblick über Ihren tatsächlichen Zeitverbrauch zu bekommen, sollten Sie für eine Woche Folgendes tun: Schreiben Sie in einem Zeitprotokoll genau auf, wie viel Zeit Sie für welche Aktivitäten verbrauchen. Das erfordert ein bisschen Disziplin, aber nur so werden Sie erkennen, wie viel Zeit Sie tatsächlich wofür verwenden. Ich empfehle Ihnen, eine möglichst normale Woche zu nehmen und nicht gerade die Urlaubszeit oder eine andere Ausnahmezeit.

Checkliste 78: Zeitprotokoll

Tätigkeit	Start	Ende	Unterbrechungen	Zeitaufwand

Analysieren Sie Ihr Zeitprotokoll

Nach der Woche können Sie dann Ihr Zeitprotokoll analysieren. Suchen Sie nach den Aktivitäten, für die Sie die meiste Zeit investieren. Fragen Sie für jede der Aktivitäten, ob Sie weiterhin bereit sind, so viel Zeit dafür aufzuwenden.

Beantworten Sie sich nun für jede Tätigkeit folgende Fragen:

- War die Tätigkeit notwendig?

  Waren mehr als 10 Prozent der Tätigkeiten nicht unbedingt notwendig, dann liegt die Ursache in der Delegation und beim Setzen von Prioritäten.

- War der Zeitaufwand gerechtfertigt?

  War in mehr als 10 Prozent der Fälle der Zeitaufwand zu groß, dann müssen Sie die Ursachen näher untersuchen (Arbeitstechniken, Konzentration, Selbstdisziplin etc.).

- War die Ausführung zweckmäßig?

  War in mehr als 10 Prozent der Fälle die Ausführung nicht zweckmäßig, dann liegt der Schwerpunkt bei Planung, Organisation, Selbstrationalisierung.

- War der Zeitpunkt der Ausführung sinnvoll?

  War in mehr als 10 Prozent der Fälle der gewählte Zeitpunkt nicht sinnvoll, dann liegt die Ursache in der Planung und der Disposition Ihrer Arbeitszeit (Tagesgestaltung, Arbeitsvorbereitung, Leistungskurve etc.).

Checkliste 79: Tätigkeits- und Zeitanalyse

Tätigkeit	Notwendig?	Gerechtfertigt?	Zweckmäßig?	Sinnvoll?

Welche Zeitdiebe gibt es und wie kann ich sie dingfest machen?

Zeitdiebe stehlen Ihre Zeit. Meistens sind es Personen oder Tätigkeiten, die viel Zeit in Anspruch nehmen, Ihnen unglaublich auf die Nerven gehen und Sie am Ende mit wenigen Ergebnissen frustriert zurücklassen. Es gibt Zeitdiebe in uns selbst und Zeitdiebe in unserer Umgebung.

Zeitdiebe in uns selbst

- Zielloses Handeln
- Fehlende Prioritäten
- Aufschieberitis´
- Disziplinlosigkeit
- Mangelnde Selbstorganisation
- Fehlende Tagesplanung
- Viele Aufgaben gleichzeitig
- Nicht Nein sagen können
- ...

- Mangelnde Kommunikation durch andere fehlende Informationen
- Chaos bei anderen
- Schlechte Absprachen
- Unklare Anforderungen

- Ungeplante Zusatzaufgaben
- Termindruck
- Häufige Unterbrechungen durch Telefonate
- Warten auf Gesprächspartner, Kunden, Chefs, Mitarbeiter usw.
- ...

Checkliste 80: Zeitdiebe

Zeitdiebe	Mögliche Lösungen
Fehlende Planung und Organisation	
Ich habe kein Planungssystem.	Legen Sie sich ein Zeitplanbuch oder ein zu Ihnen passendes System zu.
Ich plane meine Arbeitstage nicht oder zu wenig.	Planen Sie am Abend des Vortages, welche Aufgaben am nächsten Tag unbedingt erledigt werden müssen.
Ich fürchte, den Überblick zu verlieren.	Mit einem Zeitplanbuch haben Sie eine bessere Übersicht als mit dem Stapel aller Unterlagen auf dem Tisch.
Ich bin auch ohne Planung erfolgreich.	Berücksichtigen Sie, dass geplante Aktivitäten sehr viel häufiger zu guten Ergebnissen führen als ungeplante.
Bei mir verläuft jeder Tag anders und Unvorhergesehenes kann ich ohnehin nicht planen.	Planung schafft Zeiträume für Unvorhergesehenes und die wirklich wichtigen Aktivitäten.
Ich schiebe gern auf.	Nehmen Sie die wirklich wichtigste Aufgabe zuerst in Angriff. Setzen Sie sich selbst Endtermine.
Ich setzte zu wenig oder keine Prioritäten.	Legen Sie Prioritäten nach den Kriterien „Dringlichkeit“ und „Wichtigkeit“ fest und erledigen Sie zuerst die Aufgaben mit den höchsten Prioritäten.
Ich setze keine oder zu selten Endtermine für die Aufgaben.	Setzen Sie sich bei allen Aufgaben einen realistischen Termin und halten Sie diesen auch ein.
Hast und Ungeduld	
Ich versuche, zu viel innerhalb zu kurzer Zeit zu tun.	Tun Sie weniger selbst, delegieren Sie mehr.
Ich bin zu ungeduldig, um mich auch im Detail um Dinge zu kümmern.	Erledigen Sie alle Aufgaben konsequent und richtig. Sparen Sie sich die Zeit, das Ganze später noch einmal anfangen oder überarbeiten zu müssen.

Unentschlossenheit	
Ich habe Angst, Fehler zu machen.	Erkennen Sie, dass jeder Fehler die Möglichkeit neuer Erfahrungen bietet (Lernprozess).
Meine Entscheidungen sind häufig emotional, nicht so sehr rational.	Sammeln Sie Tatsachen, setzen Sie Ziele und untersuchen Sie Alternativen. Verwenden Sie bewährte Entscheidungstechniken und führen Sie die getroffene Entscheidung auch durch.
Ich muss vor einer Entscheidung immer alle Fakten kennen.	Akzeptieren Sie Risiken als unvermeidbar. Treffen Sie Entscheidungen auch, ohne alle Tatsachen zu kennen. Oft ist eine mittelmäßige Entscheidung besser als keine Entscheidung.
Manche Sachen mache ich einfach ungern (fehlende Initiative, mangelnde Motivation).	Finden Sie die Gründe für Ihre eventuelle Unzufriedenheit heraus (Arbeitseinstellung, Mitarbeiter, Tätigkeiten).

Checkliste 81: Meine Zeitdiebe

CD-ROM

Meine Zeitdiebe	Das kann ich künftig dagegen tun

Wie setze ich Prioritäten?

Eisenhower-Prinzip

Sotieren Sie Ihre Aufgaben nach Wichtigkeit und Dringlichkeit und vergeben Sie danach die Priorität der Aufgabe. Das „Eisenhower-Prinzip“ ist dabei hilfreich. Es macht Ihnen deutlich, dass nicht alles, was dringlich ist, auch wichtig ist. Tun Sie Wichtiges vor dem Dringenden.

CD-ROM

Das Eisenhower-Prinzip

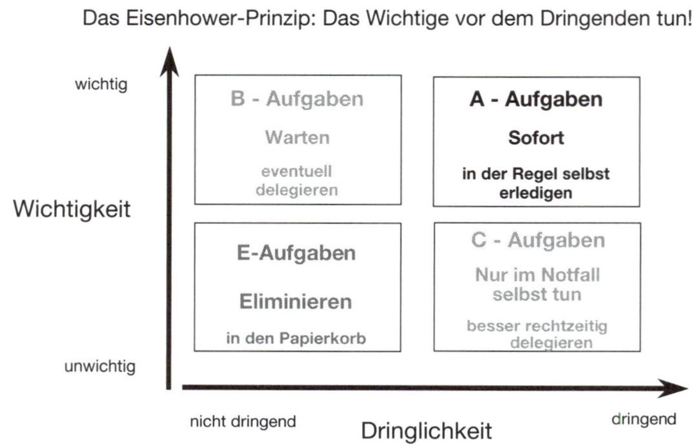

grow.up. Managementberatung GmbH

Wichtig sind diejenigen Aktivitäten, die zum Erreichen Ihrer Ziele beitragen und/oder das größte Erfolgspotenzial beinhalten. Wichtige Aufgaben sind von Ihren Auswirkungen und Folgen her gewichtig. Sie sind eher strategischer, langfristiger und präventiver Natur.

Dringende Aufgaben haben einen festen, in der Regel sehr nahen Termin, zu dem sie abgeschlossen werden müssen. Dringende Aufgaben sind z. B. Präsentationen, Vorbereitungen für Kundentermine, Deadlines usw.

Die folgenden Fragen werden Ihnen die Dimensionen „Wichtigkeit“ und „Dringlichkeit“ deutlicher machen.

Wichtigkeit

- Welche Folgen sind zu erwarten?
- Wie hoch sind die Kosten?
- Wie groß ist der Schaden?
- Wer ist noch betroffen?

Dringlichkeit

- Bis wann muss die Aufgabe erledigt sein?
- Wie viel Zeit habe ich?
- Wie dringend ist die Aufgabe jetzt?

Die nachfolgende Kategorisierung bietet Ihnen fünf Klassen für Ihre Aufgaben, mit denen Sie sie basierend auf den Dimensionen „Wichtigkeit" und „Dringlichkeit" einteilen können. Kennzeichnen Sie jede Ihrer Aufgaben mit einem der folgenden Buchstaben.

A-Aufgaben

A-Aufgaben sind dringend und wichtig. Oft stellen sich Ihnen Aufgaben der Klasse A in einer Krisensituation, z. B. wenn viel auf dem Spiel steht (= wichtig) und wenn Probleme schnell gelöst werden müssen (= dringend). Die Aufgabenklasse A beinhaltet Dinge, die Sie auf jeden Fall erledigen müssen. Bei Nichterledigung dieser Aufgaben könnten sich ernsthafte Konsequenzen ergeben. Wenn Sie mehrere A-Aufgaben haben, empfehle ich Ihnen, diese mit A1, A2, A3 usw. zu kennzeichnen.

B-Aufgaben

Aufgaben der Klasse B sind solche, die im Augenblick noch nicht dringend, aber für die Zukunft wichtig sind. Wenn Sie Aufgaben der Klasse B vernachlässigen, geraten Sie möglicherweise schnell in eine Krisensituation, dann werden aus den B-Aufgaben sofort A-Aufgaben. Zu den B-Aufgaben gehören oft Aktivitäten, die einen präventiven oder strategischen Charakter haben. Ich empfehle Ihnen, nie etwas von Ihrer B-Liste in Angriff zu nehmen, bevor Sie nicht alle A-Prioritäten erledigt haben.

C-Aufgaben

In die Aufgabenklasse C gehört das typische Tagesgeschäft. Es handelt sich dabei um solche Aufgaben, die dringend (weil sie schnell erledigt werden müssen), aber langfristig gesehen nicht wichtig sind. Bedenken Sie, dass C-Aufgaben zu A-Aufgaben werden können, wenn sie nicht rechtzeitig erledigt werden. Auch C-Aufgaben müssen erledigt werden, aber nicht von Ihnen. Ich empfehle Ihnen, diese Aufgaben zu delegieren.

D-Aufgaben

D steht für Delegation. Damit Sie frei sind für die Aufgaben, die wirklich zu Ihrem aktuellen Erfolg beitragen, sollten Sie alles, was möglich ist, delegieren. Ihre Fähigkeit zu delegieren ist eine der wichtigsten Fertigkeiten im Leben. Oft lassen sich B- und C-Aufgaben und von den A-Aufgaben vor- und nachbereitende Arbeiten delegieren. Tun Sie nichts, nur weil Sie es gerade können oder weil es Ihnen Freude macht.

E-Aufgaben

Der Buchstabe E steht für Eliminieren. Streichen Sie so viele E-Aufgaben, wie Sie können, aus Ihrer Liste. Auf diese Weise gewinnen Sie Zeit, die Sie dann für wichtigere Dinge einsetzen können. Eliminieren Sie Aufgaben, die Sie vielleicht aus Gewohnheit weiter erledigen. Durchdenken Sie alles, was Sie tun. Ist es überhaupt noch nötig?

NOCH EINMAL ZUSAMMENGEFASST:

Erledigen Sie A- und B Aufgaben immer zuerst vor allen anderen. Dann gehen Sie an die C-Aufgaben. Vielleicht können Sie einige dieser Aufgaben an jemand anderen delegieren. Die E-Aufgaben, die Sie nicht erledigen wollen, brauchen Sie einfach nur zu ignorieren. Sie verschwinden sozusagen von alleine.

CD-ROM

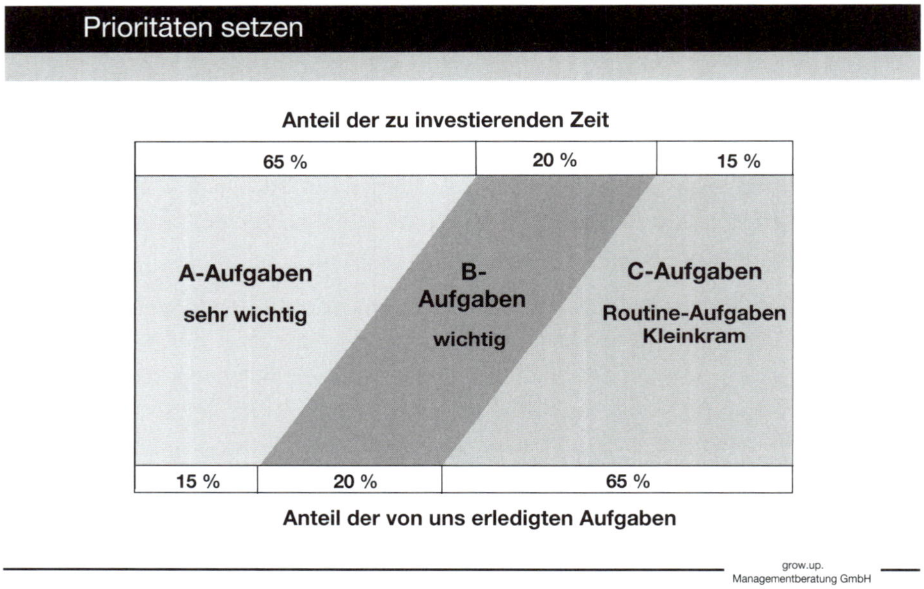

Das Pareto-Prinzip

Vilfredo Pareto (ital. Ökonom, 19. Jh.) stellte fest, dass 20 Prozent der Bevölkerung 80 Prozent des Volksvermögens besaßen. Beobachtungen haben gezeigt, dass sich dieses Prinzip auch auf unsere Zeitnutzung anwenden lässt. In 20 Prozent unserer Zeit erreichen wir 80 Prozent unserer Erfolge und in 80 Prozent unserer Zeit erreichen wir nur 20 Prozent unserer Erfolge. Das bedeutet, ein Großteil dessen, was uns zermürbt, stresst und erschöpft, bringt uns nur wenig Erfolg und Befriedigung. Zeitmanagement versucht, die 80 Prozent der schlecht genutzten Zeit besser zu nutzen.

Das Pareto-Prinzip

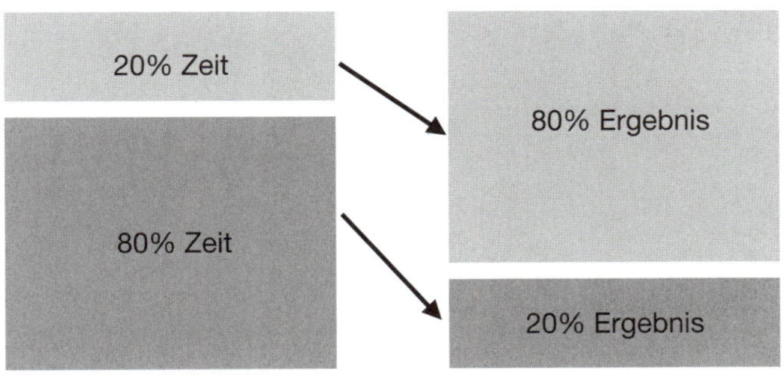

In 20% unserer Zeit erreichen wir 80% unserer Erfolge und
in 80% unserer Zeit erreichen wir nur 20% unserer Erfolge.

grow.up. Managementberatung GmbH

Nutzen Sie das Pareto-Prinzip, wenn Sie Prioritäten auf Ihre Aufgabenliste setzen. 20 Prozent dessen, was Sie heute tun, sollte 80 Prozent der Ergebnisse bringen. Wenn Sie eine Liste mit zehn Punkten haben, werden zwei Punkte auf dieser Liste wichtiger sein als alle acht anderen zusammen. Die 20 Prozent sind nicht einfach zu erledigen, die 80 Prozent jedoch sind leicht und machen Spaß. Welche werden Sie erledigen? Wenn Sie sich selbst disziplinieren, die 20-Prozent-Aufgaben zu erledigen, dann haben Sie wirklich die Kontrolle über Ihre Arbeit und Ihre Zeit.

ÜBERPRÜFEN SIE IHRE EIGENE AUFGABENVERTEILUNG

Welche 20 Prozent der Aktivitäten bringen Ihnen in der täglichen Arbeit 80 Prozent des Erfolgs?

Checkliste 82: Pareto-Prinzip I

Aktivität	Zeitanteil	Anteil am Erfolg

Und jetzt andersherum! Welche Aktivitäten sind sehr zeitaufwändig, tragen aber kaum zum Erfolg der täglichen Arbeit bei?

CD-ROM

Checkliste 83: Pareto-Prinzip II

Aktivität	Zeitanteil	Anteil am Erfolg

Wie kann ich durch Planung meine Zeit besser nutzen?

Planung spart Zeit

Viele Menschen behaupten, sie hätten zu viel zu tun, um zu planen. Das ist zu kurz gedacht, denn tatsächlich verkürzt eine gute Planung den Aufwand für eine Aufgabe oft erheblich. Planen spart Zeit und das Arbeitsergebnis hat oft eine bessere Qualität. Vorher gut zu planen bedeutet also, schlauer zu arbeiten. Ich empfehle Ihnen, bei Ihrer Planung Folgendes zu beachten:

TO DO

1. Planen Sie täglich fünf bis 15 Minuten

Reservieren Sie sich fünf bis 15 Minuten ungestörte Zeit, um den Tag zu planen. Dafür eignet sich zum Beispiel die Zeit morgens nach dem Frühstück. Oder planen Sie abends vor dem Schlafengehen den kommenden Tag. Am Ende eines Tages sollten Sie Ihre Tagesplanung überprüfen. Aufgaben, die Sie heute nicht geschafft haben, übertragen Sie in Ihre Planung für den nächsten Tag.

Sie können auch am Wochenende oder am Montagmorgen für die gesamte kommende Woche planen. Die Wochenplanung hat den Vorteil, dass Ihr Fokus mehr auf den langfristigen und strategischen Ergebnissen liegt. Planen Sie für eine Woche, müssen Sie aber trotzdem täglich Ihren Plan überprüfen und Unvorhergesehenes in Ihren Plan einarbeiten.

2. Planen Sie die geschätzte Dauer Ihrer Aufgaben

Überlegen Sie sich zu jeder Aufgabe, wie lange Sie wohl dafür brauchen werden. Aber Vorsicht: Schätzen Sie nicht zu knapp. Wenn Sie zu knapp kalkulieren, geraten Sie später mit Ihrem Zeitplan völlig durcheinander. Planen Sie auch, wann Sie anfangen und wann Sie fertig sein wollen. Eine Planung ohne Termine ist keine Planung, sondern nur ein Vornehmen.

3. Planen Sie unbedingt Pufferzeiten mit ein

Planen Sie zwischen den Aufgaben immer Pufferzeiten mit ein. Die meisten Menschen werden während ihrer Arbeit häufig gestört und unterbrochen. Dagegen kann fast niemand etwas tun. Wenn Sie Spielraum für Unterbrechungen mit einplanen, können Sie gelassener auf Unterbrechungen und Störungen reagieren und Sie geraten mit Ihren Aufgaben nicht völlig in Verzug. Verplanen Sie nie mehr als 60 Prozent Ihrer Zeit, so bleibt genug Spielraum für Unvorhergesehenes.

DIE GRUNDREGEL FÜR EINE REALISTISCHE ZEITPLANUNG LAUTET:

60 Prozent der Zeit für Aufgaben etc.
20 Prozent der Zeit für Unvorhergesehenes
20 Prozent der Zeit für Puffer

4. Schreiben Sie die jeweiligen Voraussetzungen auf

Halten Sie am besten auch alle Voraussetzungen fest, die Sie für das Erledigen der Aufgabe brauchen. Brauchen Sie vielleicht noch Informationen oder müssen Sie vorher noch mit jemandem ein Gespräch führen? Notieren Sie das alles ebenfalls. Dadurch verhindern Sie, dass Ihnen wichtige Voraussetzungen fehlen, wenn Sie anfangen wollen, Ihre Aufgabe zu bearbeiten.

5. Planen Sie Ihre Aufgaben schriftlich und ergebnisorientiert

Ihre Planung sollte grundsätzlich schriftlich erfolgen. Eine schriftliche Planung verhilft Ihnen zu einem besseren Überblick und ermöglicht eine Ergebniskontrolle. Beginnen Sie mit der Frage: „Was sind die wichtigsten Dinge, die ich heute erledigen will oder muss?" Die Antworten auf diese Frage - Ihre Aufgaben - schreiben Sie auf. Formulieren Sie Ihre Aufgaben ergebnisorientiert, als ob das Ergebnis der Aufgabe bereits fertig wäre. Statt „Bericht schreiben" schreiben Sie „Bericht fertig gestellt". Sie wollen schließlich ein Ergebnis erreichen und schreiben den Bericht nicht um der Tätigkeit willen. Die Formulierung „Bericht fertig gestellt" lässt auch eher die Möglichkeit offen, die Aufgabe zu delegieren.

6. Seien Sie flexibel bei Ihrer Planung

Ein Plan ist immer nur eine Hilfe zum Nachdenken darüber, was wichtig und was weniger wichtig ist und was Sie an einem Tag alles schaffen wollen. Wenn Sie Ihren Plan wegen unvorhersehbarer Dinge nicht einhalten können, müssen Sie ihn eben ändern. Sie sollten aber nicht zu großzügig sein, wenn es darum geht, Ihre Pläne wieder zu ändern. Wenn Sie dauerhaft mit Ihrer Zeitplanung in Verzug geraten, dann müssen Sie vielleicht ein bisschen disziplinierter vorgehen. Überprüfen Sie dann auch, ob Sie sich vielleicht zu viel auf einmal vornehmen und ob Sie die Zeiten für Ihre Aufgaben vielleicht zu knapp planen.

Was bedeutet Tagesplanung nach der ALPEN-Methode?

Eines der wichtigsten Instrumente für effektives Arbeiten ist der Tagesplan. Ein realistischer Tagesplan enthält grundsätzlich nur das, was Sie an diesem Tag erledigen wollen, müssen und vor allem auch können! Je mehr Sie die gesetzten Ziele für erreichbar halten, desto mehr mobilisieren Sie auch Ihre Kräfte und konzentrieren sich darauf, sie zu erreichen. Tagespläne verschaffen Ihnen einen schnellen Überblick und stellen sicher, dass Sie nichts vergessen.

Tagesplanung in fünf Stufen

Die ALPEN-Methode hilft Ihnen, Ihren Tag systematisch in fünf Stufen zu planen. Die Methode ist relativ einfach und erfordert nach einiger Übung nicht mehr als durchschnittlich fünf bis zehn Minuten tägliche Planungszeit. Sie ist darüber hinaus leicht zu behalten, da ihre Anfangsbuchstaben einen gegenständlichen Begriff wiedergeben.

A **Aufgaben zusammenstellen**
Dazu gehören Termine, vorgesehene Aufgaben aus der Wochenplanung, Unerledigtes vom Vortag, neu Hinzugekommenes oder auch periodische Tätigkeiten (Post, Telefonate, Besuch etc.).

L **Länge der Tätigkeiten schätzen**

P **Pufferzeiten für Unvorhergesehenes schaffen**
Verplanen Sie nur 60 Prozent Ihrer Tageszeit und reservieren Sie die restliche Zeit für Unvorhergesehenes.

E **Entscheidung über Prioritäten**
Setzen Sie Prioritäten, delegieren Sie Aufgaben und Termine.

N **Nachkontrolle**
Am Ende eines Arbeitstages überprüfen Sie Ihren Tagesplan. Alle unerledigten Aufgaben übertragen Sie entweder auf einen der kommenden Tage oder in Ihre Aktivitätenliste.

Warum soll ich eine Aktivitätenliste anfertigen und wie gehe ich dabei vor?

In der Aktivitätenliste halten Sie alle Aufgaben fest, die in Ihrer Verantwortung liegen. Die Aktivitätenliste ist ein Instrument zur laufenden Kontrolle der geplanten Aktivitäten. Sie dient dazu,

- Überblick und Ordnung für Ihre Aufgaben zu schaffen,
- Prioritäten zu setzen,

- Verzettelung zu verhindern,
- die eigenen Kräfte immer wieder zu konzentrieren,
- Transparenz zu schaffen,
- Sie laufend an Kernaufgaben zu erinnern.

SO GEHEN SIE VOR

TO DO

- Tragen Sie jede Aktivität, für die Sie verantwortlich sind, in Ihre Aktivitätenliste ein.
- Versehen Sie jede Aktivität mit einem Fertigstellungstermin.
- Ordnen Sie jeder Aktivität eine Priorität zu.
- Überprüfen Sie bei Ihrer regelmäßigen Tages-, Wochen- und Monatsplanung Ihre Liste. Fügen Sie neue Aktivitäten hinzu. Erledigte Aktivitäten erhalten den Status „o.k.“. Aktivitäten, deren Fertigstellungstermin bereits überschritten ist, terminieren Sie neu.
- Aktivitäten, für die Sie verantwortlich sind, die Sie jedoch nicht unbedingt selbst erledigen müssen, können Sie - falls möglich - an jemand anderen delegieren. Für die Terminüberwachung sind jedoch Sie zuständig.

Checkliste 84: Aktivitätenliste

CD-ROM

Datum	Aktivität (Was?)	Bis wann?	Priorität	Wer/mit wem?	O.k.?

Was ist ein Zeitplanbuch?

Vielfältige Einsatzmöglichkeiten

Zeitplanbücher sind weit mehr als einfache Terminkalender. Sie sind ein Führungsinstrument für die Zeit- und Zielplanung. Ein Zeitplanbuch enthält Termine, Aktivitätenlisten, Prioritäten, Tagespläne, Wochen- und/oder Monatsübersichten, Jahresübersichten und sonstige wichtige Informationen. Zeitplanbücher lassen sich vielfältig nutzen: als Terminkalender, Notizbuch, Planungsinstrument, Erinnerungshilfe, Adressbuch, Ideenspeicher und Kontrollwerkzeug.

VORTEILE VON ZEITPLANBÜCHERN

- Sie geben einen Überblick über anstehende Aufgaben (Aktivitätenliste) und geplante Termine (Tages-, Monats- und Jahresplan).
- Sie dienen als Planungsinstrument, indem Sie anstehenden Aktivitäten Prioritäten zuordnen und die Aufgaben dann in Ihrer Tagesplanung bzw. Monatsplanung berücksichtigen.
- Da Sie Kontakte und Aktivitäten konkret mit Terminen versehen haben, ist es für Sie einfach, am Ende eines Tages, einer Woche oder eines Monats Bilanz zu ziehen. Sie erkennen sehr schnell, welche Aufgaben erledigt sind und welche noch anstehen.
- Das Zeitplanbuch unterstützt Sie bei der Nachkontrolle.

Welche Tipps und Tricks gibt es noch, um Zeit zu sparen?

Neben dem Erstellen von Zeitprotokollen, dem Setzen von Prioritäten und dem systematischen Planen der eigenen Zeit gibt es noch eine Reihe praktischer Tipps und Tricks, mit denen Sie Zeit sparen können.

Tipp 1: Vermeiden Sie Unterbrechungen

Kennen Sie das? Sie sind konzentriert und beschäftigen sich mit einer für Sie wichtigen Aufgabe. Nun kommt alle drei Minuten jemand herein und unterbricht Sie. Da ist es schnell vorbei mit der Konzentration. Jedes Mal, nachdem Sie von einem anderen Menschen unterbrochen wurden, brauchen Sie einige Minuten, um wieder mit der gleichen Konzentration weiterzuarbeiten wie vorher. Schon allein der Gedanke, dass Sie jeden Moment wieder gestört werden können, behindert Ihre Tiefenkonzentration.

Deswegen gilt: Vermeiden Sie Unterbrechungen. Wenn Sie jemand stört, dann sagen Sie demjenigen freundlich, dass Sie im Augenblick keine Zeit haben. Vereinbaren Sie mit dem „Störenfried“ einen anderen Zeitpunkt, an dem Sie sich mit seinem Thema beschäftigen. Aber tun Sie es nicht sofort. Das verschafft Ihnen Ruhe und obendrein Respekt.

Sorgen Sie dafür, ungestört zu bleiben. Wenn Sie alleine in einem Zimmer sitzen, können Sie auch ein Schild an die Tür hängen, das anderen sagt, dass Sie jetzt nicht gestört werden wollen. Schalten Sie auch den Anrufbeantworter an, denn oft reißt uns das Telefon aus der Arbeit. Wollen Sie ganz sicher sein, dass Sie nicht gestört werden, dann ziehen Sie sich doch einfach an einen „unbekannten“ Ort zurück. Das könnte eine Bibliothek oder das Büro eines Kollegen sein.

Tipp 2: Planen Sie ausdrücklich „ruhige Stunden“ mit ein

Planen Sie einige „ruhige Stunden“ am Tag, an denen Sie völlig ungestört arbeiten können. In diesen ruhigen und störungsfreien Zeiten können Sie deutlich mehr schaffen als sonst.

Für Ihre ruhigen Stunden eignen sich am besten die frühen Morgenstunden oder der Abend. Planen Sie ganz bewusst diese ein oder zwei Stunden in Ihrem Tagesablauf mit ein. Wenn Sie ein Zeitplanbuch oder einen Terminkalender haben, tragen Sie Ihre ruhigen Stunden dort wirklich ein und behandeln Sie diesen Termin so, wie einen Termin mit einer anderen Person.

Tipp 3: Nutzen Sie Ihre Leistungshochs

Jeder Mensch hat eine persönliche Leistungskurve, d. h. er ist zu bestimmten Tageszeiten leistungsfähiger als zu anderen. Viele Menschen haben z. B. ein Leistungshoch zwischen 8 und 12 Uhr, sacken dann mit ihrer Leistungsfähigkeit mittags ab und haben ein weiteres Leistungshoch zwischen 18 und 21 Uhr, das gefolgt wird von einem weiteren Leistungstief am späten Abend. Das sind natürlich nur verallgemeinerte Werte. Jeder Mensch hat seine eigene, ganz persönliche Leistungskurve.

Die Tagesleistungskurve

Leistungsfähigkeit nach der REFA-Kurve

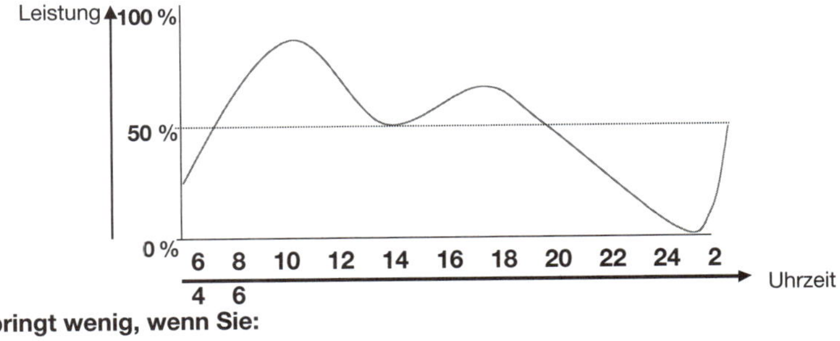

Es bringt wenig, wenn Sie:

- Vormittags in endlosen Besprechungen sitzen.
- Abends Ihr Engagement durch langes Dableiben demonstrieren.
- Routinearbeiten in die kostbaren Hochleistungsstunden und Aufgaben, bei denen Sie sich konzentrieren müssen, in den Nachmittag legen.

grow.up. Managementberatung GmbH

Bestimmen Sie Ihre Leistungskurve

Finden Sie heraus, wie Ihre persönliche Leistungskurve aussieht. Dazu können Sie für einige Tage jeweils stündlich aufschreiben, wie leistungsfähig und konzentriert Sie sich fühlen. Sie können für jeden Tag eine Tabelle mit einzelnen Kästchen für die Stunden verwenden und jeweils Ihre Leistungsfähigkeit mit Schulnoten bewertet in die Tabelle eintragen. So bekommen Sie schnell ein Gefühl dafür, zu welchen Tageszeiten Sie in Topform sind.

Sie können Ihr Leistungshoch gezielt ausnutzen, indem Sie Ihre wichtigsten Aufgaben erledigen, wenn Sie in Bestform sind. Zu den Zeiten am Tag, wo Sie ein Leistungstief haben, können Sie Routinearbeiten erledigen. So nutzen Sie Ihre Fähigkeiten optimal.

Tipp 4: Halten Sie sich an Ihre Zeitlimits

Egal ob Sie eine Aufgabe erledigen, einen geschäftlichen Termin wahrnehmen oder eine Besprechung haben, setzen Sie sich immer ein Zeitlimit und halten Sie es konsequent ein.

Es gibt eine scheinbar unerklärliche Wechselwirkung zwischen der Zeit, die uns für eine Aufgabe zur Verfügung steht, und der Zeit, die wir tatsächlich dafür brauchen. Meist brauchen wir genauso viel Zeit, wie uns zur Verfügung steht. Achten Sie einmal bei sich selbst darauf – es ist tatsächlich so! Wenn Sie sich also vornehmen, eine Aufgabe in einer bestimmten Zeitspanne zu erledigen, dann werden Sie wahrscheinlich auch genau diese Zeit dafür benötigen. Und genau deswegen ist eine wohl überlegte Zeitplanung auch einzelner Aufgaben sinnvoll.

Es gibt noch einen weiteren positiven Nebeneffekt, wenn wir uns für unsere Arbeitsschritte ein Zeitlimit setzen und diszipliniert auf die Einhaltung dieser Zeit achten: Wir arbeiten konzentrierter und fokussierter auf die konkrete Aufgabe hin und lassen uns weniger ablenken. Machen Sie es sich also am besten zur Gewohnheit, sich vor jeder Aufgabe und vor jeder Besprechung ein Zeitlimit festzusetzen, und versuchen Sie diszipliniert, dieses Limit einzuhalten.

Tipp 5: Teilen Sie große Aufgaben in sinnvolle Teilaufgaben auf

Große Aufgaben wirken allein schon wegen Ihrer Größe oft so, als ob sie gar nicht zu schaffen wären. Bei vielen Menschen führt das dazu, dass sie gar nicht erst anfangen wollen. Für dieses Problem gibt es ein Gegenmittel: Teilen Sie die große Aufgabe in kleinere Teilaufgaben auf und erledigen Sie diese einzeln.

TO DO

Wenn Sie eine große Aufgabe vor sich haben, gehen Sie also wie folgt vor: Sie fragen sich, aus welchen einzelnen Tätigkeiten oder Teilschritten die jeweilige Aufgabe besteht. Diese einzelnen Schritte schreiben Sie auf und erledigen sie Schritt für Schritt, bis Sie Ihre große Aufgabe erledigt haben.

Was kann ich gegen „Aufschieberitis“ tun?

Viele Menschen neigen dazu, Aufgaben tagelang vor sich her zu schieben: „Das hat doch noch Zeit!“, „Ich arbeite sowieso auf den letzten Drücker am besten“ oder „Ich will zuvor nur noch eben ...“. Das geht oft so lange, bis die Aufgabe nicht länger aufgeschoben werden kann und dann folgen schnell

Zeitdruck und Stress, weil nicht mehr genug Zeit bleibt. Es gibt einige wirkungsvolle Mittel, um der eigenen Aufschieberei ein Ende zu bereiten:

Fangen Sie klein an

Überlegen Sie sich, was der allerkleinste Teilschritt für Ihre Aufgabe sein könnte, und tun Sie ihn. Nehmen Sie sich zunächst nur vor, diese eine kleine Aufgabe zu erledigen. Damit ist der erste Schritt getan, der oft so schwierig ist. Meist können wir dann auch ohne Probleme weitermachen. Oft schieben wir eine Aufgabe nur vor uns her, weil Sie uns zu groß erscheint. Wenn Sie das Schreiben eines Berichts aufschieben, dann sammeln Sie erst einmal nur die Stichworte für den Inhalt. Wenn Sie mit dem kleinsten Schritt anfangen, bekommen Sie vielleicht Lust auf mehr.

Belohnen Sie sich für erledigte Aufgaben

Oft erledigen wir Aufgaben so ungern, weil wir aus ihnen nur einen indirekten Nutzen haben (z. B. den Job zu behalten). Dann fehlt uns die Motivation. Denken Sie sich deshalb für das Erfüllen Ihrer Aufgabe einfach verschiedene tolle Belohnungen aus. Wählen Sie für jede Aufgabe, bei der Sie sich schwer tun, eine Belohnung, die Sie wirklich motiviert und bei der die Vorfreude auf die Belohnung stärker ist als Ihre Gründe, die Aufgabe vor sich her zu schieben.

Zwei Dinge, die dabei ganz wichtig sind: Erstens dürfen Sie sich wirklich erst dann belohnen, wenn Sie Ihre Aufgabe erfüllt haben. Vorher belohnen gilt nicht, sonst ist ja die Motivation weg. Zweitens müssen Sie sich, wenn Sie Ihre Aufgabe erfüllt haben, dann auch tatsächlich belohnen. Betrügen Sie sich auf keinen Fall selbst, dann funktioniert diese Art der Motivation nicht mehr.

Erledigen Sie unangenehme Aufgaben zuerst

Versuchen Sie, Ihre unangenehmsten Aufgaben am frühen Morgen einzuplanen. Bringen Sie die unerfreulichen Dinge gleich hinter sich, anstatt den ganzen Tag daran zu denken.

Manchmal hilft es, wenn man sich unangenehme Aufgaben scheibchenweise vornimmt. Versuchen Sie, sich fünf oder zehn Minuten einer unangenehmen Aufgabe zu widmen. Wenn Sie einmal dabei sind, stellen Sie vielleicht fest, dass sie gar nicht so unangenehm ist. Und wenn Sie nach fünf Minuten wieder aufhören, sind Sie schon ein Stück weitergekommen.

Setzen Sie sich selbst einen Termin

Setzen Sie sich einen realistischen Termin mit sich selbst. Halten Sie ihn schriftlich fest. Informieren Sie jemand anderen über den Termin, den Sie sich gesetzt haben. Versprechen, die wir nur uns selbst gegenüber gemacht haben, brechen wir leichter als solche, die wir auch anderen gegeben haben.

Wenn Sie vor einer Aufgabe stehen, die Ihnen so gegen den Strich geht, dass kein Trick hilft und Sie sich einfach nicht aufraffen können, versuchen Sie, die Aufgabe in einem größeren Zusammenhang zu sehen – also im Hinblick darauf, welchen Nutzen die Erledigung letztlich Ihrem Unternehmen bringt. Dadurch wird die Aufgabe zwar nicht weniger unangenehm, aber Ihre Einstellung ändert sich.

Wie kann ich mein Zeitmanagement überprüfen?

In der folgenden Checkliste sind die Regeln der systematischen Zeitplanung enthalten. Gehen Sie die Regeln einzeln durch und prüfen Sie, ob die Aussagen für Sie zutreffend sind.

Checkliste 85: Regeln für Ihre systematische Zeitplanung

Regel	ja	nein
Ich bin sensibel für Störungen und Zeitdiebe und reduziere sie kontinuierlich.	☐	☐
Ich schaffe mir „ruhige Stunden“ für konzentriertes Arbeiten. (Ich mache einen Termin mit mir selbst.)	☐	☐
Ich treffe klare Absprachen und Regeln mit Kollegen über Zuständigkeiten und Zeiten.	☐	☐
Ich treffe mit mir selbst Vereinbarungen.	☐	☐
Ich schaue erst auf mein Verhalten, um etwas zu ändern, und dann auf das der anderen.	☐	☐
Ich lerne, Nein zu sagen.	☐	☐
Ich definiere meine eigenen Grenzen und kommuniziere sie nach außen.	☐	☐
Ich überprüfe immer wieder, ob mein eigener Arbeitsstil noch angemessen/effizient ist.	☐	☐
Bei Terminabsprachen wirke ich aktiv mit und lasse mich nicht nur bestimmen.	☐	☐
Unangenehmes erledige ich sofort.	☐	☐
Große unangenehme Aufgaben zerlege ich in kleine, schnell zu erledigende Teilaufgaben.	☐	☐
Ich prüfe, ob eine Aufgabe überhaupt jetzt, von mir und in dieser Form erledigt werden muss.	☐	☐
Ich plane am Vortag, zukunftsorientiert und langfristig.	☐	☐
Ich plane unter Beachtung meiner Leistungskurve und der Störzeiten.	☐	☐
Ich achte auf sinnvolle Pausen.	☐	☐
Ich fasse gleichartige Aufgaben zu Blöcken zusammen.	☐	☐
Ich schließe eine Aufgabe ab, bevor ich etwas anderes Neues beginne.	☐	☐
Ich verplane realistisch nur ca. 60 % meiner Zeit.	☐	☐

Ich beschreibe Ergebnisse und plane Endtermine.	☐	☐
Ich vergebe Prioritäten und plane danach.	☐	☐
Ich plane Termine mit ausreichender Zeitreserve.	☐	☐
Ich lege mir ein Planungssystem zu.	☐	☐
Ich begrenze Lieblingsbeschäftigungen und Unwichtiges.	☐	☐
Ich kontrolliere mich selbst und meinen Erfolg.	☐	☐
Ich belohne mich selbst.	☐	☐

Bibliografische Information der deutschen Bibliothek
Die Deutsche Bibliothek verzeichnet diese Publikation in der Deutschen Nationalbibliografie; detaillierte bibliografische Daten sind im Internet über http://dnb.ddb.de abrufbar.

ISBN 3-448-05142-X
Bestell-Nr. 04050-0001

Niederlassung Planegg bei München
Postanschrift: Postfach, 82142 Planegg
Hausanschrift: Fraunhoferstraße 5, 82152 Planegg
Fon (089) 89517-0, Fax (089) 89517-250
E-Mail: online@haufe.de
Internet: www.haufe.de
Lektorat: Stephan Kilian
Redaktion: Text + Design, Jutta Cram, 86391 Stadtbergen

Satz: WerbeAgentur S6 GmbH, 82166 Gräfelfing
Umschlaggestaltung: par:two – büro für visuelles, 70182 Stuttgart
Druck: J.P. Himmer GmbH, 86167 Augsburg

Zur Herstellung dieses Buches wurde alterungsbeständiges Papier verwendet.

Stichwortverzeichnis

Optimale Gesprächsvorbereitung

Frage	Antwort
Zu welchem Thema führen wir das Gespräch?	
Welche Ziele habe ich?	
Welche Interessen verfolge ich?	
Was muss/was kann erreicht werden (Minimal-/Maximal-Lösung)?	
Welche sind meine wichtigsten Argumente?	
Welche Informationen fehlen mir? Woher bekomme ich sie?	
Was soll der Gesprächspartner aus dem Gespräch mitnehmen?	
Wer ist mein Gesprächspartner?	
Welche Ziele, Wünsche hat er? Wie stehe ich zu diesen?	
Welche Fragen müssen wir klären?	
Mit welchen Fragen, Widerständen, Gegenargumenten, Ängsten muss ich rechnen?	
Wie viel Zeit muss ich einplanen?	
Ist der Raum/die Ausstattung organisiert?	
Sind alle nötigen Unterlagen vorhanden/im Vorfeld verteilt worden?	
Welche Störungen können auftreten? Wie können wir sie vermeiden?	

Tipps für effiziente Gesprächsführung

Um ein Gespräch zielorientiert zu führen, ist es hilfreich, sich im ersten Schritt mit den einzelnen Gesprächsphasen vertraut zu machen.

- Gegenseitige Begrüßung, Vorstellen aller Beteiligten und Schaffen einer angenehmen Atmosphäre.
- Motivieren Sie Ihren Gesprächspartner durch die Hervorhebung der Ziele.
- Prüfen Sie den Informationsstand der Beteiligten und die Benennung des zu besprechenden Themas beim Gesprächspartner. (Sprechen wir über dasselbe?)
- Klären Sie den Gesprächsverlauf: Geben Sie Informationen zum Gespräch und benennen Sie das Ziel. Welche Themen sind zu besprechen? Schlagen Sie eine Gesprächsstruktur vor.
- Klären Sie, ob der Gesprächspartner Fragen hat.
- Der Gesprächsbeginn beinhaltet die Informationsphase. Stellen Sie daher an dieser Stelle offene Fragen.
- Es folgt die Diskussion oder auch die Argumentation, es wird nachgefragt und man prüft das gegenseitige Verständnis.
- Schließlich fassen Sie die Themengebiete zusammen, nehmen also eine Auswertung vor und diskutieren die Ergebnisse. Dann leiten Sie darauf aufbauende Maßnahmen ab: Wer tut was bis wann?

1. Sie vereinbaren das weitere Vorgehen.
2. Sie danken für das Gespräch.

Nachbereitung: Gesprächserfolg?

Erfolgskontrolle des Gesprächs	
War ich richtig vorbereitet?	
Wenn nicht, was hätte ich besser vorbereiten können?	
Konnte ich mein Ziel erreichen?	
Wenn nein, warum nicht?	
Waren meine Argumente durchdacht? War meine Argumentation richtig?	
Wenn nicht, warum nicht?	
Habe ich meinen Gesprächspartner überzeugen können?	
Welches waren die entscheidenden Argumente?	
Konnte ich die Vor- und Nachteile deutlich machen?	
Gab es Widerstände? Wenn ja, welche?	
Gab es Überraschungen für mich im Gespräch, unsichere Situationen?	
War das Gespräch wirklich partnerschaftlich?	
War mein Auftreten und Verhalten richtig?	
Wenn nicht, was möchte ich daran ändern?	

Interviewleitfaden zur Personalauswahl

Name: Datum

1. Gesprächsbeginn

Begrüßung des Bewerbers

Gestalten Sie eine Kontaktphase, nehmen Sie die Spannung aus der Situation:

– „Haben Sie gut hierher gefunden?"

– „Mit welchem Verkehrsmittel sind Sie angereist?"

Stellen Sie die anwesenden Gesprächspartner vor.

Stellen Sie dem Kandidaten den ungefähren Gesprächsablauf vor.

Klären Sie, ob es vom Bewerber zum bisher Gesagten noch Fragen gibt.

Bevor Sie mit konkreten Fragen beginnen, können Sie den Bewerber bitten, frei etwas von sich, seinem Lebenslauf oder seiner bisherigen beruflichen Entwicklung zu erzählen.

Während der Ausführung des Bewerbers sollten Sie sich bereits Notizen machen, welche Aspekte seiner Aussagen Sie später durch gezielte Fragen noch einmal vertiefen wollen.

2. Fragen zum Unternehmen

Wie haben Sie sich auf dieses Gespräch/diesen Tag vorbereitet?

____

____

Was wissen Sie über unser Unternehmen?

____

____

Was wissen Sie über unsere Produkte/Dienstleistungsangebote?

Welche Produkte, glauben Sie, sind unsere Erfolgreichsten?

Welche Produkte stellen sich in Zukunft eher schwierig dar?

Was wissen Sie über den Markt, in dem wir uns bewegen?

Was wissen Sie über unseren Wettbewerb?

3. Persönliche Situation des Bewerbers

Ausbildung/beruflicher Werdegang

Bitte schildern Sie uns in kurzen Sätzen Ihren bisherigen Lebens- und Ausbildungs-/Berufsweg.

- Schulischer Werdegang

Berufliche Ausbildung/Studium

Was hatte den größten Einfluss auf Ihre Berufswahl?

Haben Sie Praktika absolviert? In welchen Unternehmen?

4. Aktuelle Position/neue Position

Schildern Sie bitte einen typischen Tagesablauf in Ihrer letzten Position.

Was von Ihrer Tätigkeit bei Ihrem jetzigen Arbeitgeber werden Sie vermissen?

Warum wollen Sie sich jetzt verändern?

Was haben Sie aus unserer Anzeige herausgelesen und was erwarten Sie von der Aufgabenstellung?

Welche Ziele haben Sie für Ihre neue Position?

Wo liegen aus Ihrer Sicht Problempunkte in der von uns angebotenen Aufgabe?

5. Persönliches

Was hat dazu beigetragen, dass Sie bisher beruflich erfolgreich waren?

Wenn Sie sich selbst jemandem beschreiben müssten, der Sie nicht kennt, wie und mit welchen Eigenschaftsbegriffen würden Sie sich darstellen?

Was sind Ihre Stärken im Vergleich zu anderen?

Wie kommen Sie zu dem Eindruck? In welchen Arbeitssituationen hat sich das gezeigt?

Nennen Sie bitte persönliche Optimierungsbereiche, Bereiche, in denen Sie noch an sich arbeiten wollen, sich noch verbessern wollen!

Zum Ausbau welcher Kompetenzen/Fähigkeiten haben Sie sich in der Vergangenheit Weiterbildungsmaßnahmen gewünscht?

Warum haben Sie sie nicht besucht?

6. Arbeitsverhalten

Gab es Situationen, in denen Sie Entscheidungen treffen mussten, die mit einer großen Tragweite für Sie persönlich verbunden waren?

Beschreiben Sie bitte Ihre Vorgehensweise bei schriftlich zu bearbeitenden Aufgabenstellungen!

Welche Routinearbeiten gibt es in Ihrer jetzigen Aufgabenstellung und wie gehen Sie damit um?

Was ist Ihnen in Bezug auf Ihre Arbeitsumgebung wichtig?

Wie würden Sie Ihren Arbeitsstil bezeichnen?

Wenn es zu Arbeitsablaufproblemen, Arbeitsengpässen kommt, was sind die Gründe dafür?

7. Umgang mit Kollegen und Vorgesetzten

In welchen Situationen stimmen Sie sich mit Ihrem jetzigen Vorgesetzten ab und in welchen nicht?

____

____

Gab es schon einmal ernsthafte Meinungsunterschiede zwischen Ihnen und einem Ihrer Vorgesetzten? Was waren die Gründe dafür?

____

____

Gibt es einen Vorgesetzten, der Sie sehr beeindruckt hat, und warum?

____

____

8. Leistungsbereitschaft

Gibt es Situationen, die für Sie stressbehaftet sind?

____

____

Was tun Sie, um sich zu entspannen?

____

____

Was motiviert Sie, Leistung zu bringen?

____

____

Was sind Ihre persönlichen Zielvorstellungen für das laufende Jahr?

____

____

Was tun Sie, um diese Ziele zu erreichen?

____

____

Welche beruflichen Pläne haben Sie kurz-, mittel- und langfristig?

9. Sonstiges

Wie viele Stunden arbeiten Sie in der Woche?

Welche Erwartungen haben Sie an Ihre Arbeitszeit?

Wie hoch ist Ihr jetziges Jahresgesamtgehalt?

Welche Erwartungen haben Sie an Ihr Einkommen?

Welche Erwartungen haben Sie an Ihre weitere berufliche Entwicklung?

10. Fragen für Bewerber auf eine Führungsposition

Mussten Sie schon einmal eine Gruppe von Kollegen und Mitarbeitern für eine bestimmte Aufgabe zusammensetzen und koordinieren? Was war Ihnen dabei wichtig und wie sind Sie vorgegangen?

Wie informieren Sie sich über den Leistungsstand Ihrer Mitarbeiter?

Wie verschaffen Sie sich Kenntnis über die Arbeitsbelastung Ihrer Mitarbeiter?

Wie motivieren Sie Ihre Mitarbeiter?

Welche Aufgaben delegieren Sie? Wie gehen Sie dabei vor?

Wie informieren Sie Ihre Mitarbeiter über die zu erreichenden Ziele?

Wie betreiben Sie konkrete Personalentwickung mit Ihren Mitarbeitern?

Gibt es Situationen im Umgang mit Mitarbeitern, in denen Sie ungeduldig werden?

11. Fragen für Bewerber auf eine Vertriebsposition

Was wissen Sie über unsere Vertriebsstruktur?

Welche Absatzaufgaben sehen Sie?

Was mögen Sie am Außendienst und worauf würden Sie gerne verzichten?

Was würden Ihre Kunden über Sie als Verkäufer sagen, wenn ich einen von ihnen jetzt anrufen würde?

Worin lagen Schwierigkeiten, Ihrem Kundenkreis die von Ihnen vertriebenen Produkte zu verkaufen?

Was war Ihr größter Verkaufserfolg?

Worin sehen Sie Ihre Erfolgspotenziale als Verkäufer?

Schildern Sie bitte einmal eine Situation, in der Sie es mit einem unzufriedenen Kunden zu tun hatten.

Wie gehen Sie mit Situationen um, in denen Sie sich unsicher sind, was Ihr Kunde von Ihnen erwartet?

In jedem Bereich gibt es Kunden, mit denen man auf Anhieb besser oder schlechter zurechtkommt. Wann schätzen Sie Kunden als schwierig ein und wie verhalten Sie sich im Umgang mit ihnen?

Welche Umsatz- und Ergebnisverantwortungsziele hatten Sie letztes Jahr?

12. Fragen zu Familie und Freizeit

Was machen Sie in Ihrer Freizeit?

Sind Sie in Vereinen und Organisationen tätig?

Bemühen Sie sich, Ihr Privatleben aus dem beruflichen Kontext herauszuhalten? Oder schätzen Sie auch in diesem Bereich einen Austausch mit Kollegen und Mitarbeitern?

____

____

Wie gelingt es Ihnen, berufliche Anforderungen, Familie und Freizeit zu vereinbaren?

____

____

13. Information des Bewerbers über Unternehmen, Aufgabe und Position

Nachdem der Bewerber Ihnen einen umfassenden Eindruck von seiner Person gegeben hat, informieren Sie ihn über Ihr Unternehmen und die zu besetzende Position. Die Informationen, die Sie weitergeben, sollten so umfangreich sein, dass der Bewerber für sich einschätzen kann, ob Unternehmen und Position seinen Vorstellungen entsprechen. Zurückgehaltene Informationen, Informationen, die nicht oder nur teilweise der Realität entsprechen oder Versprechungen, die nicht sicher eingehalten werden können, führen unter Umständen dazu, dass der neue Mitarbeiter unter falschen Voraussetzungen die neue Position antritt. Die folgende Enttäuschung über die realen Bedingungen oder nicht eingehaltene Zusagen können leicht dazu führen, dass der Mitarbeiter demotiviert wird, seine Leistungen für Ihr Unternehmen reduziert oder die Position wieder aufgibt. Ganz gleich, welche dieser Reaktionen er zeigt, jede wird für Sie sehr teuer werden.

Beschreiben Sie:

- das Unternehmen/Mitarbeiterzahl und -struktur
- hierarchische Ebenen und Einordnung der in Frage stehenden Position
- die Produktpalette/Dienstleistungen
- die Entwicklung des Marktes
- die Position und die damit verbundenen Aufgaben
- vertragliche Fragen (s. Information des Bewerbers über das Unternehmen)

14. Gesprächsende

Prüfen Sie, ob alle Fragen geklärt sind.

Fassen Sie das Gespräch noch einmal in seinen wesentlichen Punkten zusammen.

Teilen Sie dem Kandidaten mit, welches die nächsten Schritte im Auswahlprozess sind und wann er mit einer weiteren/konkreten Nachricht von Ihnen rechnen kann.

Bedanken Sie sich für das Gespräch und verabschieden Sie sich.

Personalentwicklungsgespräch

Leitfaden für Führungskräfte zur Vorbereitung

Name des Mitarbeiters/der Mitarbeiterin:______________________________

Name der Führungskraft: ____

Sie haben mit Ihrem Mitarbeiter/Ihrer Mitarbeiterin ein Personalentwicklungsgespräch geplant. Dieser Leitfaden soll Sie bei Ihrer persönlichen Vorbereitung auf dieses Gespräch unterstützen. Ziel des Gesprächs ist die Vereinbarung einer zwischen Ihnen und Ihrem Mitarbeiter/Ihrer Mitarbeiterin abgestimmten individuellen Entwicklungsplanung und die Festlegung konkreter Entwicklungsmaßnahmen für Ihren Mitarbeiter/Ihre Mitarbeiterin. Die Entwicklungsplanung sollte sich auf einen begrenzten und übersichtlichen Zeitraum von 6 bis 12 Monaten beziehen.

Der vorliegende Bogen ist lediglich für Ihre persönliche Gesprächsvorbereitung bestimmt und verbleibt in Ihrem Besitz.

I. Mitarbeiterdaten

Mitarbeiter/in:

Datum des Gesprächs:

Zugehörigkeit des MA
zum Unternehmen:

zur Abteilung/Bereich:

Berufsausbildung des MA:

Zusatzausbildungen/-qualifikationen:

Jetzige Stellen-/Positionsbeschreibung:

Inhaltliche Beschreibung des gegenwärtigen Funktions- und Aufgabenbereichs des Mitarbeiters/der Mitarbeiterin:

II. Die beruflichen Ziele und Aufgaben des Mitarbeiters/der Mitarbeiterin

Welche Ziele sollten erreicht werden?

Mit welchen Ergebnissen wurden die Ziele erreicht?

Was hat die Zielerreichung im zurückliegenden Zeitraum begünstigt?

Was hat die Zielerreichung behindert?

Können Sie Aufgaben, Projekte o. Ä. nennen, die Ihr Mitarbeiter/Ihre Mitarbeiterin besonders erfolgreich ausführte?

Was hat Ihrer Meinung nach dazu beigetragen, dass diese Aufgabenbearbeitung besonders erfolgreich verlief?

Können Sie Aufgaben, Projekte o. Ä. nennen, die Ihr Mitarbeiter/Ihre Mitarbeiterin weniger erfolgreich ausführte?

Was hat Ihrer Meinung nach dazu geführt, dass diese Aufgabenbearbeitung nicht so erfolgreich war?

Wie schätzen Sie die Zusammenarbeit des Mitarbeiters/der Mitarbeiterin im Team ein?

Wie erleben Sie die Zusammenarbeit zwischen Ihnen und Ihrem Mitarbeiter/Ihrer Mitarbeiterin?

Was können Sie zur Verbesserung beitragen?

Wie schätzen Sie die berufliche Zufriedenheit/Motivation Ihres Mitarbeiters/Ihrer Mitarbeiterin ein?

Wie fördern Sie die berufliche Zufriedenheit/Motivation Ihres Mitarbeiters/Ihrer Mitarbeiterin?

III. Einschätzung der Potenziale und Kompetenzen Ihres Mitarbeiters/Ihrer Mitarbeiterin für seinen/ihren derzeitigen Aufgabenbereich

Über welche fachlichen Fähigkeiten und Potenziale verfügt Ihr Mitarbeiter/Ihre Mitarbeiterin in seiner/ihrer jetzigen Position? (fachliche Arbeitsqualität und -quantität, Arbeitsergebnisse, Arbeitsorganisation, Arbeitstempo, Fachwissen etc.)

Über welche überfachlichen Stärken und Potenziale verfügt Ihr Mitarbeiter/Ihre Mitarbeiterin in seiner/ihrer jetzigen Position? (Kontakt- und Kooperationsverhalten, Entscheidungsverhalten, Kommunikationsverhalten etc.)

Welchen Entwicklungsbedarf sehen Sie noch für Ihren Mitarbeiter/Ihre Mitarbeiterin in seinem/ihrem derzeitigen Aufgabenbereich?

Fachlicher Entwicklungsbedarf jetzige Position (Arbeitsqualität und -quantität, Arbeitsorganisation, Arbeitstempo):

Überfachlicher Entwicklungsbedarf jetzige Position (Kontakt-, Entscheidungsverhalten, Kommunikationsfähigkeiten):

Die berufliche Entwicklung Ihres Mitarbeiters/Ihrer Mitarbeiterin

Sind Ihnen die beruflichen Vorstellungen und Entwicklungsziele Ihres Mitarbeiters/Ihrer Mitarbeiterin bekannt?

Nein

Ja, und zwar folgende:

Für welche zukünftigen Aufgaben halten Sie Ihren Mitarbeiter/Ihre Mitarbeiterin in den nächsten 6 bis 12 Monaten für besonders geeignet?

in den nächsten 3 bis 5 Jahre für besonders geeignet?

Über welche fachlichen Kompetenzen und Potenziale verfügt Ihr Mitarbeiter/Ihre Mitarbeiterin jetzt schon für die mögliche Zielposition? (Arbeitsqualität und -quantität, Arbeitsergebnisse, Arbeitsorganisation, Arbeitstempo, Fachwissen etc.)

Über welche überfachlichen Kompetenzen und Potenziale verfügt Ihr Mitarbeiter/Ihre Mitarbeiterin jetzt schon für die angestrebte Zielposition? (Kontakt- und Kooperationsverhalten, Entscheidungsverhalten, Kommunikationsverhalten etc.)

Welchen Entwicklungsbedarf sehen Sie für Ihren Mitarbeiter/Ihre Mitarbeiterin für die nächsten 6 bis 12 Monate?

Fachlicher Entwicklungsbedarf (Arbeitsqualität und -quantität, Arbeitsorganisation, Arbeitstempo):

Überfachlicher Entwicklungsbedarf (Kontakt-, Entscheidungsverhalten, Kommunikationsfähigkeiten):

V. Die kurz- bis mittelfristige Entwicklungsplanung für Ihre/n Mitarbeiter/in ?

Was kann Ihr Mitarbeiter/Ihre Mitarbeiterin selbst aktiv zu seiner/ihrer beruflichen Entwicklung beitragen?

Sind in Ihrer Abteilung Projekte oder Sonderaufgaben geplant, die die berufliche Entwicklung Ihres Mitarbeiters/Ihrer Mitarbeiterin unterstützen könnten?

Welche Personalentwicklungsmaßnahmen wollen Sie mit Ihrem Mitarbeiter/Ihrer Mitarbeiterin vereinbaren?

- Zur fachlichen Weiterentwicklung:

- Zur überfachlichen Weiterentwicklung:

Weitere im Personalentwicklungsgespräch mit dem Mitarbeiter/der Mitarbeiterin zu besprechende Aspekte:

Motivierende Mitarbeitergespräche führen

Das Mitarbeitergespräch ist das erste und zentralste Führungsinstrument. Es gibt dem Mitarbeiter und der Führungskraft Zeit und Raum, sich über verschiedene relevante Themen auszutauschen.

Zentrale Themen von Mitarbeitergesprächen

- Die Entwicklung des Mitarbeiters
- Die Zufriedenheit des Mitarbeiters
- Die Aufgaben des Mitarbeiters
- Die Perspektiven des Mitarbeiters

Struktur für ein Mitarbeitergespräch

- Angenehme Gesprächsatmosphäre herstellen
- Gesprächsziele, Vorgehensweise und Zeitrahmen vereinbaren
- Lassen Sie Ihren Mitarbeiter sprechen (Zufriedenheit, Perspektiven, etc.)
- Legen Sie nun Ihre Sicht der Situation dar
- Gemeinsame Erarbeitung von Veränderungsmaßnahmen und Zielen
- Vereinbarung unterstützender Maßnahmen
- Ergebnisse zusammenfassen und schriftlich festhalten
- Termine und Kontrollmaßnahmen für Zwischenbilanzen vereinbaren

Vorbereitung eines Mitarbeitergesprächs

Was	ja	nein
Bin ich auf dem neuesten Wissensstand bezüglich der Leistung und dem Verhalten meines Mitarbeiters?		
Habe ich mir Eigenarten des Mitarbeiters und frühere Gesprächsverläufe vergegenwärtigt?		
Habe ich mir eine Grobgliederung des Gesprächs überlegt?		
Habe ich mein Gesprächsziel sowie Teil- und Alternativziele formuliert?		
Habe ich meine Argumente festgehalten?		
Habe ich mögliche Reaktionen des Mitarbeiters und meine Antwort darauf im Voraus bedacht?		
Habe ich mir Handlungsalternativen für schwierige Situationen zurechtgelegt?		

Tipps für ein erfolgreiches Mitarbeitergespräch

- Überlegen Sie sich, welche Beziehung Sie zu Ihrem Gesprächspartner haben und wie diese Ihre letzten Gespräche beeinflusst hat.
- Gehen Sie mit einer positiven Einstellung in das Gespräch bzw. mit dem Vorsatz, dem Gespräch eine positive Richtung / Wendung zu geben.
- Sprechen Sie über die positiven Aspekte Ihrer Zusammenarbeit und die Stärken des Mitarbeiters.
- Betonen Sie die Gemeinsamkeiten in Ihren Interessen.
- Stellen Sie Fragen! Aber tun Sie dies nur, wenn Sie echtes Interesse glaubhaft machen können. Überlegen Sie vorher, was Sie von Ihrem Mitarbeiter wissen wollen.
- Erzeugen Sie eine positive Atmosphäre. Beginnen Sie und enden Sie mit positiven Themen.
- Seien Sie bereit, Missverständnisse und Fehleinschätzungen zuzugestehen.
- Überlegen Sie sich vorher, was Sie tun können, um einer schwierigen Gesprächssituation mit diesem Mitarbeiter die richtige Wendung zu geben.

Feedback als Chance zur Optimierung

Feedback ist ein fortlaufender Prozess, der in allen Phasen des Führungshandelns erfolgen muss. Nur so können Sie bei Ihren Mitarbeitern Änderungen, Verbesserungen oder Steigerungen erreichen.

Der Nutzen von Feedback spiegelt sich vor allem in folgenden Aspekten:

- Das Lernen aus Fehlern oder anhand einer konkreten Situation wird ermöglicht
- Probleme werden transparent
- Problemlösungen setzen neue Handlungen frei
- Das Verstärken positiver Verhaltensweisen / Eigenschaften festigt diese Handlungen
- Veränderungen werden begleitet und unterstützt
- Der Austausch über die persönliche Wahrnehmung und Einschätzung einer bestimmten Sache / Situation fördert das gegenseitige Verständnis
- Man lernt die Wertvorstellungen des Anderen kennen
- Die Beziehung wird intensiviert
- Man lernt etwas über die eigene Person / das Fremdbild

Regeln für Feedbackgespräche

- Finden Sie Formulierungen, die Sie selbst auch nachvollziehen und akzeptieren könnten.
- Verdeutlichen und erklären Sie anhand von konkreten Beispielen aus der täglichen Zusammenarbeit.
- Setzen Sie Ihre Beobachtungen immer in Bezug zu den Erwartungen, die mit der Position und Aufgabe des Mitarbeiters verbunden sind.
- Bleiben Sie konkret, sachlich und realistisch.
- Formulieren Sie Ich-Botschaften, um deutlich zu machen, dass es sich um Ihre persönliche Wahrnehmung handelt.
- Beschreiben Sie Ihre Wahrnehmungen und Eindrücke, anstatt sie direkt zu bewerten. Für eine Bewertung sollten Sie erst hören, wie der Mitarbeiter die Situation einschätzt.
- Beziehen Sie sich immer auf ein konkretes Verhalten und nicht auf die ganze Person.
- Begeben Sie sich immer auf die gemeinsame Suche nach Verbesserungen.

Fragen für erfolgreiche Besprechungen

Vor einer Besprechung sollten Sie sich ganz genau darüber im Klaren sein, was der eigentliche Anlasse für das Meeting ist und welches Ziel sie haben bzw. welches Ergebnis Sie erreichen wollen.

Neben der Zielklärung sollten Sie sich im Vorfeld unbedingt die folgenden Fragen, im Hinblick auf einen positiven Verlauf der Besprechung und der angestrebten Zielerreichung, beantworten:

- Was ist das Ziel, der Anlass der Besprechung, welches Ergebnis soll erreicht werden?
- Welche Aktivitäten / Arbeiten sind hierzu erforderlich?
- Wer muss informiert werden?
- Welche Fragen, Einwände sind zu erwarten?
- Wer wird welche Position vertreten, worauf muss ich mich vorbereiten?
- Wer muss für eine effiziente Aufgabenerledigung eingeladen werden?

- Wer verfügt über welche benötigten Kompetenzen / welches Wissen / welche Informationen?
- Wer kann welche Aufgaben übernehmen?
- Wer kann welche Verantwortung übernehmen?
- Welche organisatorischen Vorbereitungen müssen getroffen werden (Raum, Einladung, Material, etc.)?

Bereits bei der Vorbereitung können Sie die Struktur der Besprechung berücksichtigen, die grundsätzlich in die folgenden fünf Phasen unterteilt werden kann:

1) Info-Phase: Worum geht es?
2) Zielbestimmung für die Besprechung: Was wollen wir erreichen?
3) Bearbeitung der Probleme / Ziele / Aufgaben: Wie gehen wir vor?
4) Zusammenfassen und schriftliches Niederlegen der Ergebnisse: Wie informieren wir wen?
5) Verteilung der weiter zu bearbeitenden Aufgaben:
6) Wer macht was bis wann?
7) Wie erfolgt die Erfolgskontrolle?
8) Wie können wir es schaffen die geplanten Besprechungszeiten einzuhalten?

Teams zusammenstellen

Fünf Persönlichkeitstypen

1. Der Analytiker/Denker

ist sachlich, analytisch und zeigt großes Interesse an der Aufgabe. Sein Arbeitsstil zeichnet sich durch Präzision und Klarheit aus. Er kann sehr ausdauernd und kontinuierlich an einer Aufgabe arbeiten. Veränderungen empfindet er eher als störend. Er spricht ungern über persönliche Dinge und legt keinen großen Wert auf Geselligkeit.

Von seiner Führungskraft wünscht sich der Analytiker klare Anweisungen und Instruktionen und die Zeit, ihm auch differenzierte Fragen ausführlich zu beantworten.

2. Der Macher/Umsetzer

besitzt ein hohes Selbstvertrauen und liebt die Herausforderung und Veränderung. Aufgrund seiner hohen Handlungsbereitschaft und -orientierung investiert er viel Zeit in seine Arbeit. Er sagt gerne, was zu tun ist, und will am liebsten jede Minute produktiv nutzen. Sein Motto lautet: „Nicht reden, handeln!". Er kann andere zum Handeln antreiben und etwas bewegen.

Der Macher wünscht sich von seiner Führungskraft direkte Ansprache ohne Umschweife und eine Unterweisung, die sich auf das Wesentliche konzentriert und nicht auf Einzelheiten. Er beansprucht einen gewissen Gestaltungs- und Entscheidungsraum für sich.

3. Der Expressive/Überzeuger

arbeitet gerne mit anderen Menschen zusammen und will diese überzeugen und für seine Ideen gewinnen. Er legt großen Wert darauf, akzeptiert zu werden und bei seinen Kollegen beliebt zu sein. In Gesellschaft fühlt er sich wohl und braucht sie auch. Der Expressive strahlt Optimismus aus und hat die Fähigkeit, andere zu motivieren und zu begeistern. Er probiert gerne neue und unkonventionelle Methoden aus. Beständigkeit, Ausdauer und Konzentration gehören nicht so sehr zu seinen Stärken.

Von seiner Führungskraft wünscht sich dieser Typ direkte Ansprache, die sein Interesse an Menschen berücksichtigt (nicht nur Was, sondern auch Wer). hohe Kontaktorientierung und Es ist wichtig, seine Energie und sein Engagement zu kanalisieren, zu strukturieren und auf das Ziel auszurichten. Dem Expressiven können gut Aufgaben zugewiesen werden, die eine Verhandlungsgeschick erfordern.

4. Der Kümmerer/Teamplayer

ist nachdenklich, handelt besonnen und überlegt. Persönliche Beziehungen sind ihm wichtig. Er ist gerne Teil eines Teams und setzt sich für ein „gemeinsames Erreichen" und für die gute Stimmung im Team ein. Er ist sensibel und nimmt viel Rücksicht auf die Bedürfnisse anderer. Dieser Typ bevorzugt eine ruhige und entspannte Arbeitsatmosphäre und legt mehr Wert auf die Verbesserung von Bestehendem als auf die Einführung von Neuem.

Von seiner Führungskraft wünscht sich der Kümmerer die Berücksichtigung seines Interesses an Menschen und eine harmonische Arbeitsatmosphäre. Die Zeit für An- und Aussprache ist ein wichtiges Element seiner Arbeit. Sie brauchen diesen Typ in Ihrem Team, da er wesentlich für ein konfliktfreies Arbeitsklima sorgt.

5. Der Kreative

Er ist idee und konzeptorientiert und besitzt eine hohe Einsatzbereitschaft. Jedoch agiert er dabei weniger nach Richtlinien. Seine unkonventionellen Umgangsformen können auf sein Gegenüber leicht grob wirken. Er denkt gerne abstrakt, verliert sich hierbei jedoch zum Teil in Tagträumen. Stabilität, Konstanz und die Umsetzung seiner Ideen gehören nicht zu seinen Stärken. Das überlässt er lieber anderen und sucht selbst schnell wieder nach neuen spannenden Möglichkeiten.

Dieser Typ wünscht sich von seiner Führungskraft einen gewissen Freiraum, um seine Kreativität ausleben zu können. Anregend sind für ihn Fragen, die den Prozess und die Kreativität (Was und Wie) in den Mittelpunkt stellen.

Wenn Sie ein Team zusammensetzen, sollten Sie auf eine gute Mischung der verschiedenen Typen achten. Für den Erfolg Ihres Teams brauchen Sie:

- einen Macher, der Dinge vorantreibt und nach dem Machbaren sucht;
- einen Expressiven, der Kontakt nach außen aufnimmt und Teamlösungen „verkauft“ bzw. Neues ins Team bringt;
- einen Kümmerer, der sich sensibel um die gute Stimmung im Team kümmert und bei Spannungen vermittelt;
- einen Analytiker, der Dinge durchdringt, Lösungen produziert, Konstanz zeigt und auf Qualität achtet.
- Ein ausgesprochen kreatives Teammitglied brauchen Sie nur, wenn es die Aufgabe erfordert.

Kommunikationsverhalten im Team

Verhalten	ja	nein
Andere werden nicht andauernd unterbrochen.		
„Verstehen“ und das Bemühen darum steht im Vordergrund, nicht die eigene Meinung.		
Es wird nachgefragt, um den anderen richtig zu verstehen.		
Informationen und Erklärungen werden für alle verständlich formuliert.		
Meinungen werden in Ich-Botschaften ausgetauscht.		
Die konstruktive Diskussion und das Ringen um die beste Lösung stehen im Vordergrund.		
Es wird nach Chancen gesucht, nicht nach Problemen.		
Lösungen, nicht Schuld steht im Vordergrund.		
Es werden Beispiele, Bilder, persönliche Erlebnisse benutzt, um Inhalte zu erklären.		
Verbale und nonverbale Kommunikation sind stimmig.		
Die Aufnahmefähigkeit des Gesprächspartners wird nicht durch Monologe überfordert.		
Meinungen werden durch Argumente veranschaulicht.		
Es wird nachgefragt, wenn etwas nicht verstanden worden ist.		
Ein roter Faden wird eingehalten.		
Wichtige Punkte werden nochmals zusammengefasst.		
Bei Fehlern wird nach Möglichkeiten der Verbesserung und der zukünftigen Fehlervermeidung gesucht.		
Bei guter und schlechter Leistung geben sich die Teammitglieder gegenseitig konstruktives Feedback.		
Konflikte werden angesprochen und gelöst.		

Delegation als Königsweg zur Multiplikation

Delegation ist Ihr wesentlicher Hebel zur wirkungsvollen Multiplikation Ihrer Arbeitskraft. Mit Hilfe der Delegation von Aufgaben und Verantwortung können Sie Ziele und Erfolge erreichen, die alleine nicht zu bewältigen sind.

Delegation beinhaltet jedoch mehr als die bloße Weitergabe von Aufgaben. Damit Delegation zu einem wirkungsvollen Führungsinstrument wird, ist folgendes zu beachten:

- Klare Zielbeschreibung
- Klären der Randbedingungen und Ressourcen
- Festlegen des Zeitrahmens (bis wann ist die Aufgabe zu erledigen)
- Definition von Qualitätsmerkmalen
- Klären von Kosten

Fragen, die Sie vor jeder Delegation für sich beantworten müssen:

1 Was ist genau zu tun?
2 Welches Ergebnis wird angestrebt?
3 Welche Schwierigkeiten sind zu erwarten?
4 Wie will ich das Ergebnis kontrollieren?
5 Wer ist für die Aufgabe am besten geeignet?
6 Wer besitzt die notwendigen Kenntnisse und Fähigkeiten?
7 Welchem Zweck dient die Aufgabe (Zielsetzung, Motivation)?
8 Was passiert, wenn die Aufgabe nicht oder unvollständig erledigt wird?
9 Wie soll bei der Ausführung vorgegangen werden?
10 Welche Vorschriften sind zu beachten?
11 Welche Verfahren sollen angewandt werden?
12 Welche Hilfsmittel werden benötigt?
13 Womit muss der Mitarbeiter ausgerüstet sein?
14 Wann soll die Aufgabe beginnen, bis wann abgeschlossen sein?
15 Wann muss ich kontrollieren, um ggf. eingreifen zu können?

Tipps für wirksames Delegieren

- Nehmen Sie einen Qualifikations- und Motivations-Check bei Ihrem Mitarbeiter vor, um sicher zu gehen, dass das für die Erfüllung der Aufgabe notwendige Können (Wissen, Fähigkeiten, Erfahrung) und Wollen (Motivation, Engagement, Selbstvertrauen) beim Mitarbeiter vorhanden ist.
- Geben Sie dem Mitarbeiter einen Einblick in den Gesamtzusammenhang, damit er einen Sinn in seinem Handeln erkennt.
- Stellen Sie die entsprechenden Ressourcen und Hilfsmittel zur Verfügung, damit die Aufgabe von Ihrem Mitarbeiter erfolgreich erledigt werden kann.

Verhandlungen

Verhandlungen gestalten

Beantworten Sie sich wichtige Fragen vor der Verhandlung:	Bemerkungen
Was sind meine Interessen und Ziele (minimal/ maximal)?	
Welche Lösungen sind für mich akzeptabel?	
Mit welchen Optionen/Wegen kann ich meine Minimal- und Maximal-Lösung erreichen?	
Habe ich unbeteiligte Dritte oder Experten nach ihrer Einschätzung gefragt?	
Situation des Verhandlungspartners: Welche Abhängigkeiten gibt es für ihn? Wie sehen seine Rahmenbedingungen aus? usw.	
Was sind die Interessen und Ziele meines Verhandlungspartners?	
Mit welchen Optionen können die Ziele für meinen Verhandlungspartner und mich am besten befriedigt werden?	

Was sind für meinen Partner/für mich Lösungen, die den „Gewinn“ gegenüber der heutigen Situation erhöhen? Habe ich den erforderlichen Wirkungsgrad einer Lösung hinterfragt (dauerhaft vs. vorläufig, Wirtschaftlichkeit etc.)?	

Taktische Vorüberlegungen zu einer Verhandlung

Fragen	(Konsequenzen für das) Vorgehen
Wer ist an der Verhandlung beteiligt?	
Was sind die Haupt- und Nebenthemen der Verhandlung?	
Wer leitet die Verhandlung?	
Mit welchen Funktionen ist der Verhandlungsführer ausgestattet (z. B. Einflussbereich, Entscheidungsbefugnisse, Vertretung des Ergebnisses)?	
Verhandle ich alleine oder mit Kollegen? Wer übernimmt welche Rolle?	
Welche Reihenfolge scheint für die zu behandelnden Themen sinnvoll?	
Möchte ich gleich zu Beginn einen großen Schritt auf den anderen zugehen oder mich erst nach und nach in kleinen Schritten nähern?	
Wie gehe ich/gehen wir mit unerwarteten Situationen/Vorschlägen um? Welche Widerstände sind zu erwarten und wie gehen ich/gehen wir damit um?	

Welche Entscheidungsbefugnisse habe ich? Wann muss ich wen hinzuziehen?	
In welchen Punkten (Haupt-/Nebenthema) bin ich bereit, entgegen zu kommen/ Abstriche zu machen?	
Bin ich bereit, das erzielte Verhandlungsergebnis mit voller Kraft selbst zu verfolgen?	

Wie führe ich eine Verhandlung erfolgreich durch?

Checkliste: Gesprächsführung in Verhandlungen

Was	ja	nein
Beginnen Sie keine Verhandlung, ohne die Themen klar zu definieren. Verlangen Sie von Ihrem Partner Definitionen. Worum geht es hier?		
Beobachten Sie genau das verbale und nonverbale Verhalten Ihres Partners. Gibt es Widersprüche zwischen verbalen Äußerungen und nonverbalem Verhalten? Welche Informationen können Sie daraus gewinnen?		
Stellen Sie sich auf die Verhaltensweisen Ihres Partners ein. Die gleiche Wellenlänge erzeugt Sympathie.		
Pflegen Sie mit Ihrem Partner oder ihren Partnern intensiven Blickkontakt.		
Seien Sie ein guter Zuhörer, vermitteln Sie Interesse und Lösungswillen.		
Kontrollieren Sie Ihr eigenes Verhalten, vor allem Ihre Emotionen.		

Gliedern Sie und behalten Sie den taktischen und strategischen Überblick über den Verlauf der Argumentation.		
Überprüfen Sie, bevor Sie etwas sagen, ob Ihre Aussagen weiterführenden Charakter haben.		
Sprechen Sie in kurzen Sätzen, um Ihre Verständlichkeit zu optimieren.		
Betrachten Sie auch Angriffe als nützliche und wertvolle Information. Schützen Sie sich vor emotionalen Retourkutschen.		
Führen Sie den Dialog mit Fragen. Wer fragt, der führt.		
Benutzen Sie Fragen auch, um – wenn nötig – von einem Thema auf das nächste zu wechseln.		
Stellen Sie sinnvolle und angemessene Vertiefungsfragen und auch Gegenfragen, um zusätzliche Informationen zu gewinnen.		
Notieren Sie die Motive, die Ihr Partner erkennen lässt, und argumentieren Sie auf das Motiv bezogen.		
Führen Sie Ihrem Partner seinen Nutzen vor Augen, wenn er sich Ihren Argumenten annähert.		
Halten Sie Gemeinsamkeiten fest. Untermauern Sie die gemeinsam erarbeiteten Ergebnisse und gemeinsames Verständnis mit einer Bestätigungsfrage.		
Versichern Sie sich an Schlüsselpunkten des Gesprächs, ob Ihr Partner Sie richtig verstanden hat.		
Planen Sie mehrere Züge im Voraus.		
Bringen Sie pro Satz nur ein Argument ein.		
Dokumentieren Sie die Gesprächsergebnisse.		

Zielvereinbarungen: Zielklärung

Kriterium	Anmerkung	Erfüllt?
Verfüge ich über klar formulierte Unternehmensziele?	Aus ihnen sollten die Mitarbeiterziele abgeleitet werden, der Bezug muss dem Mitarbeiter deutlich sein, damit er seinen Beitrag zu den Unternehmenszielen erkennen kann.	
Verfüge ich über klar formulierte Bereichs- (Abteilungs-/Gruppen-) Ziele? Welche Aufgaben und Veränderungen stehen in meinem Verantwortungsbereich an?	Im besten Fall sind sie aus den Unternehmenszielen abgeleitet. Auch hier erkennt der Mitarbeiter klar den Beitrag, den er mit der Erreichung seiner Ziele leistet. Zusammenhänge und Abhängigkeiten sind ihm klar.	
Kennt der Mitarbeiter die übergeordneten Ziele und das Zielvereinbarungsverfahren?	Nur wenn er beides kennt, kann er Ziele für sich selbst definieren und sich auf das Gespräch vorbereiten.	
Zu welchen Bereichszielen (Abtl./Gruppe) oder Aufgaben kann der Mitarbeiter einen wirkungsvollen Beitrag leisten?		
Welche Ziele möchte ich mit dem Mitarbeiter vereinbaren?		
Welche Ziele für das direkte Aufgabengebiet und welche darüber hinausgehenden Ziele kann ich vereinbaren?	Streben Sie eine Mischung an. Achten Sie darauf, dem Mitarbeiter mit den Zielen wirklich neue Herausforderungen und Anreize zu geben.	

Kriterium	Anmerkung	Erfüllt?
Kann ich diese Ziele mit dem Mitarbeiter vereinbaren?	Erst das Commitment macht Ziele wirkungsvoll. Es beinhaltet das Einverständnis des Mitarbeiters, die vereinbarten Ziele als die eigenen anzuerkennen.	
Sind die Ziele sinnvoll?	Das Erkennen der Sinnhaftigkeit ist der Schlüssel zur Motivation. Das Sinnstiftungsproblem (Warum ist es sinnvoll, dass wir dieses oder jenes so tun?) ist also bei jeder Zielvereinbarung zu lösen.	
Sind die Ziele für den Mitarbeiter herausfordernd?	Ohne Herausforderung bestehen weder Reiz noch Ansporn. Das „Gummiband“ muss so gestrafft sein, dass der Mitarbeiter das Ziel als schwierig, aber lösbar empfindet. Dies ist der Fall, wenn das Ziel seine Kompetenzgrenzen betrifft. Nur so kann er lernen und sich weiterentwickeln.	
Sind die Ziele klar terminiert?	Kein Ziel ohne klar definierten Anfang und klar definiertes Ende. Nur wenn der Mitarbeiter weiß, wann er die Leistung erbracht haben muss, kann er seine Kapazitäten entsprechend einplanen.	
Sind die Ziele eindeutig messbar?	Messbar müssen Ziele sein, um sie überprüfen zu können. Denn ohne Überprüfbarkeit sind Ziele wirkungslos.	

Kriterium	Anmerkung	Erfüllt?
	Messkriterien für den Erfolg sind leicht für quantitative Ziele zu beschreiben (Umsatz-, Ertrags-, Budgeteinhaltungs- oder Profitabilitätszahlen). Schwieriger ist es bei qualitativen Zielen (Innovations-, Verhaltens- oder persönliche Entwicklungsziele). Hier geht es um die Beschreibung des „Wie" des Endzustands: Was werden wir haben/was wird anders sein, wenn das Ziel erreicht ist?	
Habe ich Kriterien zur Beurteilung des Zielerreichungsgrads?	Bewerten Sie die Zielerreichung nicht nur nach „erreicht" oder „nicht erreicht", besser ist es hier, mehrere Stufen anzubieten, z.B.: überschritten vollständig erreicht knapp erreicht oder verfehlt Beschreiben Sie, bei welchem Ergebnis welcher Erfüllungsgrad gilt.	
Kennt der Mitarbeiter die Konsequenzen der Zielerreichung und Nicht-Erreichung?	Das „Was-passiert-wenn" sollte dem Mitarbeiter bekannt sein, damit er die Verantwortung für die Zielerreichung übernehmen kann.	
Ist das Ziel konkret beschrieben?	Vermeiden Sie Missverständnisse, indem Sie das Ziel mit Detailinformationen beschreiben. Je genauer die Beschreibung, desto besser	

Kriterium	Anmerkung	Erfüllt?
	weiß der Mitarbeiter, was er zu tun hat.	
Hat der Mitarbeiter die notwendigen Qualifikationen und die erforderliche Motivation?	Überprüfen Sie beide Aspekte. Bei fehlendem Können sollten Sie dem Mitarbeiter entsprechende Qualifikationshilfen geben. Bei fehlendem Wollen fragen Sie, warum das so ist. Können Sie an den Bedingungen nichts ändern, übertragen Sie das Ziel vielleicht besser einem anderen Mitarbeiter.	
Sind alle erforderlichen Ressourcen vorhanden?	Wenn dem Mitarbeiter Ressourcen fehlen, brauchen Sie auch nicht erwarten, dass er das Ziel erreicht.	
Welche Rahmenbedingungen müssen für die Zielerreichung beachtet werden?		
Ist mit Veränderungen/ Schwierigkeiten bei der Zielerreichung zu rechen? Wann können diese auftreten?		
Habe ich dem Mitarbeiter für das Ziel und die zu erledigenden Aufgaben die notwendige Verantwortung übertragen?	Nutzen Sie die Delegation von Verantwortung im Zielvereinbarungsprozess als wichtigen Motivationsfaktor: Wenn sich Ihre Mitarbeiter verantwortlich fühlen, werden sie sich auch mehr anstrengen, das Ziel zu erreichen.	

Kriterium	Anmerkung	Erfüllt?
Ist die Zielerreichung realistisch?	Sind alle erforderlichen Bedingungen erfüllt? (klares Zielverständnis, Messbarkeit, Termine, Ressourcen, Qualifikation) Stehen Anzahl und Umfang der Ziele im richtigen Verhältnis?	
Wer erhält Kenntnis von der Zielvereinbarung?		

Wie führe ich ein Zielvereinbarungsgespräch?

Die Verantwortung für die Gesprächsführung liegt bei Ihnen als Führungskraft.

Sorgen Sie für eine angenehme Gesprächsatmosphäre und ausreichend störungsfreie Gesprächszeit

- Übernehmen Sie die Gesprächssteuerung, ohne im Gespräch zu dominieren
- Treffen Sie Vereinbarungen über Gesprächsziele, Vorgehensweise und Zeitrahmen.
- Erläutern Sie die einzusetzenden Formulare.
- Besprechen Sie die Zielerreichung der letzten Periode.
- Fragen Sie den Mitarbeiter nach seiner Einschätzung der Zielerreichung und teilen Sie ihm dann die Ihre mit.
- Erläutern Sie die Unternehmensziele (Bereich-, Abteilungs-, Gruppenziele).
- Fragen Sie den Mitarbeiter nach seinen Zielen.
- Sprechen Sie mit ihm über die Ziele, die Sie mit ihm vereinbaren wollen.
- Erarbeiten Sie gemeinsam Ziele für das Folgejahr und legen Sie diese fest.
- Legen Sie ggf. unterstützende Maßnahmen zur Förderung der Zielerreichung fest.

- Erarbeiten Sie persönliche Entwicklungsziele und Maßnahmen zu deren Umsetzung.
- Fassen Sie die Ergebnisse des Gesprächs schriftlich zusammen, unterschreiben Sie beide den Zielvereinbarungsbogen.
- Vereinbaren Sie Termine für Zwischengespräche und Zwischenbilanzen.
- Vermeiden Sie, selbst zu viel zu sprechen – halten Sie keine Monologe.
- Beziehen Sie den Mitarbeiter immer wieder mit ein.
- Hören Sie zu und greifen Sie die Interessen des Mitarbeiters auf.
- Seien Sie Vorbild, zeigen Sie Respekt und Anerkennung.

Durchführung eines Zielvereinbarungsgesprächs

Ablauf	Zu beantwortende Fragen	To Do Führungskraft	To Do Mitarbeiter	Gesprächsverhalten Führungskraft
Gesprächsbeginn	Was ist das Ziel dieses Gesprächs?	Gesprächsanliegen benennen, positive Atmosphäre schaffen		muss das Gespräch strukturieren
Ist-Soll-Zustände beschreiben	Wo liegt das Problem? Was soll erreicht werden?	Darstellung des Problems aus seiner Sicht, Rahmen- und Zielbestimmungen aus seiner Sicht erläutern	Sicht zum Problem und der Zieldefinition äußern, Aufgabengebiet des Mitarbeiters klären	aktiv zuhören, bei Unklarheiten ggf. nachfragen, Gedanken des MA spiegeln
Zielvereinbarung	Machen Sie mit? Was schlagen Sie vor?	Sichtweise des MA nachvollziehen, seine Widerstände ernst nehmen, Konzentration auf das Arbeitsfeld des MA und diesen zu Vorschlägen animieren	nachfragen, Alternativvorschläge, Ideen und Bedenken zum Lösungsansatz erarbeiten	Gesagtes zusammenfassen und präzisieren

Konkretisierung	Was wollen wir genau erreichen und bis wann? Welche Priorität hat diese im Vergleich zu anderen Aufgaben?	Resümieren der Vorschläge des MA und Weiterentwickeln zu konkreten Arbeitsaufträgen	Konkrete Aufgabenstellungen vorschlagen	Gedanken wiedergeben, resümieren und auf den Punkt bringen
Abschluss des Gesprächs	Was wurde vereinbart? Wann erfolgen Ergebniskontrollen? Wie erfassen wir das Maß „erfolgreich"?	Vereinbarungen zusammenfassen und schriftlich festhalten, Folgetermin vereinbaren	Zielvereinbarung verbindlich und verpflichtend anerkennen	Ergebnisse noch einmal strukturieren und zusammenfassen

Fragen zur Mitarbeiterbeurteilung

Fragen	Antworten
Klären Sie im ersten Schritt die Anforderungen an die Mitarbeiter	
Welche Aufgaben umfasst die Position?	
Was genau tut der Mitarbeiter?	
Welche Verantwortung umfasst die Position?	
Welche Kompetenzen benötigt der Mitarbeiter für seine Tätigkeit bzw. welche sind weniger erforderlich?	
Wie stark müssen die einzelnen Kompetenzen ausgeprägt sein, um die Anforderungen zu erfüllen?	
Welche Anforderungen stelle ich für die Aufgabenerfüllung an den Mitarbeiter?	
Was erwarte ich für eine gute Aufgabenwahrnehmung von dem Mitarbeiter?	
Welches Verhalten erfüllt die Anforderungen in vollem Umfang?	
Mit welchem Verhalten übertrifft der Mitarbeiter die Anforderungen?	
Mit welchem Verhalten sind die Anforderungen nicht immer erfüllt?	
Notieren Sie sich nun konkrete Beispiele für die Erfüllung bzw. Nichterfüllung Ihrer Anforderungen	
Habe ich regelmäßig und fortlaufend beobachtet?	

Kann ich meine Bewertung mit einer ausreichenden Anzahl von Beispielen aus dem Alltag begründen?	
Kann ich meine Beurteilung durch sachliche, stichhaltige und abgesicherte Daten und Fakten begründen, die aus eigener Beobachtung stammen?	
Kann ich Beurteilerfehler weitgehend ausschließen?	
Habe ich dem Mitarbeiter zwischendurch ausreichend Feedback zu seinem Verhalten und zu seinen Leistungen gegeben?	
Weiß der Mitarbeiter aus der bisherigen Zusammenarbeit, wie ich ihn einschätze, oder wird meine Beurteilung überraschend für ihn sein?	
Habe ich dem Mitarbeiter genügend Zeit gegeben, um sich seinerseits auf das Gespräch vorzubereiten?	
Welches sind die wichtigsten Punkte der Beurteilung und wie sollen sie im Gespräch angesprochen werden?	
Mit welchen Einwänden ist im Gespräch zu rechnen?	
Welche Ziele will ich mit der Beurteilung erreichen?	

Vorgehen bei Brainstormings

Vorgehen	Ja	Nein
Der Moderator stellt das Thema vor und erklärt die Fragestellung.		
Die Zeiten für die einzelnen Bearbeitungsphasen werden festgelegt. Phase I: Ideensammlung Die Ideensammlung kann frei durch Zuruf an den Moderator erfolgen oder so, dass jeder Teilnehmer seine Ideen selbst auf Moderationskarten schreibt und diese zur Sammlung an den Moderator weitergibt. Jede Idee wird stichpunktartig, groß und deutlich auf jeweils eine Moderationskarte geschrieben. Sämtliche Karten werden für alle sichtbar auf Pinnwände geheftet. Das Sehen der Ideen anderer soll die Kreativität aller anregen. Aus vorhandenen Ideen sollen neue generiert werden. Am Ende der Zeit für Phase I oder wenn keine neuen Ideen mehr produziert werden, wird die Ideensammlung abgeschlossen. Phase II: Bewertung der Ideen Es werden Kategorien gebildet, denen die Karten zugeordnet werden. Die Kategorien können thematisch sein oder die Realisierbarkeit der Ideen betreffen, z. B.: praktikabel, gut umsetzbar, schwierig umzusetzen und nicht umsetzbar. Die als praktikabel bewerteten Ideen werden entweder mit weiteren Problemlöse- oder Entscheidungstechniken überprüft, je nach betrieblichen Regeln weiteren Entscheidungsträgern vorgestellt oder sofort entschieden.		
Besteht eine definitive Entscheidung über die praktikablen Lösungsansätze, die umgesetzt werden sollen, wird ein Handlungsplan ausgearbeitet und erstellt (Wer macht was bis wann, wie und wo?).		

Vorteile des Brainstormings

- Jeder Teilnehmer kann spontan und wertungsfrei Ideen einbringen.
- Es können innerhalb relativ kurzer Zeit eine Vielzahl von
- Ideen gefunden werden.
- Ein auf den ersten Blick absurder Einfall kann für andere Teilnehmer einen zündenden Gedanken bringen.
- Sie erhalten Denkanstöße, originelle Ideen und Lösungen, die weiterverarbeitet werden können.

Gefahren des Brainstormings

- Regeln werden nicht eingehalten.
- Ideen werden zu früh bewertet, kritisiert und verworfen.
- die Ergebnisse sind unbefriedigend.

Checkliste: Die Basisfragen nach Osborn

Idee: ______________________	Idee/Möglichkeiten
1. Anders verwenden! • Gibt es andere Gebrauchs-/Verwendungsmöglichkeiten dafür? • Können Sie die Idee/Lösung woanders einsetzten?	
2. Anpassen! • Was ähnelt dieser Idee? • Gibt es Parallelen? • Weist es auf andere Lösungen hin?	
3. Ändern! • Was oder welche Eigenschaften lassen sich ändern/ umgestalten? •	
4. Vergrößern! • Können Sie etwas hinzufügen/vervielfältigen? • Lässt sich etwas vergrößern (Häufigeit/Stärke/Höhe/ Länge/Wert etc?)	

5. Verkleinern! • Können Sie etwas wegnehmen/aufspalten? • Lässt sich etwas verkleinern (tiefer/kürzer/dünner/leichter/ heller?	
6. Ersetzen! • Was können Sie an der Idee austauschen? • Welche Bedingungen können geändert werden?	
7. Umstellen! • Können Sie Teile, Abschnitte austauschen? • Lässt sich die Reihenfolge ändern? • Können Ursache und Wirkung vertauscht werden?	
8. Umkehren! • Können Sie das Gegenteil aus der Idee machen? • Lassen sich Rollen tauschen? • Lässt es sich drehen/spiegeln? • Kann der Ablauf umgekehrt werden?	
9. Kombinieren! • Können Sie die Idee mit anderen verbinden? • Können Sie sie in Bausteine zerlegen und diese neu kombinieren? • Können Sie die Idee mit anderen Personen verbinden?	
10. Transformieren! • Können Sie es durchleuchten, ausdehnen, zusammenpressen, härten, verflüssigen, ...?	

De Bonos Denkhüte

Farbe des Hutes	Bedeutung	Wichtige Fragen
Weiß (neutrale, objektive Sicht)	Es geht um beweisbare Tatsachen, Fakten und neutrale Informationen. Informationssammlung ohne Bewertung, Emotionen, Urteile, persönliche Meinung Parteinahme und Meinungen sind nicht gestattet.	Welche Informationen sind gegeben? Wie sind sie beschaffen (Qualität, Quantität)? Was für Informationen werden noch gebraucht?
Rot (Intuition, Emotionalität)	Positives wie negatives persönliches Empfinden, Gefühle, Zweifel, Intuition, subjektive Meinung stehen im Vordergrund. Rationalität ist nicht gefragt. Vermutungen und Gespür werden geäußert, ohne begründet oder erklärt werden zu müssen.	Was spüre ich? Was für ein Gefühl habe ich dabei? Traue ich der Sache?
Grün (Kreativität, Wachstum)	Wachstum, neue Ideen, Originalität, der Kreative Suche nach Alternativen, neuen Gesichtspunkten, keine schnelle Festlegung Lässt Provokation und Widerspruch zu, kann alles formulieren, was zu neuen Ideen führt, egal wie verrückt oder undurchführbar es ist. Kritische Bemerkungen sind nicht erlaubt.	Was für Ansätze sind noch möglich? Was für Alternativen stellen sich? Was wäre eine ganz verrückte Lösung? Welche Gesichtpunkte wurden noch nicht betrachtet? Was kann an der bestehen Alternative geändert werden?
Schwarz (sachliche Risiken berücksichtigend)	Berücksichtigt und benennt alle sachlichen Gefahren und Risiken, Kritik und Bedenken, Zweifel.	Was spricht dagegen (Nachteile)? Haben wir alle Risiken

	warnend, Fehler vermeidend Es geht um rein Sachliches, negative Gefühle gehören nicht zu dieser Perspektive.	bedacht? Sind die Pläne realistisch oder hochfliegend? Welche Probleme/Risiken können auftreten?
Gelb (optimistisch, chancenorientiert)	Optimismus, die Vorteile und Vorzüge eines Plans sehend, verbessernd Mut machend, Chancen erkennend, benennt Pluspunkte und Ziele. Spricht an, was positiv für die Entscheidung spricht.	Welche Aspekte der Entscheidung/Lösung sind gut und sollten beibehalten werden? Wie kann man den Vorschlag umsetzen? Welche Verbesserungsmöglichkeiten ergeben sich aus der Realisierung? Was gewinn wir dadurch? Was ist gut daran?
Blau (übergeordneter Standpunkt, Kontrolle)	Vogelperspektive, Orientierung, Priorisierung, Betrachtung des Gesamtprozesses aus übergeordneter Perspektive auch Moderatorenrolle (Einhalten der Spielregeln, Auseinandersetzungen klären) zusammenfassend, leitend	Was müssen wir noch bedenken? Was muss berücksichtigt werden? Wie kann es zusammengeführt werden? Passt es zusammen? Moderator: Wer ist an der Reihe? Welche Themen werden festgelegt? Wie wird strukturiert?

Nutzen der Denkhut-Methode:

- Diese Methode lässt die Teilnehmer das Problem aus mehreren unterschiedlichen Perspektiven betrachten.
- Die „Denkhüte“ fordern auf und erlauben, Aspekte zu bedenken und anzusprechen, die sonst unüblich und manchmal sogar ungewünscht sind.
- Die Beweglichkeit des Denkens wird gefördert.
- Es kann ein Anstoß in Richtung neuer Ideen gegeben werden.
- Die verschiedenen Rollen ermöglichen eine gewisse Distanz zu der Person, die gerade spricht. Es geht um die ganzheitliche Betrachtung aus unterschiedlichen Perspektiven, wobei jede einzelne wichtig und wertvoll ist. Konflikte werden so vermieden.

Die Motivation der Teilnehmer wird durch den spielerischen Aspekt dieser Technik erhöht.

Rudolf Haufe Verlag GmbH & Co. KG, Niederlassung München
Fraunhoferstraße 5, 82152 Planegg, Tel. 089-89517-0, Fax 089-89517-250
E-Mail: online@haufe.de, Internet:_http://www.haufe.de

Cartoons: Baaske Cartoons, 79379 Müllheim: Buzz`z